Bioestatística para os cursos de graduação da área da saúde

Blucher

EDSON ZANGIACOMI MARTINEZ

Bioestatística para os cursos de graduação da área da saúde

2ª edição

Bioestatística para os cursos de graduação da área da saúde, 2ª edição.

Editora Edgard Blücher Ltda.

1ª edição, 2015

2ª edição, 2023

Blucher

Rua Pedroso Alvarenga, 1245, 4° andar
04531-934 – São Paulo – SP – Brasil
Tel 55 11 3078-5366
contato@blucher.com.br
www.blucher.com.br

Segundo Novo Acordo Ortográfico, conforme 5. ed. do *Vocabulário Ortográfico da Língua Portuguesa*, Academia Brasileira de Letras, março de 2009.

FICHA CATALOGRÁFICA

Martinez, Edson Zangiacomi
Bioestatística para os cursos de graduação da área da saúde / Edson Zangiacomi Martinez. — 2. ed. — São Paulo: Blucher, 2023.

ISBN 978-65-5506-372-1

1. Bioestatística 2. Estatística médica I. Título

22-6975 CDD 519.5

Índices para catálogo sistemático:
1. Bioestatística

[...] nas estatísticas,

há bastante mais que números.

João Ubaldo Ribeiro, *Realidade, que realidade?*, 2008.

Prefácio

Este livro surgiu de uma experiência de doze anos de docência nos cursos de graduação da área da saúde da Faculdade de Medicina de Ribeirão Preto da Universidade de São Paulo (USP). Seu objetivo é introduzir conceitos básicos de estatística, necessários para a compreensão das análises de dados utilizadas em artigos publicados em revistas da área da saúde. Na preparação do presente texto, houve a preocupação de não enfatizar aspectos matemáticos, mas de discutir a aplicabilidade, o alcance e o limite de cada ferramenta apresentada.

O texto destina-se basicamente a disciplinas de bioestatística, oferecidas em cursos de graduação da área da saúde. Entretanto, acredito que alunos de cursos de pós-graduação também podem se beneficiar desta obra, como um texto introdutório aos estudos.

No final do livro, apresentamos na forma de apêndices, alguns conceitos matemáticos que são importantes para um entendimento mais profundo de algumas definições em estatística.

A primeira edição desta obra foi publicada em 2015. Apresentamos agora uma nova edição, revisada e corrigida. Agradeço ao Marcelo Antunes, anestesista do Hospital das Clínicas da Faculdade de Medicina de Ribeirão Preto da USP, pela leitura cuidadosa do livro e pelo apontamento de alguns erros, que foram corrigidos na edição atual. Também merece a minha gratidão, o professor Amaury Lelis Dal Fabbro, que apontou alguns trechos que mereciam ser revisados.

Quero agradecer a todos os alunos e alunas dos cursos de graduação que, com os seus questionamentos, críticas e sugestões, auxiliaram no aperfeiçoamento do material que deu origem a este livro. Agradeço também aos alunos e às alunas dos cursos de pós-graduação que acessaram o material e trouxeram ideias igualmente proveitosas.

Ribeirão Preto, outubro de 2021.

O autor

Conteúdo

CAPÍTULO 1

Bioestatística e estudos em saúde

1.1 O QUE É ESTATÍSTICA

Podemos encontrar muitas definições para estatística em dicionários, enciclopédias ou livros didáticos. Entretanto, a que seria mais oportuna para os propósitos deste livro é obtida do entendimento de um trecho de um artigo científico escrito por Robert Hogg, o qual nós reproduzimos a seguir:

> No nível da iniciação, a estatística não deve ser apresentada como um ramo da Matemática. A boa estatística não deve ser identificada com rigor ou pureza matemáticos, mas ser mais estreitamente relacionada com pensamento cuidadoso. Em particular, os alunos devem apreciar como a Estatística é associada com o método científico: observamos a natureza e formulamos questões, coligimos dados que lançam luz sobre essas questões, analisamos os dados e comparamos os resultados com o que tínhamos pensado previamente, levantamos novas questões e assim sucessivamente (HOGG apud PONTE; FONSECA, 2001).

Naturalmente, um estatístico profissional precisa adquirir bons conhecimentos matemáticos em sua formação para lidar adequadamente com as análises de dados, desenvolver novos métodos ou mesmo para ensinar a estatística sem erros. Por outro lado, Hogg nos leva a acreditar que a eficácia do aprendizado da estatística por estudantes das áreas popularmente chamadas de "não exatas" depende de como associamos seus conteúdos com os saberes e competências específicos do curso de graduação em questão. Se a estatística é apresentada com um formalismo excessivamente matemático, os alunos dificilmente estarão motivados a compreender a importância daqueles conhecimentos em sua vida profissional. Aulas de estatística em cursos de graduação da área da saúde, em que os professores convidam seus alunos a memorizar equações ou a desenvolver longos cálculos matemáticos, são em geral ineficazes e acabam por distanciar os estudantes dos verdadeiros propósitos da disciplina. Tal prática faz com que os alunos passem a enxergar a estatística como um "apêndice" de seu curso de graduação, sem que aqueles conhecimentos estejam conectados aos saberes específicos de sua área, ministrados nas demais disciplinas.

Obviamente, Hogg não quis dizer que a teoria não é importante. Sem uma sólida aquisição de conhecimento teórico, um estatístico não desempenharia adequadamente seu trabalho. A questão está em como direcionar o aprendizado da estatística, de forma que o foco nas equações seja substituído pela compreensão da utilidade da ciência estatística na vida profissional de alguém da área da saúde. Naturalmente, ao derrubar as muralhas erguidas pela visão da estatística como ramo da Matemática e substituí-las por sua conexão com o método científico, o estudante passa a entender como esses conteúdos podem auxiliar a construir os saberes que compõem a profissão abraçada por ele.

1.2 A ESTATÍSTICA E O MÉTODO CIENTÍFICO

Nas palavras de Hogg (1991), método científico e pensamento cuidadoso são coisas que não podem ser separadas. O pensamento é um aspecto da razão humana, e um pensamento cuidadoso é estruturado, sistematizado. Podemos então escrever esse conceito da seguinte forma:

Método científico: conjunto de estratégias, ferramentas e ideias resultantes da experiência humana e consequentes do acúmulo de saberes, que, estruturadas e sistematizadas, possibilitam alcançar um objetivo, que é responder a uma pergunta.

Toda pesquisa científica é baseada em uma pergunta. São exemplos:

- Qual é a prevalência da tuberculose na cidade do Rio de Janeiro?
- Qual é a incidência de aids na cidade de São Paulo?
- O consumo de alimentos transgênicos pode elevar o risco de doenças gástricas?

- Como é a qualidade de vida de enfermeiras de Unidades de Terapia Intensiva (UTI)?
- Quais são as características dos usuários de uma unidade de saúde?

O método científico estabelece as estratégias que utilizaremos para responder satisfatoriamente à pergunta de nosso estudo, e a estatística está presente em seus passos, que são:

a. **Fazer observações**: o pesquisador é motivado a pesquisar quando olha para o mundo a seu redor e decide conhecê-lo melhor. Ele observa fatos, fenômenos, comportamentos e atividades e percebe que muitas coisas já são conhecidas e outras ainda estão para serem descobertas. Define então um objeto de investigação, que é o alvo da sua pesquisa, o que ele deseja investigar de fato. Se esse objeto é passível de mensurações, o pesquisador começa a perceber que a estatística será bastante útil em seu processo de construção de conhecimento. Sendo o objeto de investigação, por exemplo, a dinâmica da tuberculose em uma comunidade, o pesquisador percebe que pode compreender esse fenômeno a partir de quantificações como o número de novos casos da doença, o número de internações hospitalares relacionadas a ela, o número de óbitos consequentes, os valores gastos no controle e na prevenção. Começa a se fazer presente o conceito de variável, que abordaremos no próximo capítulo.

b. **Definir uma questão**: no passo seguinte, o pesquisador especifica o que deseja conhecer em relação ao fenômeno observado. No processo de fazer observações, o objeto de investigação era visto de forma ampla, mas agora o pesquisador define pontualmente sua pergunta de estudo. Essa pergunta deve ser bastante objetiva, estabelecendo quem serão os sujeitos da pesquisa e se haverá comparações entre grupos. É então definido o desenho do estudo, que pode ser observacional ou de intervenção, como abordaremos mais adiante. Esse passo é de fundamental importância para a escolha da estratégia estatística de análise de dados, que se baseará principalmente na pergunta formulada e no desenho estabelecido.

c. **Formular uma hipótese**: o pesquisador fundamenta-se em seu conhecimento e experiências prévias para imaginar o que explicaria o fenômeno observado, ou seja, o que poderia responder àquela questão definida previamente. Se essa hipótese é direcionada a um parâmetro (uma característica numérica da população em questão, que será discutida no capítulo 8), os testes estatísticos de hipóteses podem ser bastante apropriados.

d. **Coletar dados**: uma vez definidos os critérios que delimitam a população em estudo (os sujeitos sob investigação, como um todo), o pesquisador tem à sua disposição técnicas estatísticas de amostragem para auxiliá-lo a selecionar de forma adequada um conjunto de sujeitos que representarão essa população. Essas técnicas auxiliam a determinar o tamanho da amostra necessária ao estudo e qual a melhor estratégia para sua composição.

e. **Analisar os dados:** nesta etapa, o pesquisador confronta seus dados, que representam um universo empírico, com as hipóteses previamente formuladas. A análise dos dados implica, então, uma comparação entre aquilo que ele pensou e o que os dados estão representando. Esta etapa envolve uma extrapolação dos dados amostrais para a população toda, chamada inferência estatística (que será abordada no capítulo 8). Desse modo, a estatística contribui com os testes de hipóteses, os intervalos de confiança e os modelos de regressão.

f. **Conclusões:** a partir da organização das informações obtidas, o pesquisador traça analogias com estudos prévios e faz reflexões sobre as limitações e o alcance de seu estudo. É importante nesta etapa conhecer o que a análise estatística permite concluir e o que ela não permite concluir, para que o pesquisador não atribua à estatística um alcance que ela não possui. Finalmente, o pesquisador apresenta uma conclusão que é a resposta à pergunta formulada por ele. Ele poderá perceber que essa resposta não é definitiva, e então imaginará como uma nova pesquisa pode acrescentar novos entendimentos sobre o fenômeno estudado.

Assim apresentada a estatística, um estudante de graduação da área da saúde, ao refletir sobre seus talentos pessoais, pode questionar: "Se a Estatística é tão importante para a pesquisa, ela seria também importante para quem não tem pretensão de atuar no meio científico?" Se entendemos que a construção do conhecimento é necessária a todos, concluímos que sim. Nos tempos atuais é necessário atualizar-se continuadamente, dado o ritmo constante em que novos conhecimentos são divulgados. Uma pessoa que trabalha em clínicas, consultórios, unidades de saúde ou outros serviços fora do âmbito acadêmico ou de pesquisa pode beneficiar-se dos conhecimentos estatísticos para entender com mais profundidade (ou mesmo questionar) uma publicação técnica ou científica que trata um assunto importante para sua atuação profissional, como a avaliação de um novo tratamento fisioterápico ou procedimento cirúrgico, ou a eficácia de um novo fármaco ou método diagnóstico.

1.3 O QUE É BIOESTATÍSTICA

A bioestatística é a estatística aplicada às ciências biológicas e da saúde. A estatística é fundamental para a genética, a pesquisa agronômica, a pesquisa clínica, a epidemiologia e outras áreas.

Entendemos que a bioestatística não é necessariamente uma área da estatística, e sim uma "adaptação" de suas ferramentas aos desafios encontrados nas pesquisas da área biológica e da saúde.

1.4 POPULAÇÕES E AMOSTRAS

Em um estudo, a população é o conjunto de todas as pessoas, sujeitos, organismos ou objetos que possuem uma ou mais características em comum, de modo que a pergunta formulada é a eles direcionada. Consideremos, por exemplo, a pergunta: "Qual é a prevalência de tuberculose em indivíduos adultos moradores da cidade do Rio de Janeiro?" As características comuns a todas as pessoas são, obviamente, ser morador da cidade do Rio de Janeiro e possuir idade maior ou igual a 18 anos. Na redação de um projeto de pesquisa, essas características em comum são chamadas critérios de inclusão.

Uma população pode ser composta de um número tão grande de elementos que às vezes não é possível quantificá-lo. Nesse caso, dizemos que a população é de tamanho infinito (embora esse número não seja necessariamente infinito sob um ponto de vista matemático). Se nossa pesquisa, por exemplo, pretende investigar os hábitos alimentares dos funcionários de um hospital universitário, entendemos que nossa população é de tamanho finito. Em contrapartida, se investigamos os hábitos alimentares dos indivíduos adultos residentes em uma grande cidade, o tamanho populacional pode ser bastante amplo.

Um estudo que utiliza dados de toda uma população é chamado de censo. Entretanto, em grande parte dos estudos, a obtenção de dados de todos os elementos da população é inviável em razão das dificuldades de acesso aos indivíduos, o tempo para concluir a coleta das informações, os custos financeiros e outras limitações. Nesse caso, usamos informações de uma amostra, ou seja, de uma parte selecionada da totalidade de elementos da população.

Uma característica importante de uma amostra é que ela seja representativa da população da qual foi retirada, ou seja, deve ter características similares às daquela população. Uma amostra representativa é, portanto, uma "miniatura" da população. Em contrapartida, uma amostra que não representa adequadamente a respectiva população é chamada enviesada ou tendenciosa. Por exemplo, se nossa pesquisa pretende investigar os hábitos relacionados à saúde dos habitantes adultos de uma cidade e nossa coleta de dados foi baseada em entrevistas realizadas na praça de alimentação de um *shopping center*, é muito provável que a amostra resultante nos leve a conclusões erradas sobre a população. Porém, se dividirmos a cidade em questão em setores, e em cada setor selecionarmos ao acaso um certo número de habitantes para serem entrevistados em seus domicílios, podemos ter uma amostra mais representativa da população.

Devemos observar que, por mais que sejamos cuidadosos, uma amostra jamais será perfeitamente igual à população em todas as suas características, dado que ela é um "pedaço" da totalidade dos indivíduos. Entretanto, uma estratégia importante para obtermos amostras tão representativas quanto possível consiste em usar os chamados "planos probabilísticos", os quais definem como os indivíduos são mais bem selecionados para a composição da amostra.

1.5 DESENHOS DE ESTUDO USADOS NAS PESQUISAS EM SAÚDE

A escolha adequada da ferramenta estatística a ser utilizada em um estudo depende essencialmente da pergunta formulada. De modo mais amplo, para conseguirmos uma resposta adequada a essa pergunta, precisamos estabelecer regras para a coleta dos dados e composição das amostras. Essas regras definem o desenho de nosso estudo, conforme veremos a seguir.

1.5.1 Estudos observacionais

Nos estudos observacionais, como o próprio nome sugere, o pesquisador apenas observa algumas características, condições, conhecimentos, crenças, comportamentos, hábitos ou atitudes de indivíduos selecionados, sem intervir sobre eles. Isso significa que nesses estudos o pesquisador não oferecerá aos indivíduos um tratamento para uma doença, uma vacina, um treinamento, uma prática educativa ou qualquer outro tipo de intervenção que possa modificar o estado de saúde dessas pessoas ou promover novos hábitos. Os tipos mais comuns de estudos observacionais são o caso-controle, o transversal e o estudo de coorte.

Estudos caso-controle: de uma mesma população de interesse, são selecionadas duas amostras (ver Figura 1.1). Uma amostra é composta de indivíduos portadores de uma condição específica (os casos) e a outra amostra é composta de indivíduos que não portam essa condição (os controles). Em grande parte dos estudos, as amostras de portadores e não portadores são do mesmo tamanho. Todos os indivíduos são então entrevistados, com o intuito de se estabelecer se eles foram ou não expostos a uma situação que poderia ter ocasionado aquela condição específica. Se há uma frequência maior de exposição àquela situação entre os indivíduos portadores da condição específica do que entre os indivíduos não portadores, temos algum indício de que essa exposição está relacionada àquela condição de interesse.

Estudos transversais: notamos que ao conduzir um estudo caso-controle, o pesquisador sabe previamente quem é portador e quem não é portador daquela condição de interesse. Isso geralmente não ocorre nos estudos transversais em que todas as informações são obtidas em um único momento. Conforme o esquema da Figura 1.2, selecionamos uma amostra da população em questão e, posteriormente, verificamos quem é portador ou não da característica de interesse (por exemplo, uma doença).

Um objetivo central de um estudo transversal é obter uma estimativa da proporção de pessoas portadoras da característica. É importante notar que, nos estudos caso-controle, não é possível obter uma estimativa dessa proporção, dado que os tamanhos amostrais de portadores e não portadores da característica são definidos pelo pesquisador e não correspondem às respectivas proporções popu-

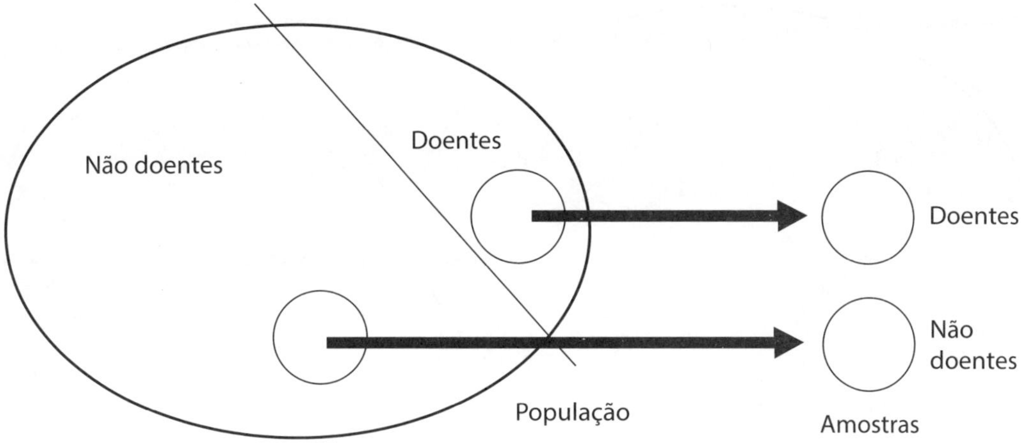

Figura 1.1 Esquema de um estudo caso-controle; a condição de interesse é representada por uma doença específica.

lacionais. Observe que, se nossa amostra não for representativa da população, a proporção de indivíduos portadores da característica na amostra pode não corresponder àquela observada na população. A proporção de indivíduos portadores da característica em questão é geralmente chamada de taxa de prevalência.

Nos estudos transversais, o pesquisador pode verificar se os indivíduos amostrados foram ou não expostos a uma situação que poderia ter levado àquela característica específica. Se há uma proporção maior de indivíduos portadores da característica entre os expostos àquela situação do que entre os indivíduos não expostos, temos algum indício de que essa exposição está associada àquela característica. Entretanto, como todas as informações são obtidas em um mesmo instante, pode ser difícil entender se a característica de interesse surgiu antes ou depois da exposição, o que não permite estabelecer se a exposição causou ou não a característica. Alguns autores chamam os estudos transversais de estudos de corte transversal, estudos seccionais ou estudos de prevalência.

Estudos de coorte: os indivíduos amostrados são, a princípio, classificados como expostos ou não expostos a uma situação ou condição que pode (ou não) ocasionar um evento específico (como uma doença, por exemplo). Esses indivíduos são acompanhados durante um período específico. No início do período, nenhum indivíduo experimentou ainda o evento. Durante o período, os indivíduos são acompanhados, e observa-se o número de indivíduos que experimentam o evento (ver Figura 1.3). Se ocorrer mais eventos entre os indivíduos expostos do que entre os não expostos, entende-se que aquela exposição pode ocasionar aquele evento.

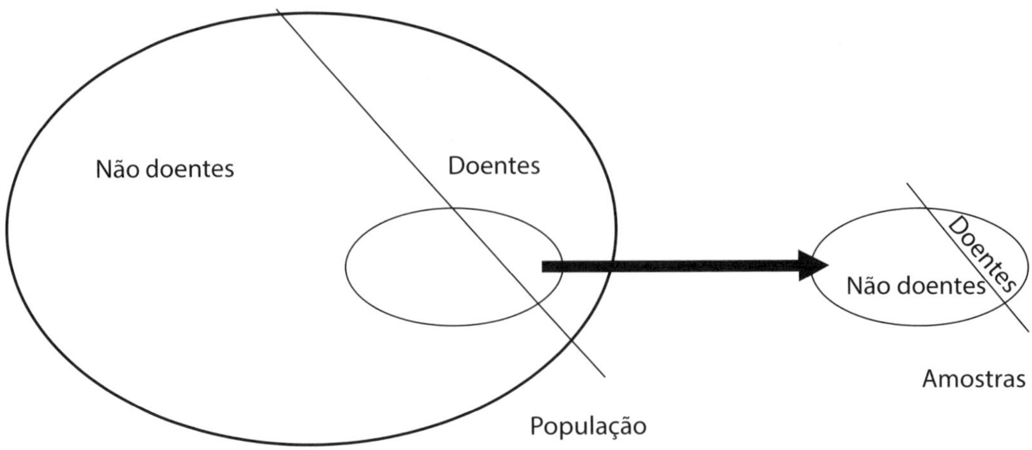

Figura 1.2 Esquema de um estudo transversal; a característica de interesse é representada por uma doença específica.

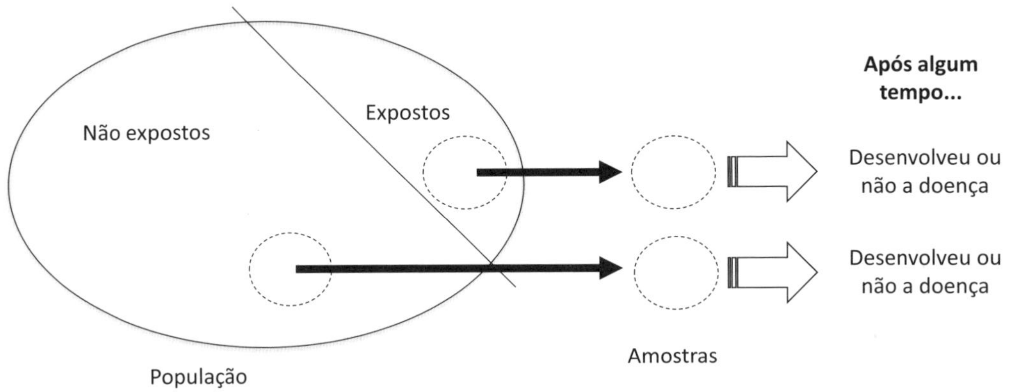

Figura 1.3 Esquema de um estudo de coorte; a condição de interesse é representada por uma doença específica.

1.5.2 Estudos de intervenção

Nesses estudos, o pesquisador deliberadamente utiliza um determinado tipo de intervenção capaz de alterar algum aspecto dos indivíduos, como o estado de saúde. Essa intervenção pode ser, por exemplo, uma cirurgia, a administração de um fármaco, uma ação educativa ou um programa de exercícios físicos.

Podemos dizer que os estudos de intervenção podem ser profiláticos ou terapêuticos. Quando profiláticos, destinam-se a estudar o efeito de uma intervenção em evitar uma doença, evento ou condição de interesse. Assim, é natural que nos lembremos dos estudos de novas vacinas que podem evitar o surgimento de uma doença. Mas podemos também imaginar um estudo de uma ação educativa destinada a crianças em idade escolar, objetivando que elas desenvolvam bons hábitos de saúde na vida adulta, como não fumar. Nos estudos terapêuticos, entendemos que as pessoas selecionadas já são, em alguma intensidade, portadoras da doença, evento ou condição de interesse, e a intervenção destina-se a modificar, de forma benéfica, esse estado.

Um tipo de estudo de intervenção comum é o ensaio controlado aleatorizado, em que os indivíduos elegíveis ao estudo são divididos ao acaso em dois ou mais grupos. Os indivíduos de um grupo recebem o tratamento sob investigação, enquanto os de outro grupo recebem um tratamento convencional, um tratamento simulado ou mesmo nenhuma intervenção. Esse segundo grupo é o "grupo controle", utilizado para propósitos de comparação. Quando possível, os participantes da pesquisa não sabem a que grupo pertence, para evitar que suas crenças sobre o tratamento interfiram no resultado do estudo ou que desistam de participar quando selecionados para o grupo controle.

Outro tipo de estudo de intervenção é chamado ensaio de não superioridade. Nesse caso, o objetivo não é estudar se uma dada intervenção é, sob algum aspecto, superior a outra, e sim entender se a intervenção estudada é tão benéfica quanto outra tradicionalmente utilizada no tratamento de uma doença ou condição. Podemos pensar, por exemplo, em um medicamento destinado a curar uma doença, cujos benefícios já são conhecidos. Um pesquisador pode estar interessado em estudar um medicamento alternativo que é possivelmente tão benéfico quanto o anterior, e sua vantagem não estaria em propiciar uma maior chance de cura, mas em provocar um menor número de efeitos colaterais ou em oferecer um custo mais baixo. Assim, entendemos que o novo medicamento não é superior a outro em relação a seu desempenho na cura da doença, mas pode ser vantajoso sob outros aspectos.

1.6 EXERCÍCIOS

1. Como você define a estatística?

2. Qual é o papel da estatística em um estudo científico?

3. Por que muitos estudos em saúde fazem uso de amostras?

4. O que é uma amostra representativa da população?

5. Qual a diferença entre os estudos observacionais e de intervenção?

6. Em um estudo, foram determinadas as concentrações de chumbo e mercúrio por meio de uma técnica de espectrofotometria de absorção atômica nos cabelos de 342 crianças de 1 a 12 anos de idade. Essas crianças eram residentes de bairros situados às margens dos principais rios do município. Como resultado, não foi observada uma tendência dos teores de mercúrio e chumbo serem maiores em crianças que consomem peixe em maior quantidade. Classifique esse estudo como caso-controle, transversal ou de coorte.

7. Um estudo selecionou 80 mulheres portadoras de câncer de mama e outras 80 mulheres sem a doença, todas moradoras de uma mesma região. Esses dois grupos de mulheres foram comparados em relação a diversos fatores que poderiam estar associados ao câncer, como a idade à menarca, o número de filhos e o histórico familiar da doença. Classifique esse estudo como caso-controle, transversal ou de coorte.

8. Um estudo selecionou 300 metalúrgicos e 300 pessoas que trabalham em escritórios, residentes de uma região. Esses indivíduos foram acompanhados por um período de dez anos, no qual se verificou a ocorrência ou não de pneumoconiose e outras doenças respiratórias. No final do estudo, as taxas de ocorrência das doenças de interesse nos dois grupos foram comparadas. Classifique esse estudo como caso-controle, transversal ou de coorte.

CAPÍTULO 2

Estatística descritiva: variáveis e apresentação de dados

A estatística descritiva abrange ferramentas destinadas a resumir a informação contida nos dados, destacando os aspectos mais marcantes. Antes de analisar nossos dados, é muito importante que façamos uma completa descrição de suas principais características, para assim decidirmos com maior propriedade quais serão as técnicas mais adequadas para seu tratamento estatístico.

Assim, neste capítulo definiremos o que é uma variável e como podemos classificá-la de acordo com sua natureza. A seguir, discutiremos a apresentação de dados em tabelas e gráficos adequados.

2.1 VARIÁVEIS

Uma variável é uma característica de interesse que pode assumir diferentes valores ou classificações para diferentes sujeitos, organismos ou objetos selecionados para nosso estudo.

Em uma análise sobre os fatores de risco para doenças cardiovasculares, as variáveis de interesse podem ser a idade (em anos), a pressão sistólica (em mmHg), o peso (em kg), a prática de exercícios físicos (os indivíduos são classificados como praticantes ou não), os antecedentes familiares (presentes ou ausentes) e diabetes (presente ou ausente). Em uma investigação sobre a internação de pacientes com tuberculose, as variáveis de interesse podem ser o próprio tempo de internação (em dias), o motivo (podem ser diversas causas) e a condição de saída (alta médica, a pedido, óbito, abandono, transferência ou outros tipos). Em um estudo sobre a qualidade de vida de idosos, as variáveis podem ser a dificuldade de locomoção (presente ou ausente), as dificuldades visuais (presentes ou ausentes), o número de remédios consumidos, dificuldade em dormir (presente ou ausente) e o número de filhos. Em todos esses exemplos, observamos que as variáveis são sempre escolhidas de acordo com o objetivo da investigação a ser realizada.

Observe que algumas variáveis são "numéricas", ou seja, seus possíveis resultados expressam quantificações, como a idade, a pressão sistólica, o peso e o número de filhos. Outras variáveis descrevem classificações, atributos ou qualidades dos indivíduos, como a prática de exercícios físicos, o motivo da internação e a dificuldade de locomoção. Essa classificação das variáveis conforme sua natureza é muito importante, dado que há ferramentas estatísticas voltadas à descrição e à análise de variáveis "numéricas" e outras ferramentas voltadas às variáveis "não numéricas". Portanto, quando pensamos em que ferramenta utilizar para o tratamento de nossos dados, um primeiro passo consiste em entender a natureza de nossas variáveis de interesse.

Assim, segundo sua natureza, as variáveis podem ser classificadas como quantitativas ou qualitativas. As variáveis "numéricas" que expressam grandezas matemáticas são chamadas quantitativas, ao passo que as variáveis que descrevem classificações, atributos ou qualidades são chamadas qualitativas ou categóricas.

As variáveis quantitativas são classificadas como discretas ou contínuas:

- **Variáveis quantitativas discretas**: seus possíveis valores pertencem a um conjunto finito ou contável. Em geral, expressa números inteiros, resultantes de um processo de contagem. São exemplos o número de filhos, o número de pessoas residentes no domicílio, o tempo de internação (em dias) e o número de pontos dolorosos de pacientes com fibromialgia.
- **Variáveis quantitativas contínuas**: assumem valores em uma escala contínua (na reta real). Para essas variáveis, valores não inteiros fazem sentido. Seus resultados são geralmente provenientes de uma mensuração. São exemplos o peso (em kg), a altura (em cm) e os níveis séricos de colesterol (em mg/ml).

Um truque utilizado para classificarmos uma variável quantitativa como discreta ou contínua, que funciona na maioria das vezes (pode haver exceções), é perguntar se, para obtermos os valores da variável, estamos contando ou medindo. Nós "medimos" ou "contamos" o número de casos de dengue em uma localidade? Nós "medimos" ou "contamos" os níveis séricos de triglicérides de indivíduos hipertensos? Se fizer sentido dizer que estamos contando, possivelmente a variável é discreta. Se fizer algum sentido dizer que estamos medindo, possivelmente a variável é contínua.

As variáveis qualitativas são classificadas como ordinais ou nominais:

- **Variáveis qualitativas ordinais**: assumem classificações, atributos ou qualidades que podem ser descritas em uma ordem natural. São exemplos o nível de escolaridade (sem escolaridade, ensino fundamental, ensino médio ou ensino superior), classe econômica (A, B, C, D ou E) e a gravidade de uma doença (leve, moderada ou alta).
- **Variáveis qualitativas nominais**: não há uma ordem natural para as classificações, atributos ou qualidades que essas variáveis assumem. São exemplos o sexo (masculino ou feminino), o tipo sanguíneo (A, B, AB ou O), o estado civil (solteiro, casado, separado, divorciado ou viúvo) e o diabetes (presente ou ausente).

Notar que às vezes uma variável originalmente quantitativa pode ser tratada como qualitativa. Por exemplo, a idade (em anos) é uma variável quantitativa, mas se classificarmos as idades em faixas etárias (0 a 5 anos, 6 a 10 anos, 11 a 15 anos, etc.), teremos uma variável qualitativa ordinal.

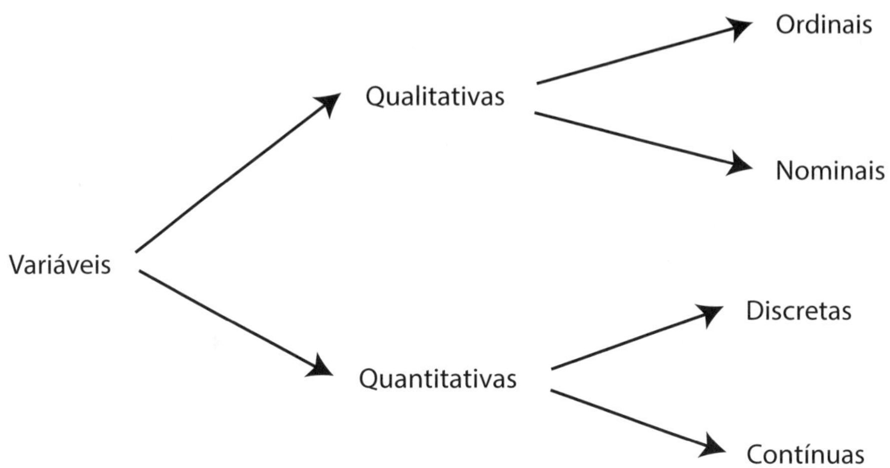

Figura 2.1 Tipos de variáveis.

Vamos considerar um banco de dados obtido de uma pesquisa da qual participaram 40 mulheres. As variáveis de interesse são: idade (em anos completos), estado civil (casada, solteira, viúva, amasiada, divorciada), tabagismo ("sim", se fumante, ou "não", se não fumante), idade ao primeiro filho (em anos completos), número de partos, peso (em quilogramas), altura (em metros) e como descreve seu próprio estado de saúde (bom, regular ou ruim). Os dados obtidos são apresentados na Tabela 2.1.

Tabela 2.1 Observações de algumas variáveis de uma pesquisa que envolveu 40 mulheres.

Número	Idade	Estado civil	Tabagista	Idade ao 1º filho	Partos	Peso	Altura	Estado de saúde
1	51	casada	não	26	3	74,6	1,59	bom
2	48	casada	não	20	2	53,3	1,51	bom
3	57	casada	não	20	3	64,0	1,63	bom
4	48	casada	sim	21	3	68,6	1,58	regular
5	49	casada	não	28	1	77,9	1,52	bom
6	47	casada	não	15	3	59,9	1,52	bom
7	49	casada	não	19	3	64,0	1,64	regular
8	52	casada	não	30	1	70,5	1,66	regular
9	45	casada	não	27	1	72,6	1,53	bom
10	64	casada	não	20	2	66,0	1,50	bom
11	55	casada	não	19	5	65,4	1,60	bom
12	45	solteira	não	29	1	55,0	1,56	ruim
13	54	casada	não	21	1	66,8	1,64	regular
14	51	casada	não	21	2	70,3	1,59	regular
15	59	viúva	sim	–	0	80,6	1,55	bom
16	56	viúva	sim	22	3	74,8	1,50	bom
17	49	divorciada	não	22	3	60,0	1,60	regular
18	52	casada	não	28	3	61,8	1,57	bom
19	64	casada	não	27	3	59,9	1,57	bom
20	47	divorciada	não	22	3	79,3	1,68	regular
21	50	casada	não	23	2	81,5	1,71	bom
22	64	casada	não	25	2	53,4	1,59	regular
23	52	casada	não	27	3	84,5	1,64	regular
24	56	casada	não	16	4	71,0	1,60	regular
25	59	viúva	sim	21	2	71,8	1,54	bom
26	48	casada	não	31	2	68,9	1,58	bom
27	51	divorciada	não	–	0	111,5	1,48	ruim
28	51	casada	não	22	3	66,7	1,53	bom
29	63	casada	não	22	4	72,5	1,56	bom

(continua)

Tabela 2.1 Observações de algumas variáveis de uma pesquisa que envolveu 40 mulheres *(continuação)*.

Número	Idade	Estado civil	Tabagista	Idade ao 1º filho	Partos	Peso	Altura	Estado de saúde
30	58	divorciada	não	15	5	79,9	1,53	ruim
31	52	divorciada	sim	–	0	47,9	1,53	bom
32	49	casada	não	19	2	54,6	1,58	bom
33	58	viúva	não	26	3	72,8	1,57	ruim
34	50	casada	não	25	1	89,6	1,54	bom
35	53	casada	sim	21	4	68,5	1,57	bom
36	54	casada	não	20	6	73,5	1,53	bom
37	65	casada	não	28	2	73,6	1,59	bom
38	57	casada	não	16	8	69,7	1,61	ruim
39	58	casada	não	20	4	64,3	1,52	regular
40	54	casada	não	18	4	56,4	1,64	bom

Você saberia identificar a natureza de cada uma dessas variáveis? A idade da mulher, a idade ao primeiro filho e o número de partos são variáveis quantitativas discretas; as variáveis peso e altura são quantitativas contínuas; o estado civil e o tabagismo são variáveis qualitativas nominais; e o estado de saúde é uma variável qualitativa ordinal.

2.2 TABELAS DE FREQUÊNCIAS

A forma mais simples de descrever uma variável qualitativa é por meio de uma tabela de frequências. Como exemplo, a Tabela 2.2 descreve o estado civil das 40 mulheres cujas informações são exibidas na Tabela 2.1.

Tabela 2.2 Tabela de frequências para o estado civil.

Estado civil	Frequências absolutas	Frequências relativas
Casada	30	75,0%
Divorciada	5	12,5%
Solteira	1	2,5%
Viúva	4	10,0%
Total	40	100%

As frequências absolutas descrevem o número de mulheres em cada uma das classes da variável. A soma das frequências absolutas deve ser o próprio tamanho amostral. A Tabela 2.2 informa que participaram da pesquisa 30 mulheres casadas, 5 divorciadas, 1 solteira e 4 viúvas.

As frequências relativas são obtidas da divisão entre cada frequência absoluta e o total de observações. São geralmente expressas em porcentagens. A soma das frequências relativas é sempre 100%. A Tabela 2.2 informa que 30/40 = 75% das mulheres que participaram da pesquisa são casadas, 5/40 = 12,5% são divorciadas, 1/40 = 2,5% são solteiras e 4/40 = 10% são viúvas.

Em adição, observe que a tabela precisa sempre conter um título que resuma seu conteúdo. A primeira linha da tabela é um cabeçalho que descreve o conteúdo das colunas. Por simplificação, muitos autores colocam apenas uma letra *n* (minúscula) no cabeçalho da tabela, no lugar de "frequências absolutas", e o símbolo "%" no lugar de "frequências relativas". A primeira coluna da tabela costuma descrever o conteúdo das linhas. Na Tabela 2.2, a primeira coluna contém as possíveis classificações para o estado civil das pessoas que participaram da pesquisa. A última linha da tabela descreve o total dos valores exibidos nas colunas.

As linhas da tabela que contêm o cabeçalho e o total dos valores são exibidas entre dois traços horizontais. Podemos utilizar linhas verticais para separar as colunas, se acharmos necessário, mas não devemos usar linhas verticais à esquerda da primeira coluna ou à direita da última coluna, "fechando" a tabela.

As contagens de uma variável discreta também podem ser descritas em uma tabela de frequências. A Tabela 2.3 descreve o número de partos, considerando os dados da Tabela 2.1.

Tabela 2.3 Frequências para o número de partos.

Número de partos	Frequências absolutas	Frequências relativas
0	3	7,5%
1	6	15,0%
2	9	22,5%
3	13	32,5%
4	5	12,5%
5	2	5,0%
6	1	2,5%
8	1	2,5%
Total	40	100%

De acordo com os propósitos do estudo, uma tabela de frequências pode conter somente as frequências absolutas ou somente as frequências relativas. Por exemplo, a Tabela 2.4 descreve o número absoluto de casos notificados de dengue em 2012 em cada uma das unidades da Federação do Nordeste do Brasil.

Tabela 2.4 Número de casos de dengue notificados nas unidades da Federação da região Nordeste do Brasil em 2012.

Unidade da Federação	Número de casos
Alagoas	27.485
Bahia	48.216
Ceará	54.990
Maranhão	5.269
Paraíba	8.577
Pernambuco	31.093
Piauí	12.325
Rio Grande do Norte	26.641
Sergipe	4.621
Total	219.217

Fonte: Ministério da Saúde/SVS – Sistema de Informação de Agravos de Notificação (Sinan).
Nota: dados atualizados em 29 de julho de 2013, sujeitos a revisão.

Observe que a Tabela 2.4 inclui em sua parte inferior algumas informações adicionais. Quando os dados apresentados na tabela são obtidos de outro estudo previamente publicado, de um órgão do governo, de um sistema de informações ou outra fonte, é conveniente informar sua origem. Assim, na Tabela 2.4, descrevemos que os dados foram obtidos do Sistema de Informação de Agravos de Notificação (Sinan), disponível na página eletrônica do Ministério da Saúde brasileiro. Em adição, a tabela também apresenta uma nota, alertando o leitor de que esses dados estão sujeitos a uma revisão.

2.3 TABELAS DE DUPLA ENTRADA

As tabelas de dupla entrada descrevem as frequências de uma variável de acordo com as classes de outra variável. A Tabela 2.5, por exemplo, descreve a autoavaliação do estado de saúde das participantes do estudo, de acordo com o tabagismo (dados apresentados na Tabela 2.1). As frequências absolutas são representadas pela letra *n* e as frequências relativas pelo símbolo "%". A tabela mostra que, dentre as 24 mulheres que avaliaram sua saúde como boa, 20,8% são fumantes. Dentre as 11 mulheres que avaliaram sua saúde como regular, 9,1% são fumantes, e dentre as 5 mulheres que avaliaram sua saúde como ruim, nenhuma é fumante.

Tabela 2.5 Autoavaliação do estado de saúde dos participantes do estudo, de acordo com o tabagismo.

	Autoavaliação do estado de saúde							
	Bom		Regular		Ruim		Total	
Tabagismo	*n*	%	*n*	%	*n*	%	*n*	%
Fumantes	5	20,8%	1	9,1%	0	–	6	15,0%
Não fumantes	19	79,2%	10	90,9%	5	100%	34	85,0%
Total	24	100%	11	100%	5	100%	40	100%

2.4 GRÁFICOS

Os gráficos são ferramentas bastante úteis para a descrição de dados. A maior vantagem dos gráficos é sua capacidade de transmitir a informação contida nos dados com muita rapidez. Se o gráfico for bem construído, o leitor terá a oportunidade de entender as principais características de nossos dados com pouco esforço. A seguir, apresentaremos alguns tipos de gráficos usuais na pesquisa em saúde.

2.4.1 Gráficos de dispersão

O gráfico de dispersão é útil para descrever a relação entre duas variáveis quantitativas contínuas. Nesse gráfico, cada par de observações é representado por um ponto em um sistema de coordenadas cartesianas.

A Figura 2.2 exibe um gráfico de dispersão para as variáveis altura e peso (dados da Tabela 2.1). Os eixos das abscissas e das ordenadas do gráfico devem apresentar escalas capazes de incluir todas as observações amostrais, de modo que nenhum par de observações deixe de aparecer no gráfico. De preferência, essas escalas devem começar do valor zero, mas, quando isso prejudica a visualização do gráfico, podemos definir escalas que partam de valores maiores que zero. No gráfico da Figura 2.2, a escala do eixo das ordenadas inicia-se em 40 kg, ao passo que a escala do eixo das abscissas inicia-se em 1,45 m. Nessa situação, é conveniente inserir sobre o eixo um símbolo de "quebra" da escala (como "//" ou "||") para indicar que esta não é representada a partir do valor zero.

O gráfico da Figura 2.2 destaca um ponto que representa uma mulher que tem um peso que é bastante grande em relação a sua altura (ela é identificada com o número 27 na Tabela 2.1). Ao encontrarmos em um gráfico de dispersão pontos

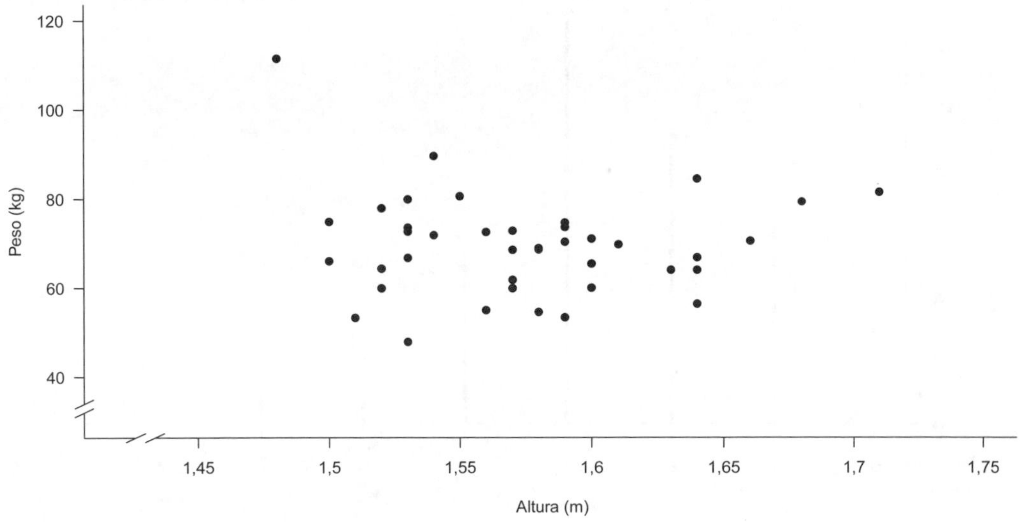

Figura 2.2 Gráfico de dispersão para as variáveis altura e peso.

que parecem atípicos em relação aos demais, é sempre conveniente verificar nosso banco de dados, dada a possibilidade de erros de registros ou de digitação. Em relação aos demais pontos que aparecem no gráfico, não é clara a tendência do peso das mulheres assumir valores relativamente maiores ou menores à medida que as alturas assumem valores maiores.

2.4.2 Gráfico em hastes ou bastões

O gráfico em hastes ou bastões é útil para caracterizar uma variável quantitativa discreta. Em um sistema de coordenadas, apresentamos no eixo das abscissas uma escala contendo todos os possíveis valores da variável de interesse e no eixo das ordenadas representamos suas respectivas frequências absolutas em uma escala que se inicia necessariamente no valor zero. A frequência absoluta de cada possível valor da variável é, então, descrito nesse sistema de coordenadas por um ponto. Alternativamente, o eixo das ordenadas pode descrever frequências relativas. Os pontos são ligados por uma linha vertical até o eixo das abscissas, formando bastões ou hastes.

As linhas verticais que ligam os pontos ao eixo servem para transmitir ao leitor a sensação de que a variável é de fato discreta. A Figura 2.3 exemplifica o uso de um gráfico de bastões, considerando o número de gravidezes observadas em uma amostra.

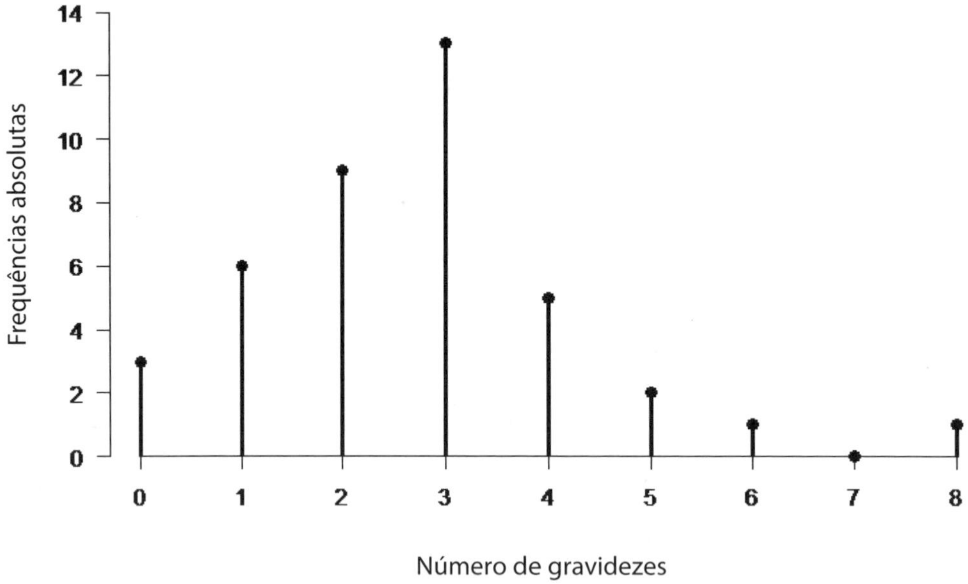

Figura 2.3 Gráfico de bastões para o número de gravidezes.

2.4.3 Gráficos de barras

Os gráficos de barras são adequados para descrever a distribuição de frequências de uma variável de natureza qualitativa. Por exemplo, consideremos a variável estado civil, cujas frequências absolutas e relativas são apresentadas na Tabela 2.2. A Figura 2.4 exibe um gráfico de barras para essa variável, em que cada uma das classificações (casada, divorciada, solteira ou viúva) é representada por um retângulo (uma barra) cuja base é de tamanho arbitrário e a altura é proporcional à respectiva frequência relativa. Arbitrariamente, poderíamos construir essa figura de modo que a altura das colunas fosse proporcional às frequências absolutas.

A Figura 2.4 evidencia que há uma maior frequência de mulheres casadas e uma menor frequência de mulheres solteiras no banco de dados.

Ao construir um gráfico de barras, é importante que a escala do eixo das ordenadas inicie sempre no valor zero.

A Figura 2.5 ilustra um gráfico de barras para a autoavaliação do estado de saúde, considerando os dados da Tabela 2.1. Observamos que grande parte das mulheres avalia seu estado de saúde como bom, enquanto uma frequência relativamente pequena avalia como ruim.

O gráfico de barras é capaz de descrever uma variável qualitativa ordinal ou nominal. Contudo, pode ser especialmente útil para as variáveis ordinais, dado que representa os possíveis resultados em barras dispostas em uma sequência.

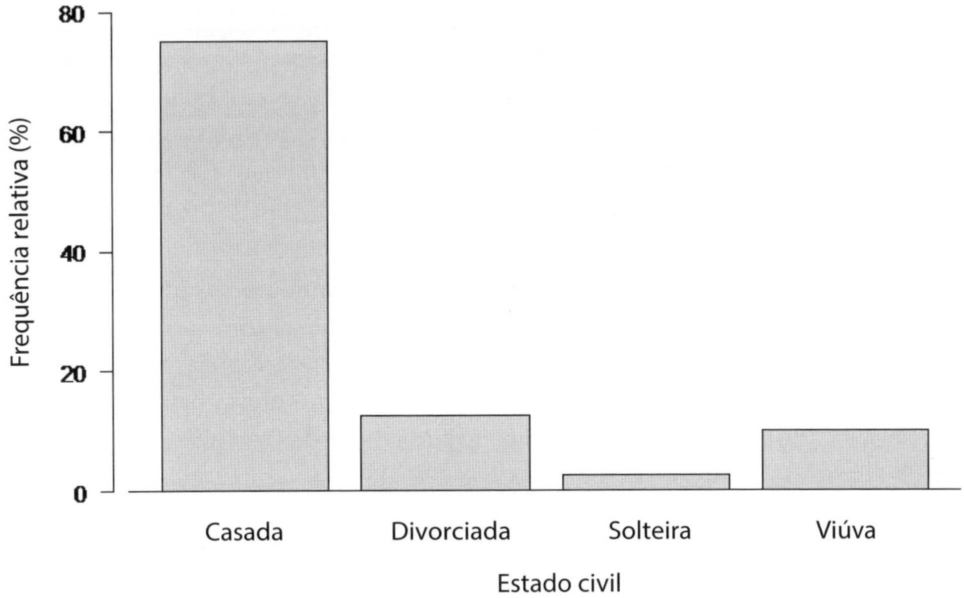

Figura 2.4 Gráfico de barras para o estado civil.

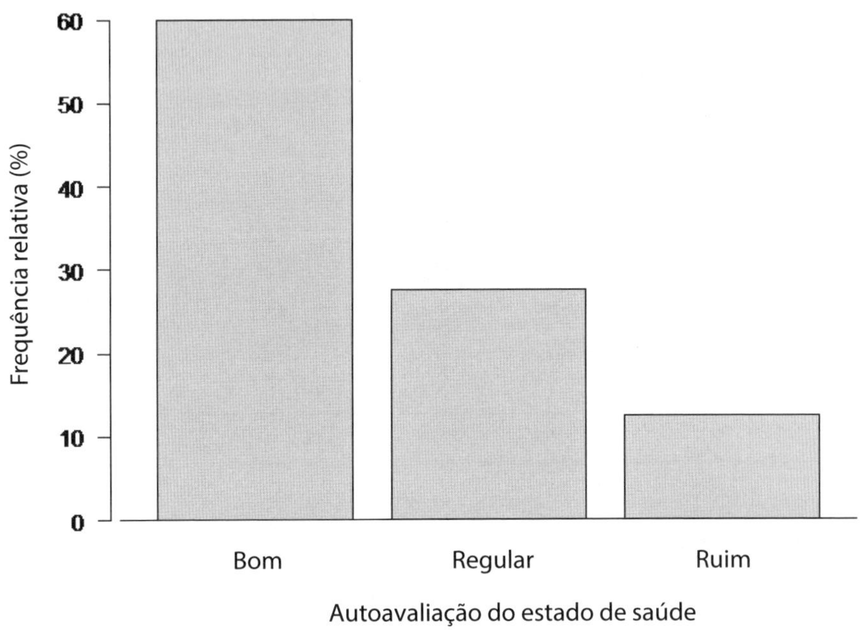

Figura 2.5 Gráfico de barras para a autoavaliação do estado de saúde.

2.4.4 Gráfico de linhas

O gráfico de linhas é útil para descrever como as mensurações de interesse modificam-se ao longo do tempo. Em uma representação cartesiana, o eixo das abscissas representa os instantes em que as mensurações foram tomadas e o eixo das ordenadas representa os valores observados. Cada mensuração é descrita por um ponto nesse sistema de eixos, e segmentos de retas são utilizados para unir esses pontos.

A Tabela 2.6 apresenta o número de casos de dengue notificados a cada mês no município de São Paulo, no ano de 2010. Esses dados foram obtidos no Sistema de Informação de Agravos de Notificação (Sinan). A Figura 2.6 mostra um gráfico de linhas para esses dados. O gráfico explicita um crescimento do número de casos notificados da doença de janeiro até abril. Após esse mês, houve um rápido decréscimo do número de registros.

Tabela 2.6 Número de casos de dengue notificados no município de São Paulo em 2010.

Mês	Número de casos
Janeiro	206
Fevereiro	887
Marco	2.379
Abril	3.118
Maio	1.620
Junho	268
Julho	137
Agosto	42
Setembro	32
Outubro	24
Novembro	45
Dezembro	83
Total	8.841

Fonte: Ministério da Saúde/SVS – Sistema de Informação de Agravos de Notificação (Sinan).

A escala representada no eixo das ordenadas do gráfico de linhas deve sempre começar no valor zero, para evitar distorções na descrição das informações.

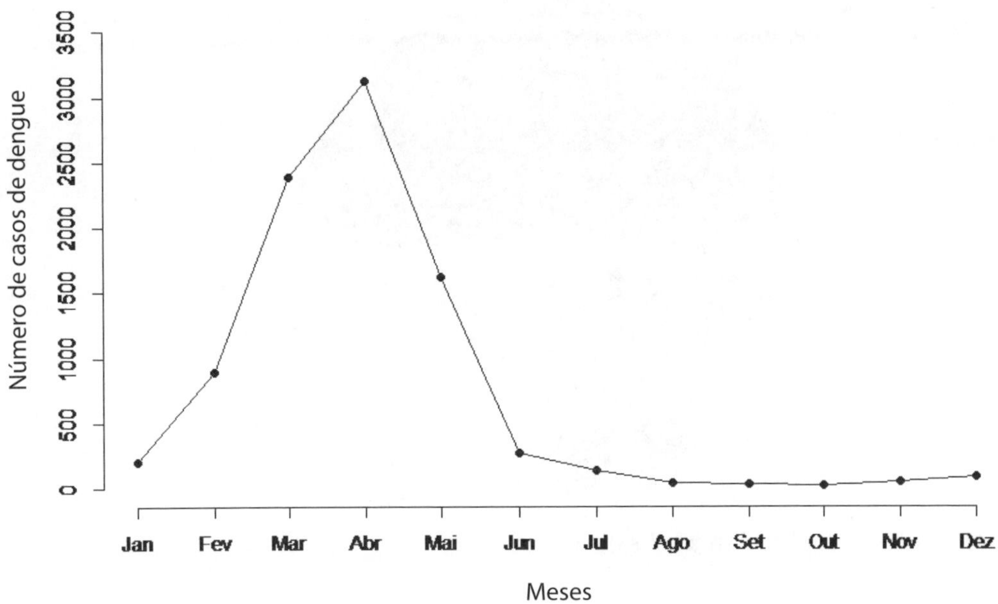

Figura 2.6 Número de casos de dengue notificados no município de São Paulo em 2010.

2.4.5 Gráfico de setores

O primeiro uso de um gráfico de setores é atribuído ao engenheiro e economista escocês William Playfair (1759-1823), que, em 1801, construiu um gráfico desse tipo para caracterizar o tamanho geográfico de cada uma das regiões da Europa em relação à área de todo o continente. Em 1858, a precursora da enfermagem Florence Nightingale (1820-1910) utilizou variações do gráfico de setores para descrever as causas da mortalidade durante a Guerra da Crimeia.

O gráfico de setores descreve uma variável qualitativa, de preferência nominal. Tem a forma de um círculo dividido em setores, sendo que cada setor representa uma classe da variável de interesse. A área de cada setor é proporcional à frequência relativa da classe que ele representa.

Na Tabela 2.2, observamos que 75% das mulheres cujas informações são exibidas na Tabela 2.1 são casadas, 12,5% são divorciadas, 2,5% são solteiras e 10% são viúvas. Considerando que uma "volta completa" em torno do círculo possui 360°, o setor correspondente às mulheres casadas tem um ângulo de 75% × 360° = 270° a partir do centro do círculo, o setor correspondente às divorciadas tem um ângulo de 12,5% × 360° = 45°, o setor correspondente às solteiras tem um ângulo de 2,5% × 360° = 9°, e o setor correspondente às viúvas tem um ângulo de 10% × 360° = 36°. Observar que 270° + 45° + 9° + 36° = 360°.

A Figura 2.7 apresenta o gráfico de setores resultante. Observe que o gráfico explicita que três quartos do total de participantes da pesquisa são compostos por

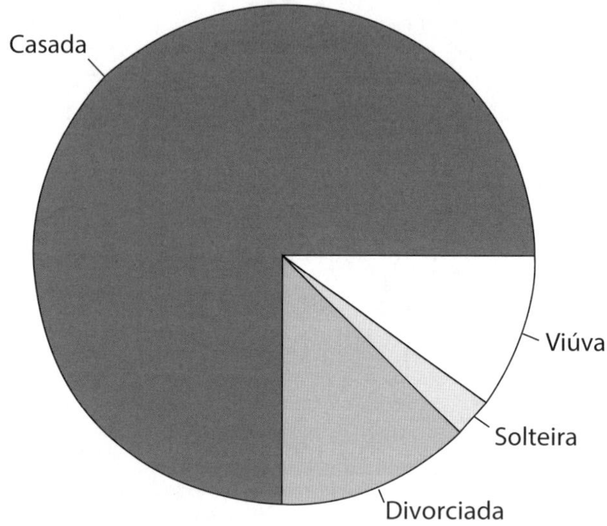

Figura 2.7 Gráfico de setores para o estado civil das 40 mulheres.

mulheres casadas, enquanto uma minoria é solteira. É usual apresentar os setores com cores diferentes (ou diferentes tons de cinza), para uma visualização mais clara.

Embora o gráfico de setores também possa ser utilizado para descrever variáveis qualitativas ordinais, ele é mais eficiente para as variáveis nominais. Dado que o gráfico tem a forma circular, ele não estabelece uma ordem para as classes da variável.

Atualmente, com a disponibilidade de programas de computador que facilitam sua construção, os gráficos de setores tridimensionais tornaram-se usuais. Entretanto, esses gráficos devem ser vistos com cautela.

Por exemplo, vamos considerar uma pesquisa em que foi perguntado a 500 habitantes qual é o principal problema de seu bairro. Os resultados são mostrados na Tabela 2.7.

Tabela 2.7 Principal problema do bairro em que vive, segundo a percepção de 500 habitantes.

Principal problema	Frequências absolutas	Frequências relativas
Educação	40	8%
Saúde	100	20%
Poluição	40	8%
Violência	100	20%
Desemprego	220	44%
Total	500	100%

A Figura 2.8 descreve esses dados em um gráfico de setores. Perceba que esse gráfico descreve claramente que igual número de habitantes se preocupa com a poluição e com a educação (os respectivos setores ocupam áreas correspondentes a 8% do total), enquanto um também igual número de habitantes se preocupa com a saúde e a violência (os respectivos setores possuem áreas correspondentes a 20% do total).

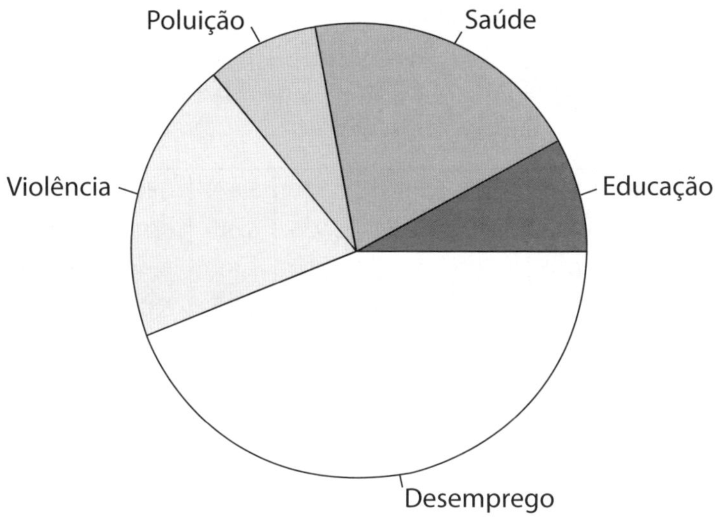

Figura 2.8 Gráfico de setores para o principal problema do bairro, segundo a percepção de 500 habitantes.

A Figura 2.9 descreve os mesmos dados em um gráfico de setores tridimensional. Perceba que a figura, agora vista em perspectiva, não deixa clara a proporção de cada setor. Não é explícito na figura que os setores correspondentes à poluição e à educação possuem áreas iguais, da mesma forma que não é claro que os setores correspondentes à saúde e à violência também possuem áreas de igual tamanho.

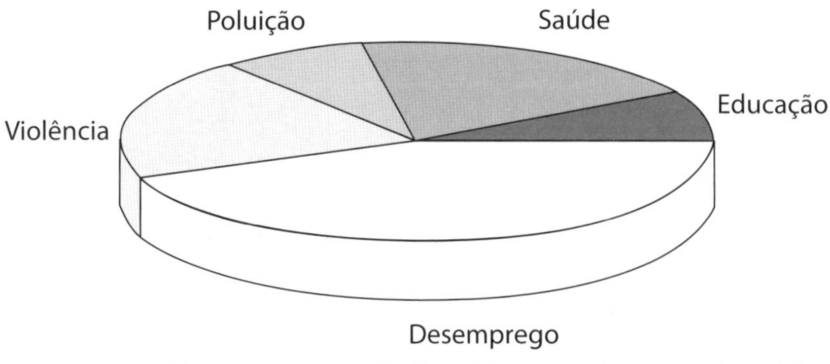

Figura 2.9 Gráfico tridimensional de setores para o principal problema do bairro, segundo a percepção de 500 habitantes.

Muitos autores preferem os gráficos tridimensionais por uma questão estética. Entretanto, considerando que a função dos gráficos é caracterizar nossos dados, devem ser privilegiados os gráficos sem os efeitos de tridimensionalidade.

2.4.6 Histograma

O histograma é um gráfico destinado a descrever a distribuição de uma variável de natureza quantitativa contínua.

Os dados a seguir referem-se aos comprimentos (em centímetros) de 83 ovos comprados em uma feira, mensurados com o uso de um paquímetro.

5,735	5,790	5,800	5,855	5,855	5,860	5,860	5,870	5,895	5,900	5,910	5,915
5,930	5,940	5,940	5,940	5,945	5,945	5,985	6,010	6,010	6,045	6,050	6,050
6,065	6,065	6,085	6,090	6,095	6,100	6,100	6,100	6,110	6,120	6,135	6,140
6,140	6,150	6,150	6,155	6,155	6,160	6,160	6,165	6,170	6,170	6,175	6,180
6,190	6,190	6,195	6,200	6,205	6,205	6,205	6,215	6,220	6,230	6,235	6,245
6,275	6,290	6,305	6,325	6,330	6,335	6,340	6,340	6,340	6,360	6,365	6,385
6,390	6,390	6,405	6,410	6,420	6,430	6,440	6,475	6,490	6,545	6,560	

O primeiro passo é organizar esses dados em uma tabela de frequências. A Tabela 2.8 distribui os valores observados para a variável em questão em intervalos de classe.

Tabela 2.8 Tabela de frequências para o comprimento (em cm) de 83 ovos.

Intervalo de classe (cm)	Frequência absoluta	Frequência relativa	Ponto médio (cm)	Amplitude do intervalo (cm)
5,7 ⊣ 5,8	3	3,6%	5,75	0,1
5,8 ⊣ 5,9	7	8,4%	5,85	0,1
5,9 ⊣ 6,0	9	10,8%	5,95	0,1
6,0 ⊣ 6,1	13	15,7%	6,05	0,1
6,1 ⊣ 6,2	20	24,1%	6,15	0,1
6,2 ⊣ 6,3	10	12,1%	6,25	0,1
6,3 ⊣ 6,4	12	14,5%	6,35	0,1
6,4 ⊣ 6,5	7	8,4%	6,45	0,1
6,5 ⊣ 6,6	2	2,4%	6,55	0,1

Essa tabela exibe os seguintes elementos:

- Os intervalos de classe, que são mutuamente exclusivos e abrangem todos os valores observados. Deve haver uma "continuidade" entre esses intervalos, sem "espaços" entre eles: ao término de cada um, imediatamente se inicia o intervalo seguinte. O símbolo ⊣ denota um intervalo aberto à esquerda e fechado à direita. Por exemplo, 5,8 ⊣ 5,9 denota o intervalo dos números maiores que 5,8 cm e menores ou iguais a 5,9 cm. Um ovo com comprimento 5,8 deve então ser contabilizado no intervalo 5,7 ⊣ 5,8. Arbitrariamente, podemos utilizar o símbolo ⊢ para denotar um intervalo fechado à esquerda e aberto à direita.
- A frequência absoluta, que é o número de observações pertencentes a cada intervalo. Por exemplo, temos 3 ovos com comprimentos pertencentes ao intervalo 5,7 ⊣ 5,8.
- As frequências relativas, que são obtidas da divisão entre cada frequência absoluta e o total de observações. São geralmente expressas em porcentagens. A soma das frequências relativas é sempre 100%.
- O ponto médio, que é o valor que se situa no centro de cada intervalo de classe. Para encontrá-lo, somamos os limites inferior e superior de cada intervalo e dividimos o resultado por dois. Por exemplo, o ponto médio do intervalo de classe 5,7 ⊣ 5,8 é (5,7 + 5,8)/2 = 5,75 cm.
- A amplitude, que é o "comprimento" de cada um dos intervalos de classe. Para encontrar a amplitude de um intervalo basta subtrair o limite inferior do limite superior. Por exemplo, a amplitude do primeiro intervalo de classe é 5,8 – 5,7 = 0,1 cm.

No histograma cada um dos intervalos de classe é descrito por um retângulo (Figura 2.10). A base de cada retângulo tem o tamanho da amplitude do respectivo intervalo de classe, e a altura de cada retângulo representa a respectiva frequência absoluta (ou relativa).

No eixo das abscissas dispomos os valores da variável de interesse segundo os intervalos de classe, e no eixo das ordenadas dispomos as frequências absolutas ou relativas. O eixo das ordenadas deve começar sempre no valor zero.

A escolha do número de intervalos de classe para a construção do histograma é arbitrária, e deve ser baseada no tamanho da amostra. Se definirmos muitos intervalos de classe e a amostra for relativamente pequena, muitos intervalos terão frequências pequenas de observações e o histograma não descreverá satisfatoriamente a distribuição dos dados. Alguns programas de computador usam a expressão $1 + \log_2 n$ para determinar o número de intervalos de classe utilizados na construção do histograma. Esse procedimento é chamado regra de Sturges, sendo $\log_2 n$ o logaritmo de base 2 do tamanho amostral denotado por n. Mais informações sobre o conceito de logaritmo são apresentadas nos Apêndices D e E. A Tabela 2.9 mostra o número de intervalos de classe determinados pela regra de Sturges, de acordo com diferentes tamanhos amostrais.

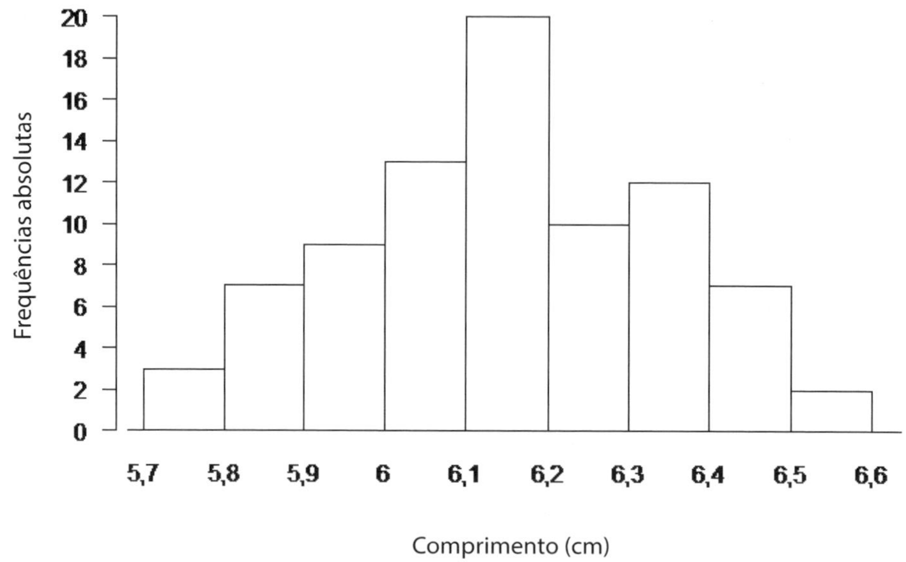

Figura 2.10 Histograma para o comprimento (em cm) de 83 ovos.

Tabela 2.9 Número de intervalos de classe para o histograma, conforme a regra de Sturges.

Tamanho amostral	Número de intervalos de classe
9 a 16	5
17 a 32	6
33 a 64	7
65 a 128	8
129 a 256	9
257 a 512	10
513 a 1024	11
1.025 a 2.048	12

O histograma não pode ser confundido com um gráfico de barras. O gráfico de barras descreve uma variável de natureza qualitativa, enquanto o histograma é utilizado para descrever a distribuição das observações de uma variável contínua. Não deve haver espaços entre os sucessivos retângulos que compõem o histograma, o que não necessariamente ocorre no gráfico de barras.

O histograma é bastante útil para descrever a forma da distribuição dos dados, como exemplificado na Figura 2.11. A forma do histograma (a) sugere uma distribuição simétrica, com maior frequência de valores no centro do gráfico. Essa simetria é percebida quando notamos que o primeiro retângulo que compõe o histograma tem área semelhante à do último, a área do segundo retângulo é semelhante à área do penúltimo, a área do terceiro retângulo é semelhante à área do antepenúltimo, e assim sucessivamente. O histograma (b) sugere uma distribuição assimétrica, tal que os intervalos de classe com maiores frequências absolutas tendem a posicionar-se à esquerda da figura. Nesse caso, dizemos que a distribuição dos dados é assimétrica com cauda longa à direita ou assimétrica positiva. Por sua vez, o histograma (c) evidencia uma distribuição assimétrica com cauda longa à esquerda (ou assimétrica negativa). No histograma (d), os dados parecem concentrar-se com maior intensidade em torno de dois intervalos de classe distintos (visualmente, há duas "corcovas" no gráfico). É como se os dados tivessem sido obtidos de duas populações em que a variável de interesse comporta-se de modo diferente.

Quando o histograma descreve uma distribuição com uma única "corcova", como os histogramas (a), (b) e (c) da Figura 2.11, dizemos que os dados são unimodais. Quando o histograma mostra uma distribuição com duas "corcovas", como o histograma (d), dizemos que os dados são bimodais.

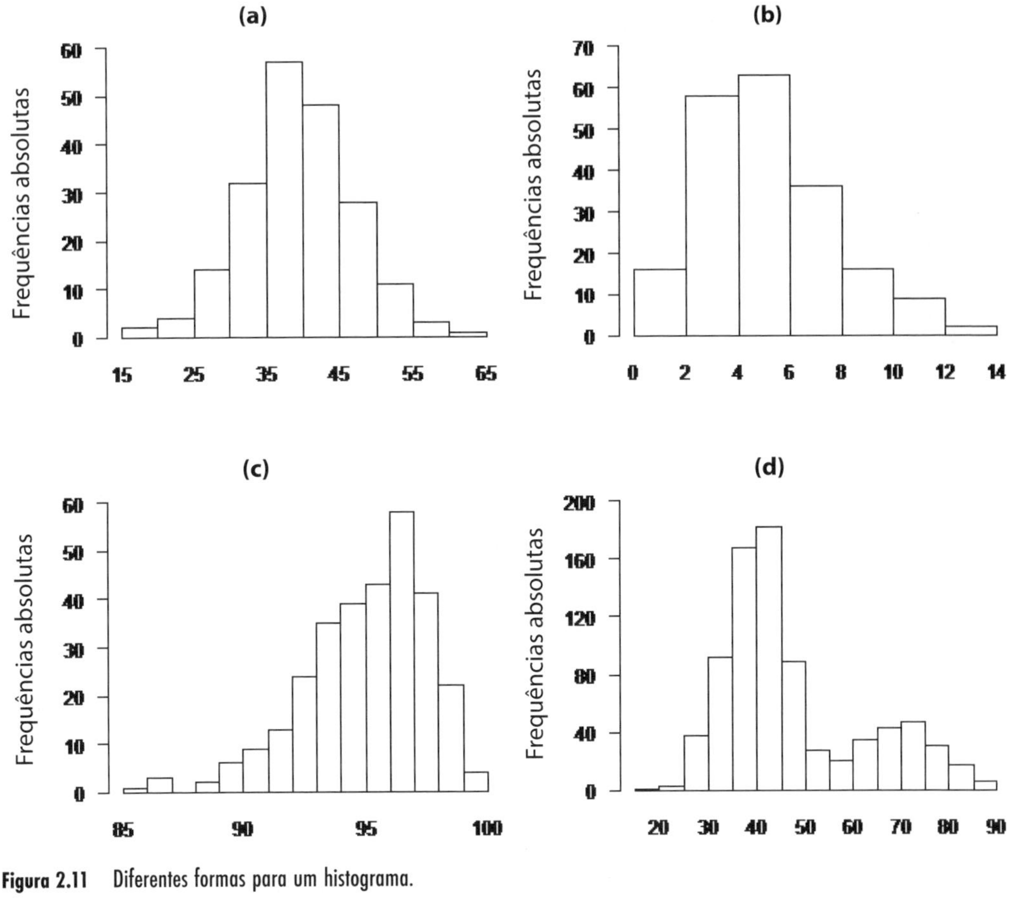

Figura 2.11 Diferentes formas para um histograma.

2.4.7 Polígono de frequências

O polígono de frequências também descreve a distribuição de uma variável de natureza quantitativa contínua. Assim como o histograma, também é construído a partir da organização dos dados em uma tabela de frequências. Vamos considerar novamente os comprimentos (em centímetros) de 83 ovos comprados em uma feira, organizados na Tabela 2.8.

O gráfico da Figura 2.12 novamente mostra o histograma para esses dados. Entretanto, a figura agora inclui segmentos de reta que ligam os pontos médios dos intervalos de classe (mostrados na quarta coluna da Tabela 2.8) adjacentes, projetados no lado superior dos respectivos retângulos. No eixo das abscissas do gráfico, há agora dois intervalos de classe adicionais, 5,6 ⊣ 5,7 cm e 6,6 ⊣ 6,7 cm. Esses intervalos possuem a mesma amplitude dos demais, e representam uma classe imediatamente inferior à primeira e outra imediatamente superior à última apresentada na Tabela 2.8. Os pontos médios desses intervalos de classe, posicionados sobre o eixo das abscissas, também são ligados aos pontos médios dos intervalos adjacentes por segmentos de reta.

O polígono de frequências é o resultado da união de todos esses segmentos de retas que ligam os pontos médios.

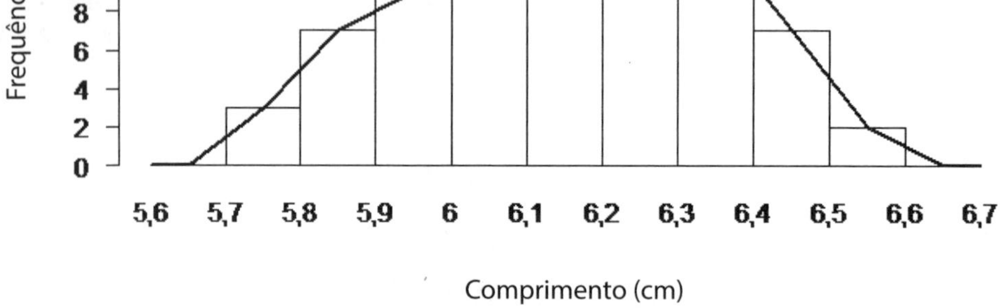

Figura 2.12 Histograma e polígono de frequências para o comprimento (em cm) de 83 ovos.

A Figura 2.13 mostra o polígono de frequências para os dados apresentados.

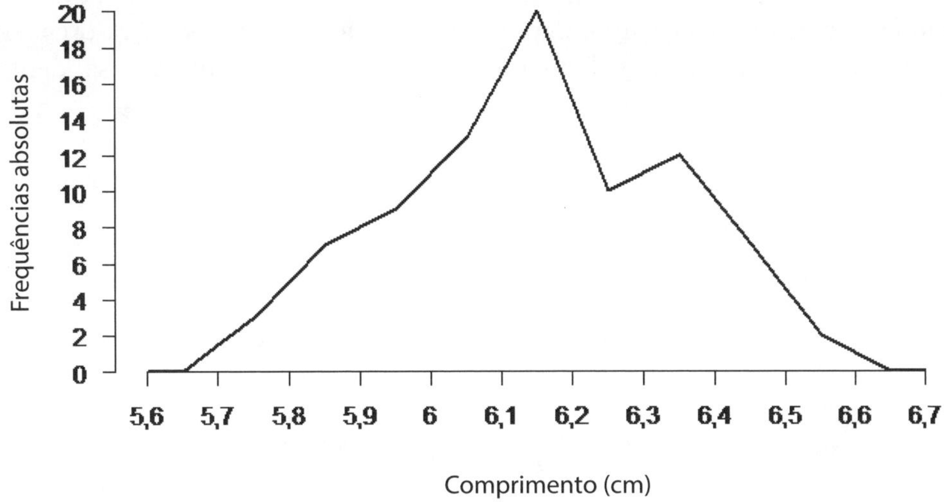

Figura 2.13 Polígono de frequências para o comprimento (em cm) de 83 ovos.

2.4.8 Gráfico "antes e depois"

Esse tipo de gráfico é útil para visualizarmos as mudanças dos valores de uma variável quantitativa contínua após um evento ou intervenção. Como exemplo, vamos considerar um estudo que utilizou uma amostra de onze voluntários portadores de doença pulmonar obstrutiva crônica (DPOC), que foram submetidos a um programa de exercícios realizados duas vezes por semana, com duração de 60 minutos cada sessão. São mostrados a seguir os valores do volume expiratório forçado (VEF) no primeiro segundo (em litros), tomados para cada voluntário antes da intervenção e ao término do programa de exercícios, que teve a duração de doze semanas.

Tabela 2.10 Volume expiratório forçado no primeiro segundo (em litros), de onze voluntários, antes e depois de um programa de exercícios físicos.

Voluntário	1	2	3	4	5	6	7	8	9	10	11
Antes	2,00	1,48	0,74	1,24	1,48	2,12	0,91	1,46	0,69	1,20	1,34
Depois	2,19	1,61	0,79	1,23	1,45	1,94	1,21	1,59	0,73	1,11	1,41

A Figura 2.14 mostra um gráfico "antes e depois" (em inglês, *ladder plot*) para descrever esses dados. No eixo das abscissas desse gráfico, indicamos a posição em que são exibidos os valores anteriores e posteriores ao evento ou à intervenção. No eixo das ordenadas, exibimos uma escala para a variável quantitativa em questão. As observações amostrais são, então, representadas por pontos, de acordo com o momento (antes e depois, eixo das abscissas) e seus valores (eixo das ordenadas). Os pares de valores observados para cada indivíduo são, então, ligados por segmentos de reta.

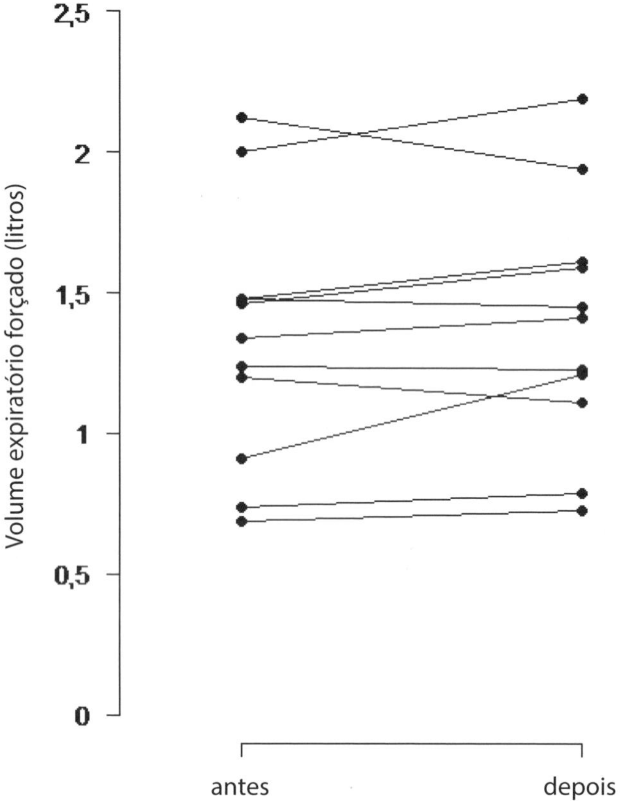

Figura 2.14 Gráfico "antes e depois" para o volume expiratório forçado no primeiro segundo (em litros), de onze voluntários, antes e depois de um programa de exercícios físicos.

Em um gráfico "antes e depois", a inclinação dos segmentos de reta que ligam os pontos "antes" e "depois" responde pela intensidade da mudança dos respectivos valores. Segmentos de reta horizontais, sem inclinação, evidenciam que não houve mudança para o respectivo indivíduo. O gráfico da Figura 2.14 evidencia dois indivíduos que tiveram um expressivo aumento dos valores de VEF (o primeiro, de 0,91 para 1,21 litros, e o segundo, de 2,0 para 2,19), representados por segmentos de reta que se apresentam com maior inclinação.

2.5 EXERCÍCIOS

1. Classifique as seguintes variáveis como quantitativa contínua, quantitativa discreta, qualitativa ordinal ou qualitativa nominal:

a. Região de residência do paciente, no início do tratamento oncológico ambulatorial (Norte, Nordeste, Centro-Oeste, Sudeste ou Sul).
b. Estadiamento clínico do paciente, no momento do diagnóstico clínico de câncer de boca (*in situ*, I, II, III ou IV).
c. Renda familiar de uma pessoa, em salários mínimos.
d. Número de consultas pré-natais de uma primigesta.
e. Utilização de medicamentos na gestação (sim ou não).
f. Área em que o paciente reside (urbana ou rural).
g. Classificação socioeconômica do chefe do domicílio (muito pobre, pobre, regular, rico, muito rico).
h. Frequência com que um paciente se sente cansado durante as atividades rotineiras (nunca, raramente, algumas vezes, muitas vezes, sempre).
i. Peso ao nascer (em quilogramas) das crianças de uma maternidade.
j. Idade gestacional de grávidas atendidas em uma unidade de saúde, em semanas completas.

2. Os números a seguir referem-se às concentrações séricas de hemoglobina (em g/dl) em uma amostra de 200 crianças.

10,6	10,6	10,8	10,9	10,9	11,1	11,1	11,3	11,3	11,3
11,3	11,3	11,3	11,4	11,4	11,4	11,4	11,4	11,4	11,4
11,4	11,5	11,5	11,5	11,5	11,5	11,5	11,6	11,6	11,6
11,6	11,7	11,7	11,7	11,7	11,7	11,7	11,7	11,7	11,8
11,8	11,8	11,8	11,8	11,8	11,8	11,8	11,8	11,8	11,9
11,9	11,9	11,9	11,9	11,9	11,9	11,9	11,9	11,9	11,9
11,9	11,9	11,9	11,9	12,0	12,0	12,0	12,0	12,0	12,0
12,0	12,0	12,0	12,0	12,0	12,0	12,1	12,1	12,1	12,1
12,1	12,1	12,1	12,1	12,1	12,1	12,1	12,2	12,2	12,2
12,2	12,2	12,2	12,2	12,2	12,2	12,2	12,2	12,3	12,3
12,3	12,3	12,3	12,3	12,3	12,3	12,4	12,4	12,4	12,4
12,4	12,4	12,4	12,4	12,4	12,4	12,4	12,4	12,5	12,5
12,5	12,5	12,6	12,6	12,6	12,6	12,6	12,6	12,6	12,7
12,7	12,7	12,7	12,7	12,7	12,7	12,8	12,8	12,8	12,8
12,8	12,8	12,8	12,8	12,8	12,8	12,9	12,9	12,9	12,9

(continua)

(continuação)

12,9	12,9	13,0	13,0	13,0	13,0	13,0	13,1	13,1	13,1
13,2	13,2	13,2	13,2	13,3	13,3	13,3	13,3	13,3	13,4
13,4	13,4	13,4	13,4	13,5	13,5	13,5	13,5	13,6	13,6
13,6	13,7	13,7	13,7	13,8	13,8	13,8	13,8	13,9	13,9
13,9	13,9	14,0	14,1	14,2	14,2	14,2	14,3	14,4	14,8

Construa um histograma para essa variável, considerando amplitudes de 0,5 g/dl.

3. A duração da gestação é classificada como pré-termo se a criança nasce em idade gestacional inferior a 37 semanas, a termo se a idade gestacional está entre 37 e 41 semanas, e pós-termo se a idade gestacional é igual ou maior que 42 semanas. No mês de janeiro de 2013 nasceram em uma maternidade 50 crianças de gestações pré-termo, 145 crianças de gestações a termo e 25 crianças de gestações pós-termo. Esboce um gráfico que descreva adequadamente esses números.

4. Em junho de 2006, o Hospital das Clínicas da Faculdade de Medicina de Ribeirão Preto (HCFMRP) da Universidade de São Paulo (USP) contava com uma equipe de 4.306 funcionários. As tabelas a seguir mostram a distribuição desses funcionários por tempo de serviço e nível de escolaridade.

Distribuição dos funcionários por tempo de serviço.

Tempo de serviço (anos)	Funcionários
0 ⊣ 5	947
5 ⊣ 10	1.015
10 ⊣ 15	553
15 ⊣ 20	842
20 ⊣ 25	355
25 ⊣ 30	559
30 ⊣ 35	32
35 ⊣ 40	3
Total	4.306

Fonte: Jornal *HC Notícias*, jun. 2006.

Distribuição dos funcionários por nível de escolaridade.

Nível	Funcionários
Nível Básico	1.032
Nível Médio	2.263
Nível Superior	1.011
Total	4.306

Fonte: Jornal *HC Notícias*, jun. 2006.

Represente as informações dessas tabelas em gráficos adequados.

5. Um estudo objetivou comparar o consumo de nutrientes e alimentos em mulheres atendidas em um centro municipal de saúde de um grande município, no período gestacional e no pós-parto. É listado abaixo o consumo de carboidrato (g por 1.000 kcal) de 10 mulheres que compuseram a amostra, no período gestacional e no pós-parto.

Consumo de carboidrato (g por 1.000 kcal) no período gestacional e no pós-parto.

Período	Mulheres									
	1	2	3	4	5	6	7	8	9	10
Gestacional	154	155	173	159	163	153	156	183	167	173
Pós-parto	148	149	168	151	157	146	153	178	164	167

Esboce um gráfico "antes e depois" (em inglês, *ladder plot*) para esses dados.

6. Um estudante está conduzindo um estudo que objetiva descrever os doadores de sangue de um serviço de hemoterapia. Ele utiliza uma amostra de 651 doadores, sendo 410 de sexo masculino e 241 de sexo feminino. Dentre os doadores de sexo masculino, ele encontrou 161 portadores de sangue tipo A, 56 portadores de sangue tipo B, 14 portadores de sangue tipo AB e 179 portadores de sangue tipo O. Dentre os doadores de sexo feminino, ele encontrou 81 portadores de sangue tipo A, 44 portadores de sangue tipo B, 13 portadores de sangue tipo AB e 103 portadores de sangue tipo O. Para descrever esses dados, o estudante construiu o gráfico de barras abaixo. Neste gráfico, os homens são identificados por M, de masculino, e as mulheres por F, de feminino.

Seu professor, no entanto, lhe disse que esse gráfico contém um erro bastante sério.

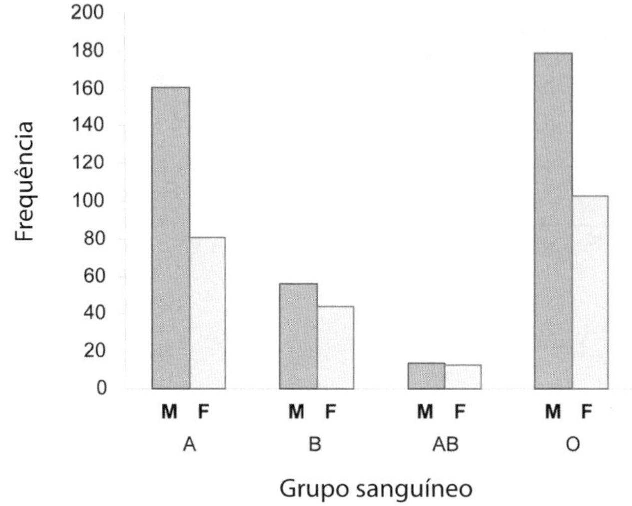

a. Comente o que está errado neste gráfico.
b. Esboce novamente um gráfico de barras para esses dados, de modo que esse erro não seja novamente cometido.

7. Um nutricionista deseja comparar os efeitos de duas dietas, que ele identifica por dietas A e B. Um total de 100 pessoas é submetido à dieta A e outras 100 pessoas são submetidas à dieta B. O nutricionista percebeu que 46% das pessoas submetidas à dieta A tiveram redução de peso, e o mesmo aconteceu com 41% das pessoas submetidas à dieta B. Para uma apresentação em um evento científico, ele esboçou dois gráficos para esses dados, exibidos a seguir.

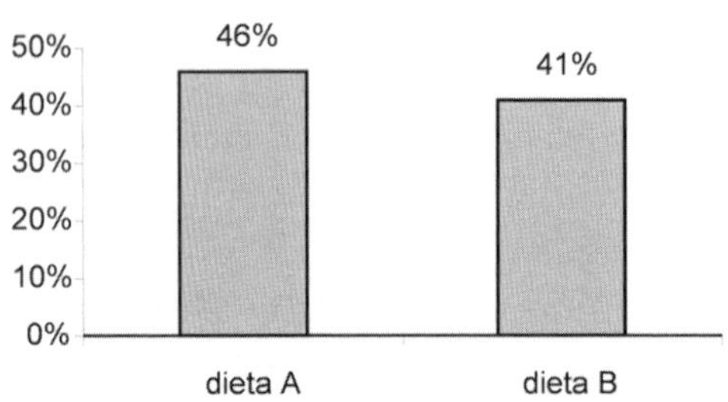

Gráfico A

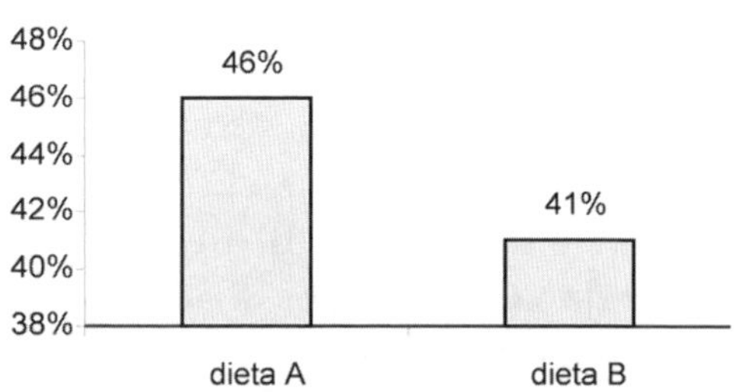

Gráfico B

Porém, somente um desses gráficos é adequado. Identifique o gráfico adequado (A ou B), e explique o erro cometido no gráfico que é inadequado.

CAPÍTULO 3

Estatística descritiva: medidas-resumo

As medidas-resumo são ferramentas de estatística descritiva que permitem caracterizar um conjunto de dados quantitativos de acordo com sua tendência central ou a dispersão dos dados estudados.

3.1 NOTAÇÃO

Uma variável é sempre denotada por uma letra maiúscula, geralmente aquelas do final do alfabeto, como X, Y ou Z.

Se X representa nossa variável de interesse, nossas observações amostrais serão representadas por x minúsculo, seguido de um índice numérico que serve para identificar sua posição no banco de dados. Por exemplo, se X é a idade dos indivíduos participantes de nossa pesquisa, representamos a idade do primeiro indivíduo por x_1, a idade do segundo indivíduo por x_2, e assim sucessivamente. Digamos que, em uma amostra de $n = 8$ pessoas, observamos as seguintes idades, em anos completos:

$$x_1 = 38 \quad x_2 = 40 \quad x_3 = 49 \quad x_4 = 67$$
$$x_5 = 33 \quad x_6 = 57 \quad x_7 = 54 \quad x_8 = 64$$

De modo geral, x_i denota uma observação de X, de modo que i varia de 1 a n. A letra grega sigma maiúscula, Σ, denota uma soma. A notação

$$\sum_{i=1}^{n} x_i$$

representa a soma de todas as observações amostrais, de x_1 a x_n. Assim,

$$\sum_{i=1}^{8} x_i = x_1 + x_2 + x_3 + x_4 + x_5 + x_6 + x_7 + x_8,$$

ou

$$\sum_{i=1}^{8} x_i = 38 + 40 + 49 + 67 + 33 + 57 + 54 + 64 = 402 \text{ anos.}$$

3.2 MEDIDAS DE POSIÇÃO OU DE TENDÊNCIA CENTRAL

São medidas que, de modo resumido, buscam caracterizar um conjunto de observações por meio de um valor em torno do qual estas se distribuem. As medidas de posição ou de tendência central mais conhecidas são a média, a mediana e a moda.

3.2.1 Média

A medida de tendência central mais comum é a média. É obtida pela soma das observações amostrais, dividida pelo número total de observações. Por exemplo, sejam as idades de $n = 8$ pessoas, em anos completos:

38, 40, 49, 67, 33, 57, 54 e 64.

A média amostral, denotada por $\bar{x}$ (leia "xis barra"), é dada por

$$\bar{x} = \frac{\sum_{i=1}^{n} x_i}{n} = \frac{x_1 + x_2 + \ldots + x_n}{n}.$$

Assim,

$$\bar{x} = \frac{38 + 40 + 49 + 67 + 33 + 57 + 54 + 64}{8} = \frac{402}{8} = 50{,}25 \text{ anos.}$$

Observe que a média é expressa na mesma unidade de medida da variável em questão.

Como interpretamos uma média de $\overline{x} = 50{,}25$ anos? Em primeiro lugar, sendo a média uma medida de tendência central, podemos dizer que as idades das $n = 8$ pessoas de nossa amostra flutuam em torno de 50,25 anos. Observe a Figura 3.1.

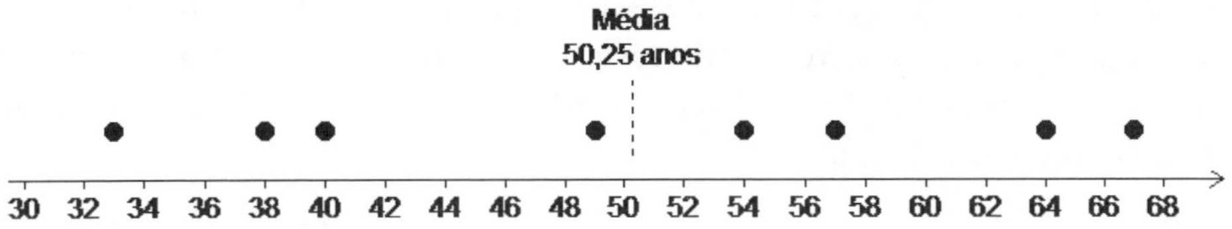

Figura 3.1 Média das idades de 8 pessoas.

Em segundo lugar, lembre-se de que a média é uma medida-resumo, ou seja, ela objetiva sintetizar em um único valor todas as nossas observações amostrais. Em outras palavras, a idade de 50,25 anos é um valor que busca representar as idades de todas as $n = 8$ pessoas. Entretanto, observe que a média é um resumo incompleto de nosso conjunto de dados, dado que ela não informa o tamanho da dispersão de nossos dados a seu redor. Para essa finalidade, existe o desvio padrão, que discutiremos posteriormente.

Considere agora uma amostra de $n = 8$ mulheres, sendo a variável de interesse o número de filhos. Vamos supor que o número de filhos de cada mulher é:

$$1, 1, 1, 2, 2, 2, 3 \text{ e } 4.$$

Essa variável é de natureza quantitativa discreta. A média amostral é:

$$\bar{x} = \frac{1+1+1+2+2+2+3+4}{8} = \frac{16}{8} = 2 \text{ filhos.}$$

Assim, o número de filhos dessas mulheres varia em torno de 2, com uma certa dispersão.

Vamos agora supor que o número de filhos de cada mulher é:

$$1, 1, 1, 2, 2, 3, 3 \text{ e } 4.$$

Essa variável é de natureza quantitativa discreta. A média amostral é:

$$\bar{x} = \frac{1+1+1+2+2+3+3+4}{8} = \frac{17}{8} = 2,125 \text{ filhos.}$$

Se o número de filhos é uma variável discreta e não admite casas decimais, é possível uma média de 2,125 filhos? Ainda que a variável de interesse não admita casas decimais, sua média pode ter casas decimais. No entanto, em nosso exemplo, basta uma casa decimal para a média. Dizemos então que as famílias possuem, em média, 2,1 filhos.

A média amostral, como descrita nesta seção, é também chamada média aritmética.

Em outro exemplo, seja uma amostra de $n = 30$ adolescentes de sexo masculino, classificados em portadores de sobrepeso, portadores de obesidade e portadores de peso normal. A Tabela 3.1 mostra o número de adolescentes e as médias da estatura segundo cada classificação.

Tabela 3.1 Médias da estatura (cm) de 30 adolescentes, conforme a classificação de seus pesos.

Grupo	n	$\bar{x}$
Portadores de sobrepeso	6	145,5 cm
Portadores de obesidade	14	148,8 cm
Portadores de peso adequado	10	149,3 cm

Como podemos obter a média "geral" dos $n = 30$ adolescentes sem considerar o grupo a que pertencem? Denotando a média da estatura dos seis portadores de sobrepeso por $\bar{x}_1$, temos:

$$\bar{x}_1 = \frac{\sum_{i=1}^{6} x_i}{6} = \frac{x_1 + x_2 + \ldots + x_6}{6} = 145,5 \text{ cm.}$$

Dessa expressão, temos que a soma das estaturas dos seis adolescentes portadores de sobrepeso é:

$$x_1 + x_2 + \ldots + x_6 = 6 \times 145,5 = 873 \text{ cm.}$$

De modo análogo, temos que a soma das estaturas dos 14 adolescentes portadores de obesidade é:

$$x_7 + x_8 + \ldots + x_{20} = 14 \times 148,8 = 2083,2 \text{ cm,}$$

e a soma das estaturas dos 10 adolescentes portadores de peso adequado é:

$$x_{21} + x_{22} + \ldots + x_{30} = 10 \times 149,3 = 1493 \text{ cm}.$$

Assim, a média "geral" é:

$$\bar{x} = \frac{x_1 + x_2 + \ldots + x_{30}}{30} = \frac{873 + 2083,2 + 1493}{30} = \frac{4449,2}{30} = 148,3 \text{ cm}.$$

Se os indivíduos estão classificados em k grupos distintos de tamanhos n_1, n_2, ..., n_k, essa expressão para a média "geral" pode ser escrita na forma:

$$\bar{x} = \frac{n_1\bar{x}_1 + n_2\bar{x}_2 + \ldots + n_k\bar{x}_k}{n_1 + n_2 + \ldots + n_k}.$$

3.2.2 Mediana

Assim como a média, a mediana também é uma medida de tendência central. Entretanto, ela é obtida de uma maneira diferente. Se as observações são ordenadas da menor até a maior, metade dos valores é maior ou igual à mediana, enquanto a outra metade é menor ou igual a ela. Por exemplo, sejam as estaturas de n = 13 mulheres, em metros, exibidas a seguir.

1,59	1,51	1,63	1,58	1,52	1,52	1,64
1,66	1,53	1,50	1,60	1,56	1,64	

O primeiro passo consiste em ordenar as observações, da menor para a maior:

1,50 1,51 1,52 1,52 1,53 1,56 1,58 1,59 1,60 1,63 1,64 1,64 1,66

Em segundo lugar, selecionamos o "número do meio", que é 1,58 m:

1,50 1,51 1,52 1,52 1,53 1,56 <u>1,58</u> 1,59 1,60 1,63 1,64 1,64 1,66

Esse número é a mediana. A Figura 3.2 ilustra a posição da mediana na série de observações. Perceba que há um mesmo número de observações antes e após a mediana.

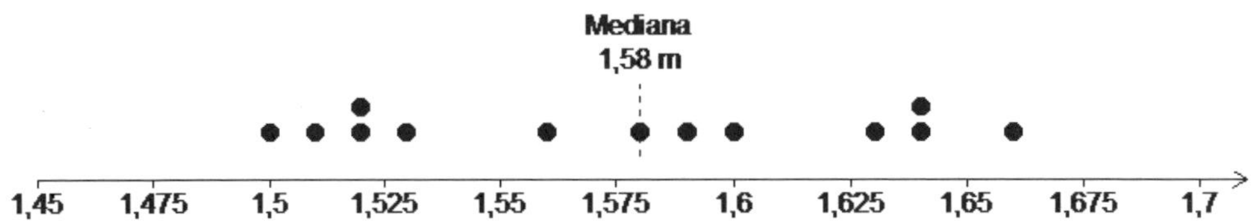

Figura 3.2 Mediana das estaturas (em m) de 13 mulheres.

Se substituirmos a mulher de maior estatura (1,66 m) por outra ainda mais alta (digamos, de 1,90 m), o que aconteceria com a mediana? Seu valor se modificaria? O "número do meio" continuaria sendo 1,58 m. Esta é uma característica importante da mediana: ela não é sensível a valores atípicos de nosso conjunto de dados (entendemos por valor atípico um número bastante grande ou pequeno em relação aos demais).

E o que aconteceria com a média amostral ao substituirmos a mulher de 1,66 m de estatura pela outra de 1,90 m? A média amostral ficaria um pouco maior. Dado que a média costuma ser sensível ao efeito de valores atípicos, a mediana é muitas vezes utilizada quando esses valores demasiadamente grandes ou pequenos estão presentes em nossos dados.

No exemplo anterior, encontramos a mediana considerando um número ímpar de observações. E se tivermos um número par de observações? Sejam novamente as idades de $n = 8$ pessoas, em anos completos:

38, 40, 49, 67, 33, 57, 54 e 64

Depois de ordenarmos as observações, da menor até a maior, observamos que os "números do meio" são 49 e 54.

33 38 40 $\underline{49}$ $\underline{54}$ 57 64 67

A mediana é o valor central entre 49 e 54, dado por:

$$\frac{49 + 54}{2} = 51,5 \text{ anos.}$$

3.2.3 Moda

A moda é a observação que ocorre com maior frequência no conjunto de dados.

Imagine que em uma loja de sapatos femininos foram vendidos 20 pares de sapatos em um único dia. Os sapatos vendidos tinham estas numerações:

34	34	35	35	36	36	36	36	36	36
37	37	37	37	38	38	38	39	39	39

A numeração mais frequente entre os sapatos vendidos é 36. Essa informação é de grande utilidade ao gerente da loja, pois indica que ele não pode deixar de ter sapatos número 36 em seu estoque. Perceba que nesse exemplo a mediana ou a média não teria a mesma utilidade.

É importante não confundir moda com maioria. A moda é a observação mais frequente, mas isso não implica necessariamente que a moda corresponde à maioria das observações. Nesse exemplo, a moda é 36, mas observamos que não é válido dizer que a maioria dos sapatos vendidos tem numeração 36. Seis sapatos número 36 em um total de 20 correspondem a 30%. A maioria corresponderia a 50% dos sapatos mais um, ou seja, 11 sapatos em 20.

Em outro exemplo, suponha que, em uma turma de 1º ano de um curso de graduação, as idades dos 30 alunos (em anos completos) são:

17	17	18	18	18	18	18	18	18	18
18	18	18	18	18	18	18	18	18	18
18	19	19	19	19	20	20	21	21	22

Podemos descrever adequadamente as idades desses alunos dizendo que a idade mais frequente, ou moda, é 18 anos.

Em muitas situações, a moda pode não ser a medida mais apropriada para caracterizar nossos dados. Por exemplo, os valores a seguir são os níveis séricos de triglicérides (em mg/dl) em uma amostra de $n = 7$ pacientes.

189	72	109	140	140	140	135

A moda seria 140 mg/dl, o valor mais frequente. Mas será que a moda é a medida de posição que melhor caracteriza esses dados? Talvez a média ou a mediana sejam mais úteis para essa finalidade. Embora a mediana também seja

140 mg/dl, nos parece mais informativo dizer que aproximadamente metade dos indivíduos possuem níveis de triglicérides menores que 140 mg/dl do que dizer que a medida mais frequente é 140 mg/dl.

Em outras situações, a moda pode não ser única. Seja, por exemplo, o tempo de aleitamento materno (em meses) de $n = 7$ crianças usuárias de um serviço de saúde:

1	2	3	3	4	6	6

Nesse caso, temos dois valores mais frequentes, 3 e 6 meses. Novamente, a média ou a mediana podem ser mais úteis para descrever os dados desse exemplo.

Suponha agora que solicitamos a $n = 10$ pessoas de um bairro que classificassem seu próprio estado de saúde como "ruim", "regular" ou "bom". As respostas foram as seguintes:

Ruim	Bom	Bom	Regular	Regular
Bom	Bom	Regular	Ruim	Ruim

Perceba que a classificação do estado de saúde como "bom" corresponde à moda, dado que é a mais frequente. Observe mais uma vez que a moda não corresponde necessariamente à maioria das respostas. E observe ainda que a moda pode ser útil também na descrição de variáveis qualitativas.

Por fim, sejam os valores a seguir, que se referem aos valores séricos de colesterol total (em mg/dl) de $n = 8$ pessoas atendidas em consulta em uma unidade de saúde.

158	168	186	187	210	212	253	262

Qual seria a moda? Não há um valor mais frequente nesse conjunto de observações. Cada um ocorre uma única vez. Nesse caso, é melhor não nos preocuparmos em conceituar a moda. Devemos buscar uma medida de posição mais adequada à caracterização desses dados, como a média ou a mediana.

3.2.4 Média geométrica

A média geométrica é também uma importante medida de tendência central. Sejam os valores a seguir referentes a $n = 12$ observações de uma variável X.

2,2 3,4 3,9 5,3 6,1 6,5 10,4 15,6 19,9 42,8 60,6 70,2

A média aritmética dessas observações é:

$$\bar{x} = \frac{2,2 + 3,4 + \ldots + 70,2}{12} = 20,575.$$

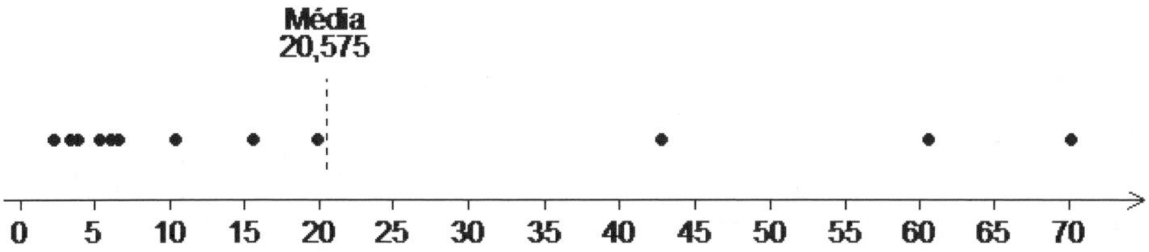

Figura 3.3 Posição da média amostral de doze observações da variável *X*.

A Figura 3.3 ilustra a posição da média amostral na série de observações.

Essa figura evidencia que essas observações são bastante "próximas" umas das outras quando assumem valores relativamente pequenos. Em contraste, esses valores começam a ser mais "afastados" uns dos outros à medida que crescem. Isso caracteriza dados que se distribuem de forma assimétrica, com certo número de valores atípicos à direita da figura. Esses valores atípicos "atraem" a média em sua direção e, em algumas situações, a média parece não caracterizar bem aquele conjunto de dados.

O logaritmo é uma função matemática bastante importante, que é capaz de "afastar" os valores relativamente pequenos de uma variável quantitativa contínua e "aproximar" os valores relativamente grandes. Os Apêndices D e E deste livro trazem alguns esclarecimentos sobre os logaritmos.

A tabela do Anexo A traz aproximações dos valores dos logaritmos naturais, quando nossos dados possuem uma casa decimal. Assim, o logaritmo natural de 2,2 é aproximadamente 0,7885; de 3,4, é aproximadamente 1,2238; de 3,9, é aproximadamente 1,361, e assim sucessivamente. O logaritmo é uma função chamada em matemática de monótona, ou seja, ela não modifica a ordem dos dados. A Figura 3.4 mostra a distribuição das observações convertidas em logaritmos naturais e a posição que sua média aritmética ocupa.

Observe nessa figura que as observações convertidas em logaritmos agora possuem uma distribuição mais simétrica, sem que valores atípicos se evidenciem. A média dessas observações parece agora melhor representá-las, por ocupar uma posição mais ao centro da distribuição.

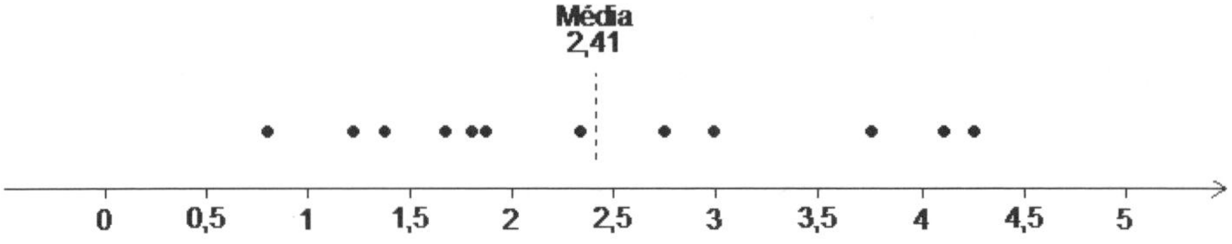

Figura 3.4 Distribuição e média aritmética de 12 observações da variável X convertidas em logaritmos naturais.

No passo seguinte, devemos fazer com que essa média das observações convertidas em logaritmos retorne a sua escala original. A função matemática que é o inverso da função logaritmo natural é a função exponencial (ver Apêndices C e E). Se buscarmos no corpo da tabela do Anexo A um valor próximo a 2,41, notaremos que o logaritmo natural de 11,1 é aproximadamente 2,4069. Assim, a média geométrica de nossos dados é aproximadamente 11,1. Usando um computador, encontramos um valor próximo a 11,15 para a média geométrica. A Figura 3.5 compara as posições da média amostral $\overline{x}$ e da média geométrica em relação à escala original dos dados.

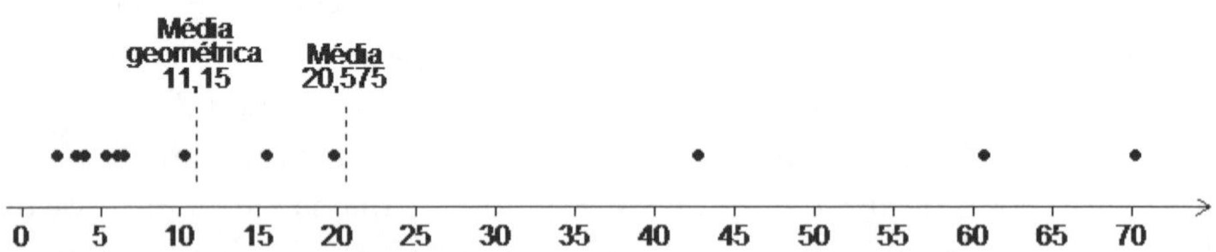

Figura 3.5 Comparação das posições da média amostral $\overline{x}$ e da média geométrica de doze observações.

Notamos que a média geométrica é menor que a média amostral $\overline{x}$, como se ela fosse "corrigida" pela presença dos valores atípicos.

A média geométrica é, portanto, uma medida de posição bastante útil quando nossos dados possuem uma distribuição bastante assimétrica, e os valores atípicos parecem perturbar o valor obtido para a média $\overline{x}$. Entretanto, a média geométrica só se aplica se os valores atípicos são grandes em relação aos demais. Quando os valores atípicos são pequenos em relação às demais observações, a média geométrica não se aplica, dado que os logaritmos "afastarão" ainda mais esses valores dos demais.

Em resumo, a média geométrica é obtida por meio dos seguintes passos:

a. transformamos todas as observações em logaritmos naturais;
b. calculamos a média aritmética dos dados transformados;

c. a média geométrica é a função exponencial da média dos dados transformados.

Assim, a expressão matemática para a média geométrica de uma variável X, com base em uma amostra de tamanho n, é:

$$\bar{x}_g = \exp\left(\frac{\sum_{i=1}^{n} \ln(x_i)}{n}\right),$$

em que $\ln(x)$ é o logaritmo natural de x. Uma limitação importante da média geométrica é que ela não pode ser utilizada se nossos dados apresentarem observações menores ou iguais a zero, dado que a função logaritmo só se aplica a valores maiores que zero.

3.3 MEDIDAS DE DISPERSÃO

As medidas de dispersão medem a variabilidade dos dados.

Por exemplo, seja a estatura (em cm) observada em duas amostras de adolescentes saudáveis. Denotaremos essas amostras por A e B.

As estaturas dos adolescentes da amostra A são:

149	156	157	158	159	160	161	164

As estaturas dos adolescentes da amostra B são:

132	138	152	157	160	171	176	178

A média na amostra A é 158 cm. Na amostra B é também 158 cm. As medianas são iguais a 158,5 cm, nas duas amostras. Portanto, as amostras A e B possuem médias e medianas idênticas.

O fato das amostras A e B possuírem medidas de locação iguais (média e mediana) nos permite afirmar que adolescentes das amostras A e B são semelhantes em relação à estatura?

A Figura 3.6 descreve as dispersões dessas observações.

Percebemos que, embora as medidas de locação sejam iguais, as amostras diferem em relação à dispersão dos dados. Na amostra A, as observações possuem uma dispersão menor em relação à média de 158 cm, enquanto na amostra B as observações encontram-se mais dispersas em relação à mesma média amostral. Se dissermos somente que a média das estaturas é 158 cm, estaremos dizendo que nossas observações amostrais flutuam em torno de 158 cm, mas não temos informação do tamanho da dispersão dos dados em relação a essa média.

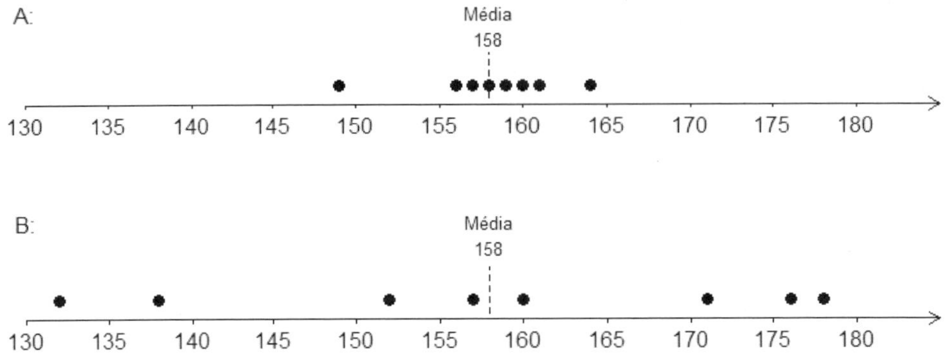

Figura 3.6 Dispersões das estaturas de duas amostras (A e B) de adolescentes saudáveis (em cm).

Isso torna evidente que as medidas de locação nos fornecem um resumo incompleto do comportamento de nossos dados, uma vez que elas não nos dizem nada a respeito da dispersão dos dados.

Por isso, torna-se importante a apresentação de medidas de variabilidade dos dados.

3.3.1 Amplitude amostral

A amplitude amostral é a diferença entre o maior e o menor valor das observações. Trata-se da medida de dispersão mais simples. Quanto maior a amplitude amostral, maior tende a ser a dispersão de nossos dados.

Por exemplo, sejam as idades de n = 8 pessoas, em anos completos:

28, 20, 29, 27, 23, 27, 24 e 24.

A pessoa mais velha tem 29 anos, e a mais nova, 20 anos. A amplitude amostral é, portanto,

29 – 20 = 9 anos.

Podemos interpretar a amplitude como a maior diferença que é possível encontrar entre duas quaisquer observações de nossa amostra. Nesse exemplo, entendemos que nenhuma pessoa de nossa amostra é mais velha que qualquer outra com diferença superior a nove anos.

A amplitude amostral deve ser utilizada com certa cautela para descrever a amplitude de nossos dados, dado que ela é fortemente influenciada por valores atípicos. Por exemplo, se temos as idades de $n = 8$ pessoas, em anos completos, dadas por:

26, 20, 80, 25, 23, 25, 23 e 24,

a amplitude amostral é dada por:

$$80 - 20 = 60 \text{ anos.}$$

Nesse caso, a amplitude amostral descreve uma dispersão bastante grande, enquanto a dispersão dos dados é relativamente pequena a não ser pela presença de uma pessoa bem mais idosa que as demais.

3.3.2 Desvio médio

Para entendermos o que o desvio padrão representa, vamos primeiro definir o desvio médio. Essa medida possui algumas limitações que inviabilizam seu uso nas pesquisas como uma medida de dispersão, mas é bastante útil para nos ajudar a entender o conceito de desvio padrão. Sejam, por exemplo, as idades de 8 indivíduos dadas por:

38, 40, 49, 67, 33, 57, 54 e 64 anos.

A média amostral dessas idades é 50,25 anos. Definiremos então o desvio médio como uma medida da dispersão das observações da variável em questão em torno da média amostral. Portanto, em um primeiro passo, vamos encontrar as "distâncias" entre cada uma das observações amostrais e a média amostral $\overline{x}$. Essas "distâncias" são chamadas de desvios e medem o quanto a observação de cada indivíduo está acima ou abaixo da média da amostra. Os desvios para cada uma das observações x_i são dados por:

$$x_i - \overline{x}.$$

Os desvios para cada uma das idades observadas em nossa amostra são exibidos na Tabela 3.2.

Observamos, então, que a pessoa de 38 anos possui uma idade de 12,25 anos abaixo da média, dado que seu respectivo desvio é negativo. Por sua vez, a pessoa de 67 anos possui uma idade de 16,75 anos acima da média, dado que seu respectivo desvio é maior que zero.

Tabela 3.2 Desvios para as idades de 8 pessoas.

x_i	$x_i - \bar{x}$
38	38 – 50,25 = –12,25
40	40 – 50,25 = –10,25
49	49 – 50,25 = –1,25
67	67 – 50,25 = 16,75
33	33 – 50,25 = –17,25
57	57 – 50,25 = 6,75
54	54 – 50,25 = 3,75
64	64 – 50,25 = 13,75

Após encontrarmos os desvios, vamos definir o desvio médio como a média dos desvios obtidos. Intuitivamente, podemos inicialmente considerar que a obtenção dessa média consiste simplesmente em somar os desvios e dividir o resultado pelo tamanho da amostra. Entretanto, observamos que a soma:

$$-12{,}25 - 10{,}25 - 1{,}25 + 16{,}75 - 17{,}25 + 6{,}75 + 3{,}75 + 13{,}75$$

é igual a zero. Esse resultado não ocorre somente na nossa amostra: para qualquer conjunto de observações, a soma dos desvios será sempre zero. O leitor que possui alguma facilidade com álgebra pode assim demonstrar esse resultado para uma amostra em geral:

$$\sum_{i=1}^{n}(x_i - \bar{x}) = \sum_{i=1}^{n} x_i - \sum_{i=1}^{n} \bar{x} = \frac{n}{n}\sum_{i=1}^{n} x_i - n\bar{x} = n\bar{x} - n\bar{x} = 0.$$

Se a soma dos desvios é sempre zero, a média dos desvios também será sempre zero e não há sentido em utilizá-la como medida de dispersão. Por esse motivo, definimos o desvio médio como a média dos desvios em valores absolutos. O valor absoluto de um número real a é denotado por $|a|$, "tornando positivos" os valores de a que são menores que zero. Assim, por exemplo, temos $|-2| = 2$ e $|2| = 2$. Em adição, $|0| = 0$.

É preciso observar que os valores absolutos dos desvios definem melhor a distância entre os valores observados e a média amostral, dado que não há sentido em considerarmos distâncias negativas.

Retornando ao exemplo anterior, a Tabela 3.3 exibe os valores absolutos dos desvios denotados por $|x_i - \bar{x}|$.

Tabela 3.3 Valores absolutos dos desvios para as idades de 8 pessoas.

x_i	$x_i - \overline{x}$	$\lvert x_i - \overline{x} \rvert$
38	38 – 50,25 = –12,25	12,25
40	40 – 50,25 = –10,25	10,25
49	49 – 50,25 = –1,25	1,25
67	67 – 50,25 = 16,75	16,75
33	33 – 50,25 = –17,25	17,25
57	57 – 50,25 = 6,75	6,75
54	54 – 50,25 = 3,75	3,75
64	64 – 50,25 = 13,75	13,75

A soma dos desvios absolutos é dada por 82 anos. Dividindo esta soma pelo tamanho amostral $n = 8$, temos um desvio médio dado por 82/8 = 10,25 anos.

O desvio médio mede a distância média das observações individuais a partir de $\overline{x}$. Em nosso exemplo, temos que as idades das 8 pessoas que compõem a amostra distam em média 10,25 anos da média amostral 50,25 anos.

Apesar de ser uma intuitiva medida de variabilidade, o desvio médio não costuma ser utilizado nos trabalhos científicos para descrever a dispersão dos dados em torno da média amostral. A medida de variabilidade mais utilizada para esse propósito é o desvio padrão.

3.3.3 Variância

Antes de conceituar formalmente o desvio padrão, vamos entender o significado de outra medida de variabilidade chamada variância, bastante importante em estatística. Vamos considerar novamente as idades de 8 indivíduos, dadas por:

38, 40, 49, 67, 33, 57, 54 e 64 anos.

Na obtenção do desvio médio, entendemos que os valores absolutos dos desvios caracterizam as "distâncias" entre cada observação e a média amostral (por si, os desvios não definem formalmente uma distância, dado que não existem distâncias negativas). Na obtenção da variância, consideramos os quadrados dos desvios, e não seus valores absolutos. A Tabela 3.4 mostra os desvios $x_i - \overline{x}$ para cada observação x_i e os respectivos quadrados dos desvios $(x_i - \overline{x})^2$.

Tabela 3.4 Valores dos desvios ao quadrado para as idades de 8 pessoas.

x_i	$x_i - \bar{x}$	$(x_i - \bar{x})^2$
38	38 – 50,25 = –12,25	150,06
40	40 – 50,25 = –10,25	105,06
49	49 – 50,25 = –1,25	1,56
67	67 – 50,25 = 16,75	280,56
33	33 – 50,25 = –17,25	297,56
57	57 – 50,25 = 6,75	45,56
54	54 – 50,25 = 3,75	14,06
64	64 – 50,25 = 13,75	189,06

A soma dos quadrados dos desvios é dada por:

$$\sum_{i=1}^{n}(x_i - \bar{x})^2 = 150,06 + 105,06 + \ldots + 189,06 = 1.083,5$$

A variância, denotada por s^2, é dada pela divisão entre essa soma dos quadrados dos desvios e o tamanho da amostra menos 1. Assim, a variância é dada por:

$$s^2 = \frac{\sum_{i=1}^{n}(x_i - \bar{x})^2}{n-1} = \frac{1.083,5}{7} = 154,8 \text{ anos}^2.$$

Se a variância pode ser entendida como uma média dos quadrados dos desvios, por que o denominador dessa expressão é $n - 1$, e não n? Utilizamos nesse denominador o número de termos independentes contidos na soma que aparece no numerador. Esse número de termos independentes é chamado de graus de liberdade. Para entendermos melhor esse conceito, lembremos que na soma $\sum_{i=1}^{n}(x_i - \bar{x})^2$ temos ao todo $n = 8$ termos, ou seja:

$$(-12,25)^2 + (-10,25)^2 + (-1,25)^2 + 16,75^2 + (-17,25)^2 + 6,75^2 + 3,75^2 + 13,75^2 = 1.083,5.$$

Será que nós conseguiríamos obter o resultado dessa soma se estivesse "faltando" um termo? Por exemplo, se fosse a nós ocultado o termo $(-17,25)^2$, nós conseguiríamos obter o resultado da soma? A resposta é sim, dada a propriedade que diz que a soma dos desvios é sempre zero. Portanto, substituindo o termo $(-17,25)^2$ por k, podemos resolver a soma:

$$(-12,25)^2 + (-10,25)^2 + (-1,25)^2 + 16,75^2 + k + 6,75^2 + 3,75^2 + 13,75^2$$

encontrando k a partir da soma dos demais desvios. A soma dos desvios conhecidos é:

$$-12{,}25 - 10{,}25 - 1{,}25 + 16{,}75 + 6{,}75 + 3{,}75 + 13{,}75 = 17{,}25.$$

Dado que a soma de todos os desvios é sempre zero, o desvio que está "faltando" só pode ser –17,25. Assim, descobrimos que $k = (-17{,}25)^2$ e que a soma $\sum_{i=1}^{n}(x_i - \bar{x})^2$ é igual a 1.083,5.

Assim, entendemos que a soma $\sum_{i=1}^{n}(x_i - \bar{x})^2$ possui n termos, mas entre esses termos, $n - 1$ são independentes entre si e um termo é sempre "condicionado" aos demais. Esse termo "condicionado" aos demais não é considerado no denominador da expressão da variância, dada por:

$$s^2 = \frac{\sum_{i=1}^{n}(x_i - \bar{x})^2}{n-1}$$

Vale observar que, se o tamanho amostral n é bastante grande, não faz muita diferença considerar n ou $n - 1$ no denominador dessa expressão. Por exemplo, se temos uma amostra de tamanho $n = 500$, não faz muita diferença dividir $\sum_{i=1}^{n}(x_i - \bar{x})^2$ por 500 ou 499.

Na obtenção do desvio médio não nos preocupamos com questões que envolvem os graus de liberdade, dado que essa medida de dispersão é aqui apresentada apenas como um instrumento que nos auxilia a entender o conceito de desvio padrão.

Outro ponto importante a ser considerado diz respeito à interpretação do valor encontrado. Observe que a unidade de medida da variância é a mesma unidade de medida da variável original, mas elevada ao quadrado. Portanto, a variância obtida é 154,8 anos^2. Mas o que é um ano ao quadrado? Como não conseguimos interpretar objetivamente essa nova unidade, é conveniente eliminarmos esse "ao quadrado". Ao fazermos isso, definimos o desvio padrão.

3.3.4 Desvio padrão

O desvio padrão, denotado por s, é a raiz quadrada da variância. Assim,

$$s = \sqrt{\frac{\sum_{i=1}^{n}(x_i - \bar{x})^2}{n-1}}$$

Quanto maior o desvio padrão, maior é a dispersão de nossos dados.

A vantagem do desvio padrão em relação à variância é que sua unidade de medida é a mesma da variável original, o que proporciona uma interpretação mais fácil. Por isso, nas publicações da área da saúde, os autores preferem o desvio padrão como uma medida de dispersão dos dados em relação à média. No exemplo anterior, a variância da idade dos 8 indivíduos que compõem a amostra é 154,8 anos^2. O desvio padrão é, então, dado pela raiz quadrada desse valor, ou seja, 12,44 anos.

A interpretação do desvio padrão é semelhante à do desvio médio. No exemplo, podemos entender o resultado 12,44 anos como um valor que resume todos os desvios individuais, ou seja, as distâncias entre cada observação e a média amostral.

À primeira vista, pode parecer que o cálculo do desvio médio é mais simples que o do desvio padrão. Se é assim, por que é usual descrevermos a dispersão de nossos dados usando o desvio padrão? O problema é que algumas ferramentas de análise estatística de dados (como o teste *t* de Student e os modelos de regressão) se baseiam na medida da dispersão dos dados em relação à média, e o uso do desvio médio pode tornar o desenvolvimento dos cálculos subsequentes bastante complicado. Isso porque o desvio médio se utiliza da função módulo (valores absolutos). Embora a expressão para o desvio padrão possa parecer mais "complicada", ela facilitará esses cálculos.

Alternativamente, o desvio padrão pode ser obtido por meio da expressão:

$$s = \sqrt{\frac{\sum_{i=1}^{n} x_i^2 - n\bar{x}^2}{n-1}}$$

conforme demonstrado no Apêndice G. Considerando novamente as idades de 8 indivíduos dadas por:

38, 40, 49, 67, 33, 57, 54 e 64 anos,

temos que:

$$\sum_{i=1}^{n} x_i^2 = 38^2 + 40^2 + 49^2 + 67^2 + 33^2 + 57^2 + 54^2 + 64^2 = 21.284\ anos^2.$$

Sendo a média amostral dada por $\overline{x}$ = 50,25 anos, temos:

$$s = \sqrt{\frac{21.284 - 8 \times 50,25^2}{8-1}} = \sqrt{\frac{21.284 - 20.200,5}{7}} = 12,44 \text{ anos.}$$

3.3.5 Coeficiente de variação

O coeficiente de variação, denotado por CV, mede a variabilidade dos dados em relação à média. Se $\bar{x}$ é a média amostral e s é o desvio padrão, o coeficiente de variação é dado por:

$$CV = \frac{s}{\bar{x}} \times 100\%.$$

A multiplicação por 100% nessa expressão aparece porque o coeficiente de variação é usualmente expresso em porcentagem. Sejam, por exemplo, as alturas (em metros) de 5 mulheres dadas por:

1,65 1,50 1,48 1,74 e 1,55.

A altura média é $\bar{x}$ = 1,58 m e o desvio padrão é s = 0,109 m. O coeficiente de variação é dado por:

$$CV = \frac{0,109\ m}{1,58\ m} \times 100\% = 0,069 \times 100\% = 6,9\%.$$

Observe que o coeficiente de variação não possui uma unidade de medida. Ele indica que o desvio padrão dos dados corresponde a 6,9% do valor obtido para a média.

Dado que o coeficiente de variação não possui uma unidade de medida, ele é bastante útil quando queremos comparar a variabilidade de duas ou mais variáveis que possuem unidades diferentes. Por exemplo, os dados da Tabela 3.5 referem-se ao peso (em kg) e ao comprimento (em cm) de 10 cabras.

Tabela 3.5 Peso e comprimento de 10 cabras.

Cabra	1	2	3	4	5	6	7	8	9	10
Peso	37,5	46,6	42,3	39,4	40,4	47,4	38,3	39,9	32,5	35,9
Comprimento	66,7	74,3	71,7	62,9	61,1	69,5	70,9	72,1	61,4	73,4

Suponhamos que, por algum motivo, gostaríamos de saber qual dessas variáveis tem uma maior dispersão. A média do peso das cabras é 40,02 kg, e a média do comprimento é 68,4 cm. O desvio padrão do peso é 4,55 kg, e o desvio padrão do comprimento é 5,03 cm. Podemos comparar os desvios padrão encontrados? Dado que eles expressam unidades de medida diferentes, não podem ser comparados. Por outro lado, podemos comparar os coeficientes de variação, dado que eles não possuem uma unidade de medida. Assim, o coeficiente de variação para o peso é:

$$CV = \frac{4,55\ kg}{40,02\ kg} \times 100\% = 11,4\%.$$

Já o coeficiente de variação para o comprimento é:

$$CV = \frac{5,03\ m}{68,4\ m} \times 100\% = 7,3\%.$$

Concluímos, então, que o peso dessas cabras possui uma dispersão maior que o comprimento.

3.4 MEDIDAS DESCRITIVAS E MUDANÇAS DE ESCALA

Sejam os valores a seguir relativos à estatura de n = 10 pessoas, em centímetros:

160 168 159 160 153 161 157 156 150 161

A média amostral dessas observações é:

$$\bar{x} = \sum_{i=1}^{10} \frac{x_i}{10} = \frac{160 + 168 + \ldots + 161}{10} = \frac{1585}{10} = 158,5 \text{ cm}.$$

Sendo os valores amostrais mensurados em centímetros, a média amostral também é apresentada em centímetros. Sabemos que a média amostral é apresentada na mesma unidade de medida dos dados originais.

Entretanto, se transformarmos esses dados em metros, o que acontece com a média amostral? Para transformarmos os valores de centímetros para metros, multiplicamos cada um dos valores por 0,01 (ou dividimos por 100, o que traz o mesmo resultado):

1,60 1,68 1,59 1,60 1,53 1,61 1,57 1,56 1,50 1,61

A média amostral dessas observações é agora:

$$\bar{x} = \frac{1,60 + 1,68 + \ldots + 1,61}{10} = \frac{15,85}{10} = 1,585 \text{ m},$$

ou seja, a média amostral em metros é igual à média amostral em centímetros, dividida por 100.

Vamos agora supor que somamos 10 cm a cada um dos valores originais:

170 178 169 170 163 171 167 166 160 171

A média amostral dessas observações é:

$$\bar{x} = \frac{170 + 178 + \ldots + 171}{10} = \frac{1685}{10} = 168,5 \text{ cm}.$$

Observamos que o valor dessa média amostral é igual à média amostral para os dados originais em centímetros, $\overline{x}$ = 158,5 cm, acrescida de 10 cm.

Esse exemplo ilustra duas propriedades da média amostral:

a. Se a média amostral de uma variável X é $\overline{x}$, a variável X multiplicada por uma constante k tem média amostral igual a $\overline{x} \times k$. Em nosso exemplo, observamos que a média amostral de X é $\overline{x}$ = 158,5 cm, e a variável X multiplicada por k = 0,01 tem média amostral 158,5 × 0,01 = 1,585 m.
b. Se a média amostral de uma variável X é $\overline{x}$, a variável X somada a uma constante k tem média amostral igual a $\overline{x} + k$. Em nosso exemplo, observamos que a média amostral de X é $\overline{x}$ = 158,5 cm, e a variável X somada a k = 10 cm tem média 158,5 + 10 = 168,5 cm.

Sejam novamente os valores relativos à estatura de n = 10 pessoas, em centímetros:

160 168 159 160 153 161 157 156 150 161

O desvio padrão amostral dessas observações é:

$$s = \sqrt{\sum_{i=1}^{10} \frac{(x_i - 158,5)^2}{10 - 1}} = 4,927 \text{ cm}.$$

Sendo os valores amostrais mensurados em centímetros, o desvio padrão amostral também é apresentado em centímetros. O desvio padrão leva a mesma unidade de medida dos dados originais.

Se transformarmos esses valores de centímetros para metros, teremos:

1,60 1,68 1,59 1,60 1,53 1,61 1,57 1,56 1,50 1,61

O desvio padrão dessas observações é:

$$s = \sqrt{\sum_{i=1}^{10} \frac{(x_i - 1,585)^2}{10-1}} = 0,04927 \text{ m}.$$

Assim, notamos que o novo desvio padrão é igual ao desvio padrão dos dados originais multiplicado por 0,01.

Vamos novamente supor que somamos 10 cm a cada um dos valores originais:

170 178 169 170 163 171 167 166 160 171

O desvio padrão dessas observações é:

$$s = \sqrt{\sum_{i=1}^{10} \frac{(x_i - 168,5)^2}{10-1}} = 4,927 \text{ cm}.$$

Observe que esse desvio padrão é idêntico ao desvio padrão para os dados originais.

Isso descreve duas propriedades do desvio padrão amostral:

a. Se o desvio padrão amostral de uma variável X é s, a variável X multiplicada por uma constante k tem desvio padrão amostral igual a $s \times k$.
b. Se o desvio padrão amostral de uma variável X é s, a variável X somada a uma constante k tem desvio padrão também igual a s. Nesse caso, o desvio padrão não se modifica, dado que nós não estamos modificando a dispersão dos dados se somarmos (ou subtrairmos) uma constante a nossos dados. A Figura 3.7 ilustra essa situação. No painel (a) da figura, é mostrada a dispersão dos dados originais. No painel (b), são mostrados os valores originais acrescidos de k = 10 cm. Perceba que a locação dos dados modificou-se em 10 centímetros, mas a dispersão dos dados permanece a mesma.

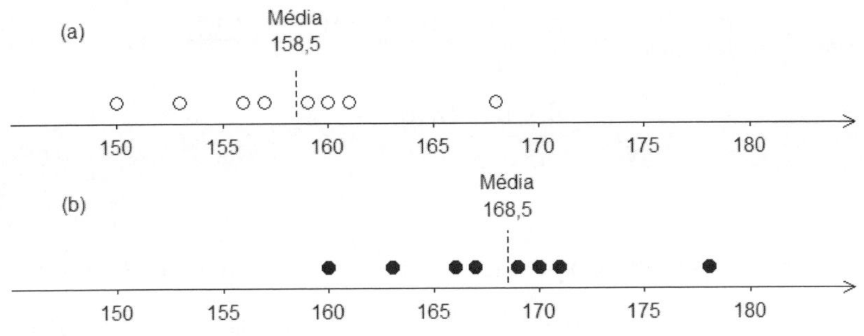

Figura 3.7 Dispersão e média das alturas de dez pessoas (em cm).

3.5 OUTRAS MEDIDAS-RESUMO IMPORTANTES

3.5.1 Quartis

Os quartis são três medidas que dividem a distribuição dos dados em quatro partes iguais quanto ao número de elementos de cada uma. Dado um conjunto ordenado de valores, definimos então:

Primeiro quartil (Q_1): é o valor que divide o conjunto em duas partes tal que um quarto (ou 25%) dos valores é menor ou igual a Q_1 e três quartos (ou 75%) são maiores ou iguais a Q_1.

Segundo quartil (Q_2): é igual à mediana. Metade dos valores é menor ou igual a Q_2, ao passo que a outra metade é maior ou igual a Q_2.

Terceiro quartil (Q_3): é o valor que divide o conjunto em duas partes tal que três quartos (ou 75%) dos valores são menores ou iguais a Q_3 e um quarto (ou 25%) é maior ou igual a Q_3.

Sejam, por exemplo, os pesos (em quilogramas) de n = 20 indivíduos, dados pelos valores a seguir.

55,5	46,3	45,6	51,6	52,1
45,0	48,6	49,9	52,0	49,8
45,2	50,2	49,7	51,8	48,9
48,0	48,4	47,7	48,6	47,7

Para encontrarmos os quartis, ordenamos esses valores do menor ao maior.

45,0	45,2	45,6	46,3	47,4	47,7	48,0	48,4	48,6	48,6
48,9	49,7	49,8	49,9	50,2	51,6	51,8	52,0	52,1	55,5

A mediana, que corresponde ao segundo quartil (Q_2), é:

$$Q_2 = \frac{48,6 + 48,9}{2} = 48,7 \text{ kg.}$$

Temos $n/2 = 10$ observações maiores que Q_2 e $n/2 = 10$ observações menores que Q_2.

Há várias formas de obtenção dos quartis Q_1 e Q_3. Em uma delas, encontramos Q_1 selecionando os valores amostrais menores que Q_2:

45,0 45,2 45,6 46,3 47,4 47,7 48,0 48,4 48,6 48,6

O "número do meio" dessa sequência é o primeiro quartil:

$$Q_1 = \frac{47,4 + 47,7}{2} = 47,55 \text{ kg.}$$

Analogamente, encontramos Q_3 selecionando os valores amostrais maiores que Q_2:

48,9 49,7 49,8 49,9 50,2 51,6 51,8 52,0 52,1 55,5

O "número do meio" dessa sequência é o terceiro quartil:

$$Q_3 = \frac{50,2 + 51,6}{2} = 50,9 \text{ kg.}$$

A Figura 3.8 ilustra a dispersão dessas observações e a posição dos quartis.

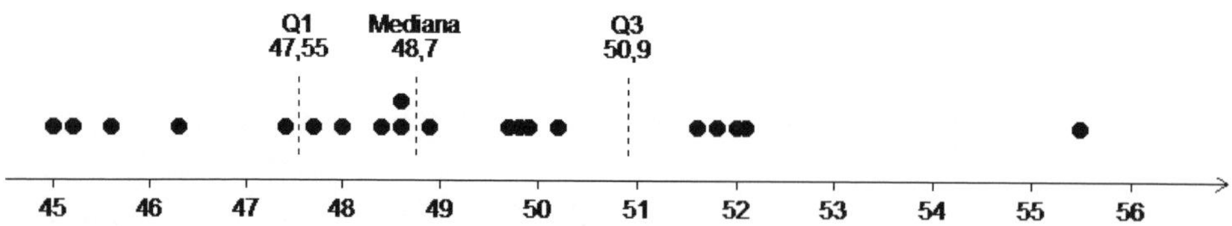

Figura 3.8 Dispersão dos pesos (em kg) de 20 indivíduos e posição dos quartis.

Observe nessa figura que há o mesmo número de observações (cinco) abaixo do primeiro quartil, entre o primeiro quartil e a mediana, entre a mediana e o terceiro quartil, e acima do terceiro quartil. Observe ainda que a distância entre Q_1 e a mediana não é igual à distância entre a mediana e Q_3. Isso demonstra que os quartis não dividem a amostra em quatro partes com amplitudes ("tamanhos") iguais, mas em quatro partes com o mesmo número de observações.

Vamos considerar um exemplo em que o tamanho amostral é um número ímpar. Sejam os pesos (em quilogramas) de n = 15 mulheres, dados pelos valores a seguir.

48,4	48,8	51,0	55,8	62,0
62,0	63,2	64,0	65,0	65,5
67,7	72,3	75,4	75,8	77,0

A mediana ou segundo quartil desses valores é Q_2 = 64 kg.

Vamos então selecionar os valores amostrais menores que 64 kg.

48,4 48,8 51,0 55,8 62,0 62,0 63,2

O primeiro quartil é o "número do meio" dessa sequência, ou seja, Q_1 = 55,8 kg.

Para encontrar o terceiro quartil, selecionamos os valores amostrais maiores que a mediana.

65,0 65,5 67,7 72,3 75,4 75,8 77,0

O "número do meio" dessa sequência é o terceiro quartil, ou seja, Q_3 = 72,3 kg.

A Figura 3.9 ilustra a dispersão dessas observações e a posição dos quartis. Observe agora que o número de observações menores que o primeiro quartil, maiores que o primeiro quartil e menores que a mediana, maiores que a mediana e menores que o terceiro quartil, e maiores que terceiro quartil, é igual a três.

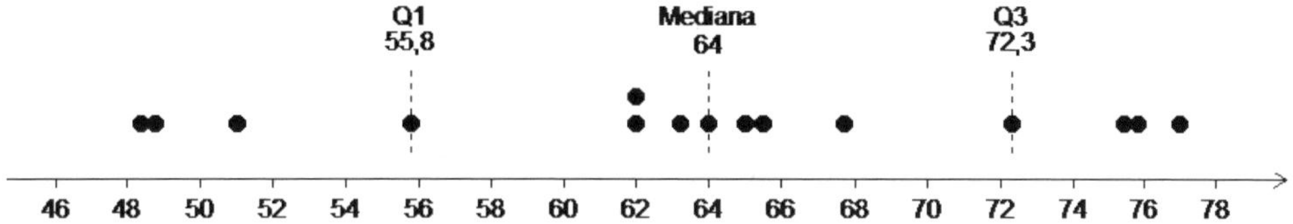

Figura 3.9 Dispersão dos pesos (em kg) de 15 mulheres e posição dos quartis.

3.5.2 Intervalo interquartil

O intervalo interquartil é dado por (Q_1 ; Q_3), e sua amplitude é uma medida de dispersão dos dados.

No exemplo da subseção anterior, que considerou os pesos (em quilogramas) de n = 20 indivíduos, o intervalo interquartil é dado por (47,55 ; 50,9 kg). Observe que esse intervalo contém a metade das observações amostrais.

A amplitude desse intervalo é $Q_3 - Q_1 = 50{,}9 - 47{,}55 = 3{,}35$ kg. Quanto maior essa amplitude, maior é a dispersão dos dados.

Uma vantagem da amplitude do intervalo interquartil como medida de dispersão é que essa medida não é influenciada por valores extremos quando comparada com a amplitude amostral (apresentada na Subseção 3.3.1).

Nos estudos da área da saúde, enquanto o desvio padrão costuma ser apresentado junto à média descrevendo a dispersão dos dados, o intervalo interquartil geralmente acompanha a mediana, com essa mesma função.

3.5.3 Quantis

Os quantis são conjuntos de medidas que dividem a distribuição dos dados ordenados em um determinado número de partes, que são iguais quanto ao número de elementos de cada uma. Entendemos assim que os quartis são um caso especial de quantis. Outros exemplos de quantis são:

Tercis: dividem a distribuição dos dados em três partes iguais quanto ao número de elementos de cada uma.

Quintis: dividem a distribuição dos dados em cinco partes iguais quanto ao número de elementos de cada uma.

Sextis: dividem a distribuição dos dados em seis partes iguais quanto ao número de elementos de cada uma.

Percentis: dividem a distribuição dos dados em cem partes iguais quanto ao número de elementos de cada uma.

Nos estudos da área da saúde, os quartis e os percentis são os quantis mais importantes. O leitor com interesse nos diferentes quantis e suas aplicações pode encontrar mais informações no artigo de Aronson (2001).

3.5.4 *Box plot*

O *box plot*, ou diagrama de caixa, é um gráfico que descreve a distribuição de nossos dados através dos quartis. É apropriado para descrever a distribuição de variáveis quantitativas contínuas. No caso de variáveis quantitativas discretas, podemos construir *box plots* se a amplitude dos dados for razoavelmente grande. Esse tipo de gráfico foi proposto pelo matemático norte-americano John Wilder Tukey (1915-2000).

Vamos retornar ao exemplo em que os pesos (em quilogramas) de n = 20 indivíduos são dados pelos valores a seguir:

45,0	45,2	45,6	46,3	47,4	47,7	48,0	48,4	48,6	48,6
48,9	49,7	49,8	49,9	50,2	51,6	51,8	52,0	52,1	55,5

Os quartis são Q_1 = 47,55 kg, Q_2 = 48,7 kg e Q_3 = 50,9 kg, representados na Figura 3.10. Inserimos nessa figura um segmento de reta de tamanho arbitrário, na posição de cada quartil.

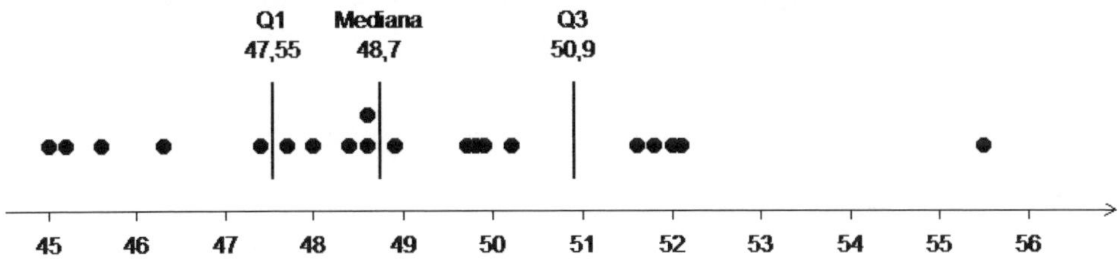

Figura 3.10 Quartis dos pesos (em kg) de 20 indivíduos.

Sobre essa figura, desenhamos um retângulo (o "*box*" que dá nome ao gráfico) "fechando" o intervalo entre Q_1 e Q_3. Esse retângulo representa o intervalo interquartil, e em seu interior temos metade de nossas observações.

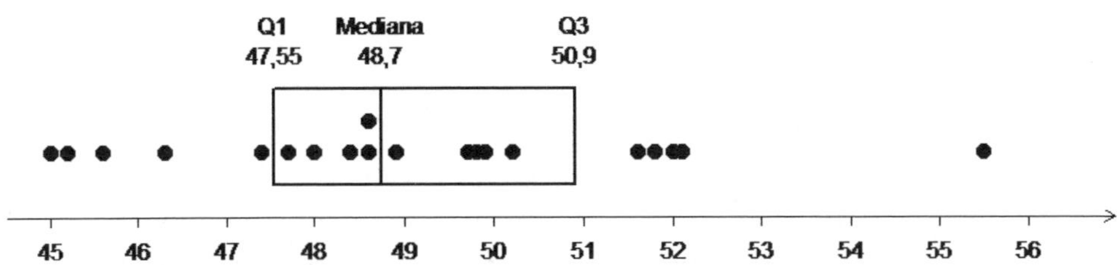

Figura 3.11 Intervalo interquartil dos pesos (em kg) de 20 indivíduos.

Por fim, inserimos segmentos de reta do menor valor a Q_1 e de Q_3 ao maior valor, como mostrado na Figura 3.12.

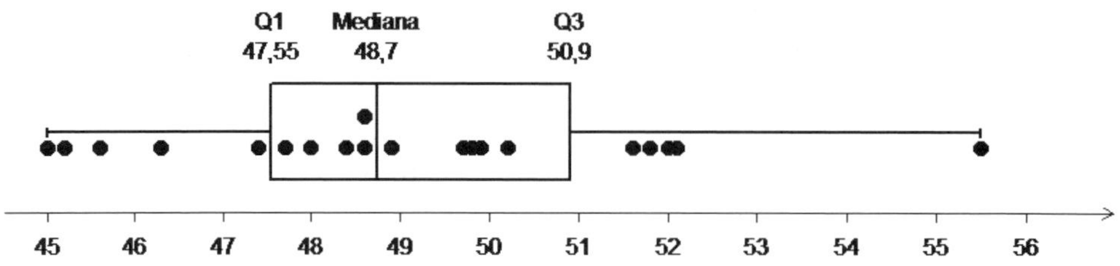

Figura 3.12 Intervalo interquartil dos pesos (em kg) de 20 indivíduos e segmentos de retas unindo os valores extremos aos quartis.

Esses segmentos de reta que unem os valores extremos aos quartis são originalmente chamados em inglês de *whiskers*, o que não teria uma tradução adequada para a língua portuguesa (uma tradução literal seria "fios de bigodes", o que soa estranho em nossa língua).

A figura resultante, sem os pontos que representam as observações originais, é o *box plot* (Figura 3.13).

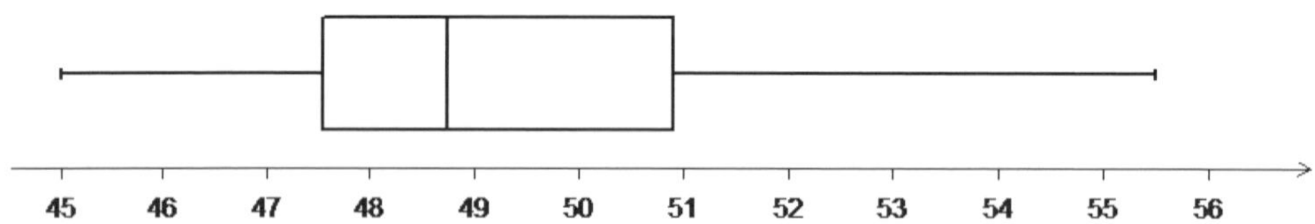

Figura 3.13 *Box plot* para os pesos (em kg) de 20 indivíduos.

Observe que não é possível obter essa figura se nossa amostra for muito pequena. Teoricamente, precisamos de, no mínimo, cinco observações para construir um *box plot*.

Nas publicações da área da saúde, é mais comum encontrarmos *box plots* representados verticalmente, como mostrado na Figura 3.14.

A Figura 3.15 descreve os elementos de um *box plot* padrão, considerando que a distribuição dos dados não apresenta valores atípicos. O retângulo do *box plot* representa o intervalo interquartil, e sua altura representa a amplitude desse intervalo. A "altura" do *box plot* representa a amplitude dos dados, de forma que, quanto maior a dispersão dos dados, maior será essa "altura".

Alternativamente, podemos representar a média amostral por um ponto sobre o *box plot*. Considerando os pesos dos 20 indivíduos, a média amostral é:

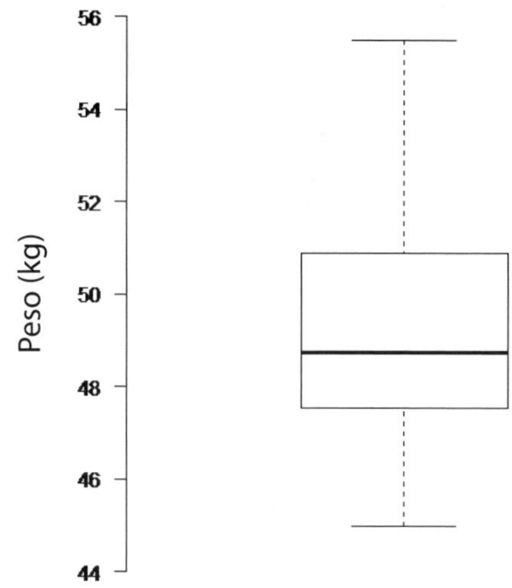

Figura 3.14 *Box plot* para o peso de 20 indivíduos.

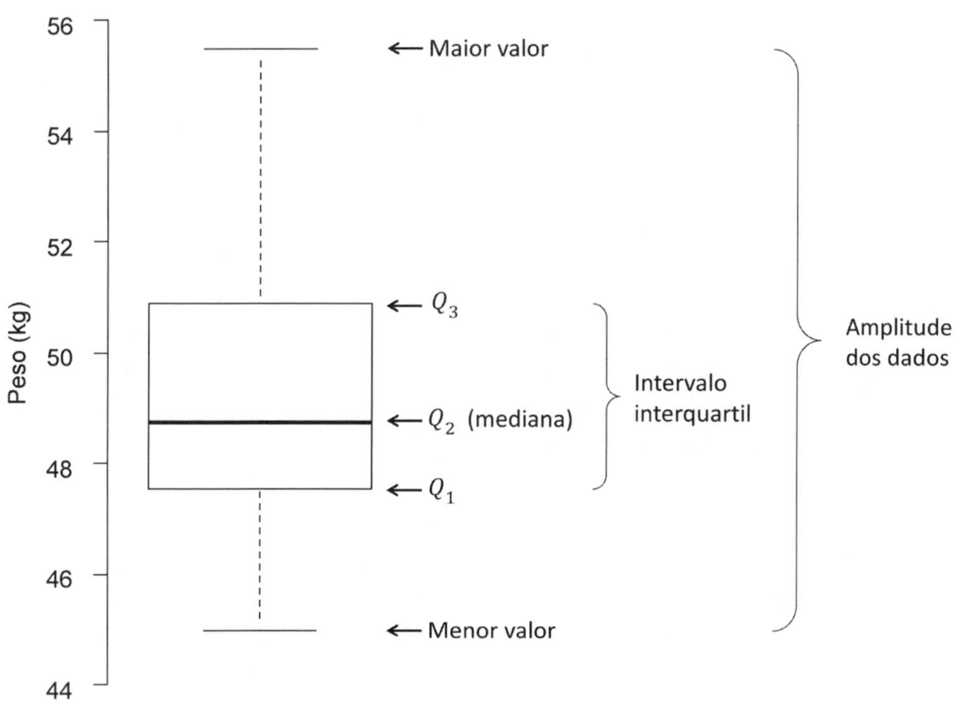

Figura 3.15 Descrição dos elementos de um *box plot* padrão, considerando a ausência de valores atípicos.

$$\bar{x} = \frac{45,0 + 45,2 + 45,6 + \ldots + 55,5}{20} = \frac{982,3}{20} \cong 49,1 \text{ kg}.$$

A Figura 3.16 mostra novamente o *box plot* para os pesos dos indivíduos, sendo a média amostral representada sobre o gráfico por um ponto.

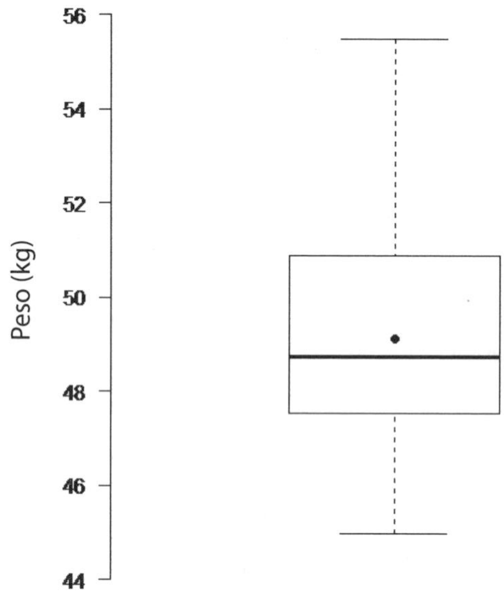

Figura 3.16 *Box plot* para o peso de 20 indivíduos, em que a média amostral é representada por um ponto sobre o gráfico.

No *box plot* da Figura 3.16, observamos que o primeiro quartil encontra-se mais próximo à mediana que o terceiro quartil, embora a quantidade de observações entre Q_1 e Q_2 e entre Q_2 e Q_3 seja a mesma (cinco observações). Em adição, a linha vertical que une o menor valor a Q_1 é menor que a linha vertical que une Q_3 ao maior valor. Isso evidencia que os dados amostrais são mais dispersos acima da mediana que abaixo da mediana. Abaixo da mediana, os valores amostrais tendem a estar mais próximos uns dos outros, enquanto acima da mediana há a tendência de estarem mais afastados uns dos outros. Consequentemente, entendemos que a distribuição dos dados é assimétrica.

Podemos representar dois ou mais *box plots* para uma mesma variável em um único gráfico, como na Figura 3.17, em que cada *box plot* corresponde a um grupo diferente. Nessa figura, o *box plot* para o grupo A descreve uma distribuição simétrica, dado que as distâncias entre Q_1 e Q_2 e entre Q_2 e Q_3 são similares, e as linhas verticais que unem o menor valor a Q_1 e Q_3 ao maior valor também apresentam tamanhos similares. O *box plot* para o grupo B descreve uma distribuição assimétrica à direita, dado que a distância entre Q_2 e Q_3 é maior que a

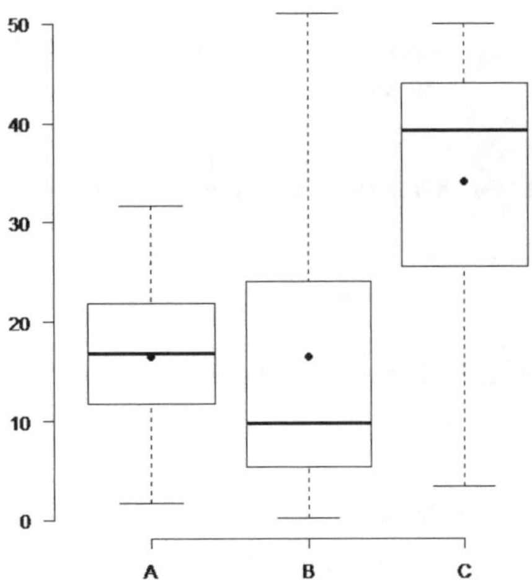

Figura 3.17 *Box plots* para uma variável contínua, de acordo com os grupos A, B e C.

distância entre Q_1 e Q_2, e a linha vertical que une Q_3 ao maior valor é maior que a linha que une o menor valor a Q_1. Nesse caso, a distribuição apresenta maior dispersão acima da mediana que abaixo da mediana. O *box plot* para o grupo C descreve uma distribuição assimétrica à esquerda, dado que a distância entre Q_1 e Q_2 é maior que a distância entre Q_2 e Q_3, e a linha vertical que une o menor valor a Q_1 é maior que a linha que une Q_3 ao maior valor. A distribuição dos dados agora apresenta maior dispersão abaixo da mediana que acima da mediana.

Ao representarmos em um único gráfico dois ou mais *box plots*, é importante observar que estamos considerando uma única variável contínua de interesse segundo grupos distintos. Não podemos representar *box plots* para diferentes variáveis em uma única figura.

Uma importante utilidade do *box plot* é a verificação da presença de valores atípicos (ou *outliers*) em nossos dados. Por exemplo, sejam os pesos (em quilogramas) de $n = 25$ pessoas mensurados por uma balança eletrônica e listados a seguir:

41,99	45,87	46,17	47,19	48,07	48,51	48,85	49,08	49,41
49,51	49,74	49,80	50,31	51,10	51,16	51,24	51,60	52,53
53,01	53,29	55,34	56,39	57,98	58,25	60,70		

A mediana é 50,31 kg, e os quartis Q_1 e Q_3 são 48,85 kg e 53,01 kg, respectivamente. A Figura 3.18 mostra a dispersão desses dados e a posição de Q_1 e Q_3.

Seja a amplitude do intervalo interquartil dada por $k = Q_3 - Q_1$. Consideraremos como valores atípicos todas as observações que estão acima de $Q_3 + 1{,}5 \times k$ ou abaixo de $Q_1 - 1{,}5 \times k$.

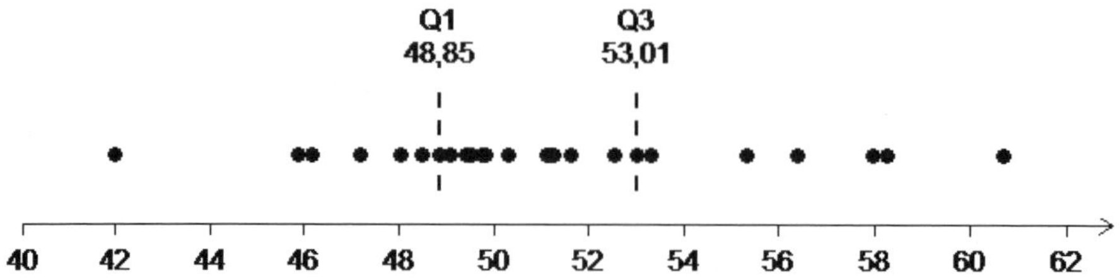

Figura 3.18 Dispersão dos pesos (em kg) de 25 pessoas e posição de Q_1 e Q_3.

Considerando os pesos dessas pessoas, temos $k = Q_3 - Q_1 = 53{,}01 - 48{,}85 = 4{,}16$ kg. Assim, consideramos como atípicos os valores acima de

$$Q_3 + 1{,}5 \times k = 53{,}01 + 1{,}5 \times 4{,}16 = 59{,}25 \text{ kg}$$

ou abaixo de

$$Q_1 + 1{,}5 \times k = 48{,}85 - 1{,}5 \times 4{,}16 = 42{,}61 \text{ kg.}$$

Dos dados amostrais, observamos um valor abaixo de 42,61 kg (ou seja, 41,99 kg) e um valor acima de 59,25 kg (ou seja, 60,70 kg). Esses valores são, portanto, classificados como atípicos em relação aos demais, como mostrado na Figura 3.19.

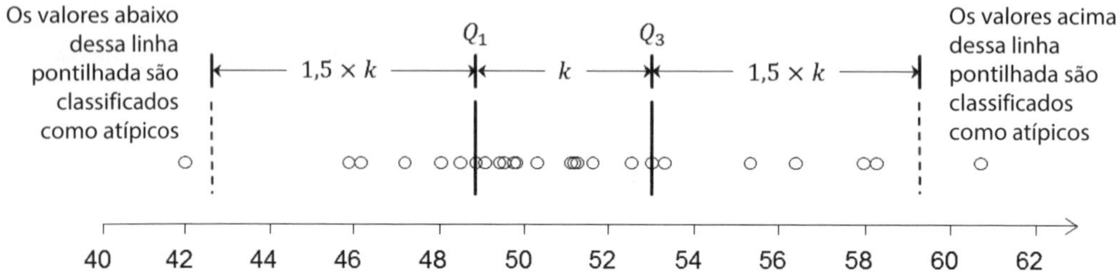

Figura 3.19 Valores atípicos nos pesos (em kg) de 25 pessoas.

Uma vez identificados os valores atípicos, construímos o *box plot* como descrito anteriormente, mas o segmento de reta que une o menor valor a Q_1 agora é substituído por outro, que liga o menor valor "não atípico" a Q_1. Por sua vez, o segmento de reta que une Q_3 ao maior valor é agora substituído por outro, que liga Q_3 ao maior valor "não atípico". A Figura 3.20 ilustra essa ideia.

A Figura 3.21 exibe o *box plot* para os 25 indivíduos, em que os pontos que aparecem acima e abaixo da figura são os valores atípicos. Ao descrever a dis-

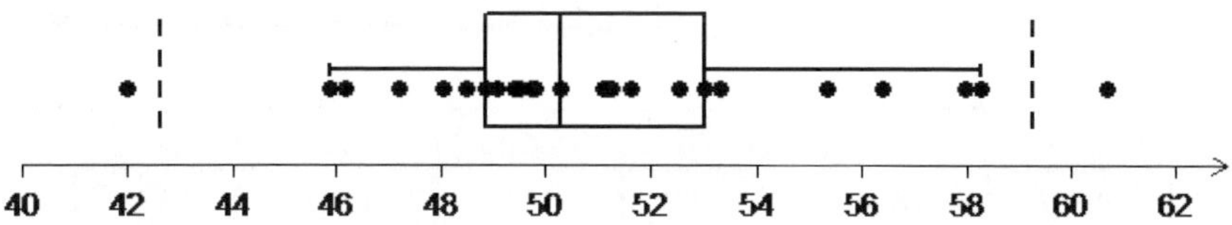

Figura 3.20 Construção do *box plot* para o peso (em kg) de 25 indivíduos, identificando os valores atípicos.

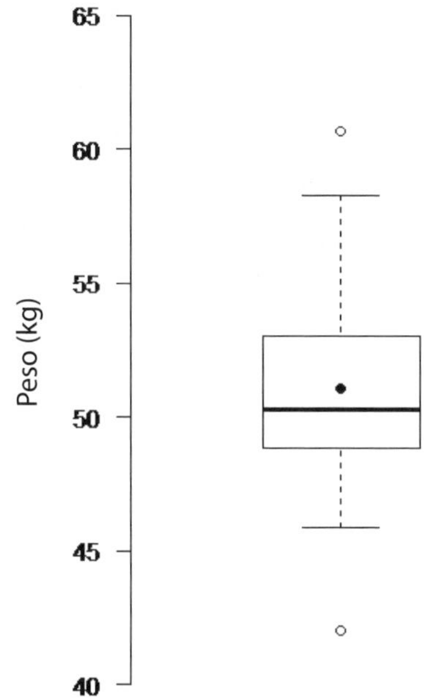

Figura 3.21 *Box plot* para o peso de 25 indivíduos, identificando os valores atípicos. A média amostral (51,08 kg) é representada por um ponto sobre o gráfico.

tribuição de um conjunto de dados, podemos ter um, nenhum ou vários valores atípicos, acima e/ou abaixo do *box plot*.

Como um último exemplo, são listadas na Tabela 3.6 as alturas (em centímetros) das atletas que defenderam as seleções do Brasil, Alemanha e Japão na Copa do Mundo de Futebol Feminino da Fédération Internationale de Football Association (Fifa), realizada em 2011 na Alemanha.

Cada seleção era representada por 21 atletas. Os *box plots* para as alturas das atletas, segundo a seleção que defenderam, encontram-se na Figura 3.22.

Observamos na Figura 3.22 que há uma atleta alemã com altura atípica em relação às outras de sua seleção. A altura dessa atleta não é atípica em relação às alturas das atletas brasileiras e japonesas. O *box plot* para as atletas brasileiras mostra maior distância entre o menor valor e o maior valor, evidenciando maior variabilidade de suas alturas quando comparadas às de outras seleções.

Tabela 3.6 Alturas das atletas que defenderam as seleções do Brasil, da Alemanha e do Japão na Copa do Mundo Feminina da Fifa de 2011.

Seleção	Alturas (cm)						
Brasil	159	160	161	162	162	162	163
	164	164	164	164	167	168	169
	170	170	171	172	174	180	181
Alemanha	161	169	170	170	170	171	171
	172	172	173	173	173	174	174
	175	175	175	176	179	180	180
Japão	155	155	157	157	157	161	162
	163	163	164	164	164	164	164
	164	165	165	168	168	170	171

Fonte: Fédération Internationale de Football Association (Fifa), página eletrônica.

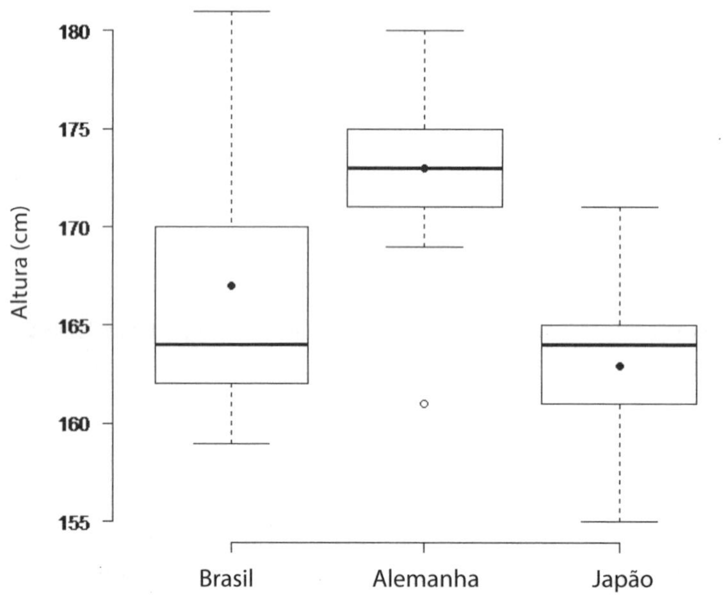

Figura 3.22 *Box plots* para a altura das atletas que representaram as seleções do Brasil, da Alemanha e do Japão na Copa do Mundo de Futebol Feminino de 2011. Os pontos exibidos no interior dos retângulos representam as médias amostrais.

3.6 GRÁFICO DE VALORES INDIVIDUAIS

O gráfico de valores individuais é uma alternativa ao *box plot*, bastante útil quando objetivamos descrever o comportamento de uma variável quantitativa contínua e o tamanho amostral é pequeno. Nesse gráfico, cada observação amostral é descrita por um ponto, como em um gráfico de dispersão. No eixo das abscissas nós descrevemos os diferentes grupos de interesse, enquanto o eixo das ordenadas apresenta uma escala em que todos os valores amostrais devem estar contidos. A Figura 3.23 apresenta um gráfico de valores individuais para os dados da Tabela 3.6.

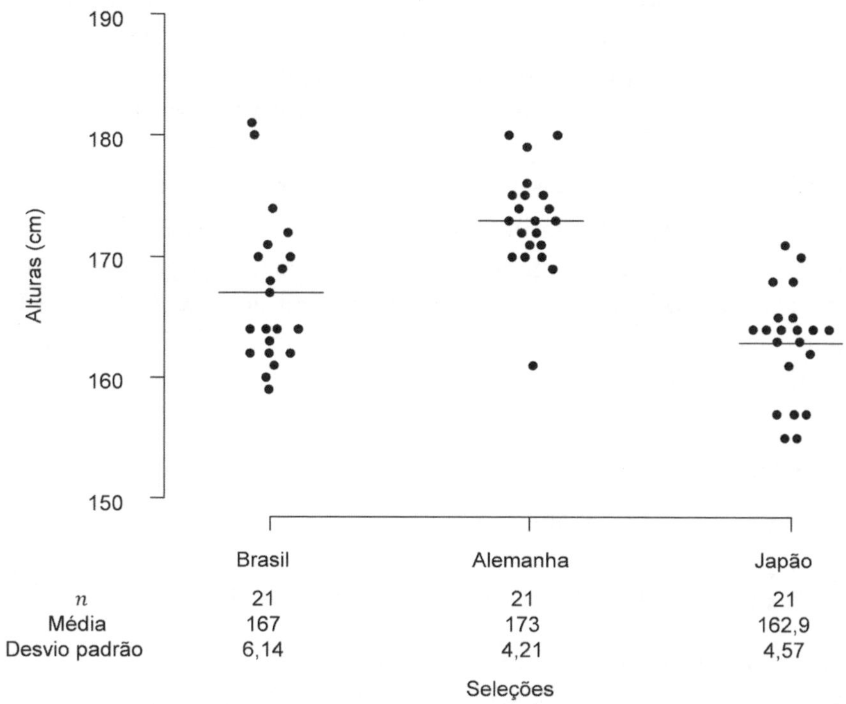

Figura 3.23 Gráfico de valores individuais para a altura das atletas que representaram as seleções do Brasil, da Alemanha e do Japão na Copa do Mundo de Futebol Feminino de 2011. As linhas horizontais sobre os pontos representam as médias amostrais.

Na Figura 3.23, observe que podemos descrever a posição da média amostral (ou da mediana) por uma linha horizontal, o que facilita visualmente a comparação entre os grupos. Na parte inferior do gráfico, podemos apresentar estatísticas descritivas de interesse. Na Figura 3.23, apresentamos sob o gráfico o tamanho amostral, a média e o desvio padrão das alturas das atletas em cada grupo.

3.7 PARA SABER MAIS

A média é amplamente utilizada nos estudos da área da saúde como uma medida-resumo. Muitos autores costumam apresentar a média junto ao desvio padrão, separados por um sinal de mais ou menos (±). Por exemplo, se a média amostral é dada por $\bar{x}$ = 50,25 anos e o respectivo desvio padrão é s = 12,44 anos, essas medidas descritivas são apresentadas na forma 50,25 ± 12,44 anos. Contudo, essa forma de apresentação de dados é sujeita a críticas (ALTMAN, 1980; ALTMAN; BLAND, 2005), dado que o sinal de mais ou menos sugere que nós obteríamos algum intervalo de interesse subtraindo e somando o desvio padrão da média. Nesse exemplo, 50,25 – 12,44 = 37,81 anos e 50,25 + 12,44 = 62,69 anos. Esse intervalo não representa a amplitude dos dados, ou seja, o menor e o maior valor amostral, embora essa interpretação seja um erro comum. Por outro lado, há uma propriedade que diz que, em uma situação bastante específica, aproximadamente 67% dos dados encontram-se em um intervalo de ±1 desvio padrão da média. Essa propriedade, porém, aplica-se somente a dados com distribuição simétrica e unimodal, e não pode ser generalizada a todos os casos.

O *box plot* é um gráfico bastante importante para a descrição da distribuição de uma variável quantitativa contínua. Outras informações sobre essa ferramenta visual e suas variações podem ser encontradas nos artigos de McGill, Tukey e Larsen (1978), Streit e Gehlenborg (2014), Krzywinski e Altman (2014) e Williamson, Parker e Kendrick (1989).

3.8 EXERCÍCIOS

1. O desvio padrão amostral pode ser um número menor que zero?

2. O desvio padrão amostral pode ser um número igual a zero?

3. A média do peso dos 100 alunos de uma determinada turma de alunos é 68,4 kg. Essa turma possui 25 homens e 75 mulheres. O peso médio das mulheres dessa turma é 62,6 kg. Qual é o peso médio dos homens dessa turma?

4. Os valores de densidade mineral óssea medida no colo do fêmur de n = 9 mulheres são listados a seguir, em g/cm^2.

0,903 0,866 0,847 0,657 1,115 0,997 0,943 0,861 1,114

Encontre a média amostral, a mediana amostral e a amplitude dos dados.

5. Os valores a seguir referem-se à idade ao primeiro filho (em anos) de n = 11 mulheres.

22 22 28 27 22 23 25 27 16 21 31

Encontre a média amostral, a mediana, o desvio padrão e o coeficiente de variação.

6. Considere uma amostra de $n = 6$ pessoas. A média da idade dessas pessoas é 52,3 anos. Os valores abaixo se referem às idades de 5 pessoas dessa amostra.

47 47 55 56 50

Mesmo faltando a idade de uma pessoa, encontre o desvio padrão amostral.

7. As concentrações de chumbo medidas no cabelo de $n = 8$ crianças são mostradas a seguir.

2,5 4,9 5,2 5,9 11,0 14,6 26,1 71,4

Esses valores são expressos em µg/g. Para esses dados, encontre a mediana, a média amostral e a média geométrica. Compare os valores obtidos.

8. Qual é o número mínimo de observações necessárias para a construção de um *box plot*?

9. Em um estudo sobre a influência do treinamento anaeróbio na massa de gordura corporal de adolescentes obesos, uma fisioterapeuta distribuiu ao acaso 54 indivíduos entre dois grupos: (1) grupo de treinamento: treinamento físico anaeróbio, com duração de três meses, com orientação nutricional e consulta à nutricionista a cada mês; e (2) grupo controle: não realizaram nenhum tipo de treinamento físico durante três meses, com orientação nutricional e com consulta à nutricionista a cada mês. A pesquisadora mediu a massa de gordura de membros inferiores, expressa em quilogramas, no período final do estudo. Essas medidas estão apresentadas na tabela a seguir segundo o grupo.

Massa de gordura de membros inferiores de dois grupos de adolescentes obesos, média e desvio padrão.

Grupo	Massa de gordura de membros inferiores (em quilogramas)									Média	Desvio padrão
(1)	10,45	10,78	10,94	11,31	11,34	11,53	12,01	12,07	12,14		
	12,15	12,17	12,38	12,39	12,40	12,76	12,84	12,84	12,89	12,59	1,13
	13,07	13,21	13,23	13,44	13,80	14,09	14,40	14,56	14,66		
(2)	7,34	11,14	11,33	11,45	11,60	12,46	12,49	14,12	14,21		
	14,33	14,63	14,81	14,95	15,39	15,44	16,53	16,73	16,79	15,37	3,23
	17,69	17,81	18,04	18,39	18,40	19,01	19,25	19,62	21,05		

Para a variável massa de gordura de membros inferiores, esboce um *box plot* para cada um dos dois grupos. Utilize a mesma escala nos dois *box plots* para que eles sejam comparáveis (coloque os dois *box plots* juntos, em uma única figura).

Interprete a figura que você obteve no item (a) e diga se ela evidencia alguma relação entre os grupos e a massa de gordura de membros inferiores.

CAPÍTULO 4

Correlação

Na pesquisa científica, às vezes encontramos situações em que gostaríamos de entender se os valores de uma determinada variável quantitativa possui algum tipo de associação com os valores de outra variável quantitativa. Será que as pessoas com índice de massa corporal (IMC) relativamente alto teriam uma frequência cardíaca maior? Será que quanto maior a frequência cardíaca, maior o IMC? O coeficiente de correlação é uma medida bastante útil para responder a perguntas como essas.

O coeficiente de correlação é uma medida numérica da "força" da relação ou associação entre duas variáveis quantitativas contínuas X e Y. Na pesquisa em saúde são comumente utilizados os coeficientes de correlação de Pearson e de Spearman, que serão descritos a seguir.

4.1 O COEFICIENTE DE CORRELAÇÃO DE PEARSON

O coeficiente de correlação de Pearson tem esse nome em homenagem ao matemático inglês Karl Pearson (1857-1936), que teve um papel fundamental em seu desenvolvimento. Para entendermos esse coeficiente, vamos introduzir outra medida, chamada covariância. A covariância entre X e Y é uma medida do quanto uma das variáveis se modifica quando a outra se modifica. Se $\overline{x}$ é a média amostral de X e $\bar{y}$ é a média amostral de Y, obtidas de uma amostra de tamanho n, a covariância amostral é dada pela seguinte expressão:

$$cov(X, Y) = \frac{\sum_{i=1}^{n}(x_i - \bar{x})(y_i - \bar{y})}{n-1}.$$

Convém notar que $cov(X,Y) = cov(Y,X)$. Essa expressão também pode ser escrita da seguinte forma:

$$cov(X, Y) = \frac{\sum_{i=1}^{n} x_i y_i - n\bar{x}\bar{y}}{n-1}.$$

Se a covariância é igual a zero, entendemos que, conforme as observações de uma das variáveis crescem, as observações da outra variável não tendem a crescer ou decrescer. Ou seja, não há, então, uma relação linear entre as duas variáveis. Se a covariância é maior que zero, entendemos que, conforme as observações de uma das variáveis crescem, as observações da outra variável tendem a crescer também. Se a covariância é menor que zero, entendemos que, conforme as observações de uma das variáveis crescem, as observações da outra variável tendem a decrescer.

Vamos considerar, como exemplo, os dados da Tabela 4.1, que se referem à idade e aos níveis séricos de triglicérides de uma amostra de tamanho $n = 26$ pessoas. A Figura 4.1 descreve esses dados em um gráfico de dispersão. Notamos que o próprio gráfico sugere que as pessoas mais novas da amostra tendem a possuir níveis de triglicérides menores, enquanto as mais idosas tendem a apresentar níveis de triglicérides maiores. Arbitrariamente, vamos denotar a variável idade por X e os níveis de triglicérides por Y. Notamos que a média amostral da idade é $\bar{x} = 51{,}1$ anos e a média amostral dos níveis séricos de triglicérides é $\bar{y} = 152{,}6$ mg/dl.

As variáveis X e Y são expressas em diferentes unidades de medida. A idade é expressa em anos, e os níveis séricos de triglicérides são expressos em mg/dl. Podemos calcular a covariância e os coeficientes de correlação entre variáveis com unidades de medida diferentes.

A covariância entre X e Y é dada por:

$$cov(X, Y) = \frac{\sum_{i=1}^{26}(x_i - 51{,}1)(y_i - 152{,}6)}{25} = 158{,}19.$$

Como a covariância é maior que zero, entendemos que pessoas mais idosas tendem a apresentar níveis séricos de triglicérides mais elevados. No entan-

Tabela 4.1 Idade e níveis séricos de triglicérides de 26 pessoas.

	X	Y		X	Y
	Idade (anos)	Níveis séricos de triglicérides (mg/dl)		Idade (anos)	Níveis séricos de triglicérides (mg/dl)
1	51	189	14	48	54
2	48	72	15	59	319
3	57	109	16	56	267
4	48	140	17	49	94
5	49	88	18	52	218
6	47	135	19	47	56
7	49	229	20	50	100
8	52	125	21	52	169
9	45	87	22	56	145
10	55	163	23	48	122
11	45	136	24	51	98
12	54	255	25	51	188
13	51	231	26	58	179

to, como interpretamos a magnitude da covariância? Ou seja, esse valor obtido, 158,19, pode nos indicar o "tamanho" da associação entre essas variáveis?

Não é simples "medir" a associação entre duas variáveis com base no valor da covariância. Por isso, é bastante usual calcular outra medida, dada pela divisão entre a covariância de X e Y e o produto dos desvios padrão amostrais dessas variáveis. Essa medida é chamada de *coeficiente de correlação de Pearson*, dada matematicamente por:

$$r = \frac{cov(X, Y)}{s_X s_Y}$$

em que s_X é o desvio padrão amostral da variável X e s_Y é o desvio padrão amostral da variável Y. Dado que essa quantidade r sempre assume valores entre –1 e 1, sua interpretação como medida de associação é mais simples.

O desvio padrão da idade é $s_X = 3{,}9$ anos e o desvio padrão dos níveis séricos de triglicérides é $s_Y = 68{,}93$ mg/dl. Portanto, o coeficiente de correlação entre essas variáveis é:

$$r = \frac{158,19}{3,9 \times 68,93} = 0,588.$$

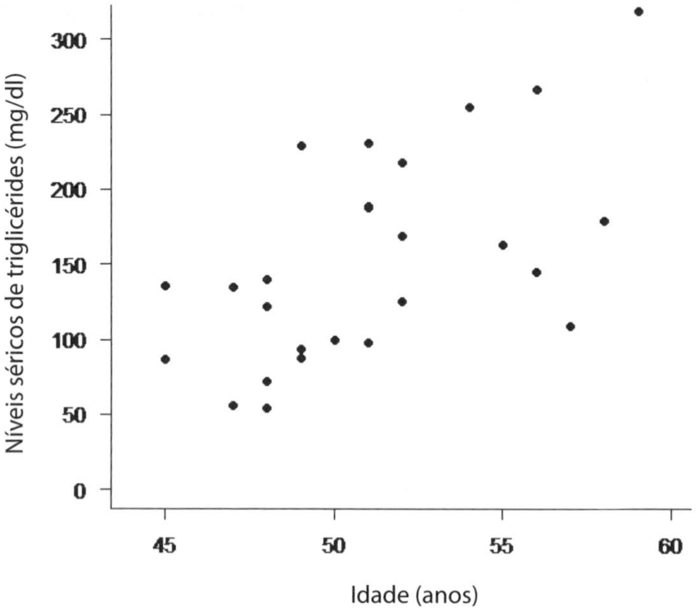

Figura 4.1 Gráfico de dispersão entre a idade e os níveis séricos de triglicérides de uma amostra de 26 pessoas.

Como interpretamos essa medida? Dado que os desvios padrão s_X e s_Y que aparecem no denominador da expressão para r são sempre positivos, observamos que, se a covariância é menor que zero, o coeficiente de correlação também será menor que zero. Se a covariância é maior que zero, o coeficiente de correlação também será maior que zero. Se a covariância é zero, o coeficiente de correlação também será igual a zero.

Analogamente à interpretação da covariância, entendemos que um coeficiente de correlação positivo evidencia que, conforme as observações de uma das variáveis crescem, as observações da outra variável tendem a crescer também. Portanto, o coeficiente de correlação encontrado para os dados da Tabela 4.1, $r = 0,588$, evidencia que pessoas mais idosas possuem maiores níveis séricos de triglicérides.

O que significa, porém, o valor 0,588 encontrado? Já entendemos que o coeficiente de correlação nunca será maior que 1 e nem menor que –1. Portanto, valores de r iguais a zero evidenciam que não há associação entre as variáveis X e Y. Valores próximos a zero (sejam eles negativos ou positivos) indicam uma associação muito fraca entre as variáveis. E valores de r próximos a –1 ou a 1 indicam associações fortes entre X e Y. Portanto, o valor $r = 0,588$ indica uma correlação fraca ou forte? Apesar de uma boa resposta a essa pergunta ser bastante subjetiva, encontramos em alguns livros-texto ou em artigos científicos algumas ideias que podem nos orientar a interpretar a magnitude de um coeficiente de correlação. Por exemplo, Zou et al. (2003) publicaram em uma revista científica um estudo de revisão sobre o uso do coeficiente de correlação e propuseram interpretar o valor de r conforme indicado na Tabela 4.2.

Tabela 4.2 Interpretação do coeficiente de correlação segundo Zou et al. (2003).

Valor do coeficiente de correlação	Direção e força da associação
–1,0	Perfeita e negativa
–0,8	Forte e negativa
–0,5	Moderada e negativa
–0,2	Fraca e negativa
0	Ausência de associação
0,2	Fraca e positiva
0,5	Moderada e positiva
0,8	Forte e positiva
1,0	Perfeita e positiva

Zou et al. (2003) interpretam o sinal do coeficiente de correlação como a "direção" da associação. Coeficientes maiores que zero indicam correlações positivas (quanto maior X, maior Y) e coeficientes menores que zero indicam correlações negativas (quanto maior X, menor Y). Portanto, o coeficiente $r = 0{,}588$ para os dados da Tabela 4.1 evidenciam uma moderada (e positiva) associação entre a idade e os níveis séricos de triglicérides.

É importante destacar que a interpretação de r exibida na Tabela 4.2 é subjetiva e está em acordo com a experiência de seus autores. Outros autores poderiam propor interpretações um pouco diferentes dessa. Para nossos propósitos, contudo, acreditamos que essa forma de interpretar a magnitude do coeficiente de correlação é adequada.

4.2 RELAÇÕES LINEARES

Quando definimos o conceito de covariância, falamos em relações lineares entre as variáveis X e Y. Isso significa que, quando utilizamos o coeficiente de correlação de Pearson, estamos nos referindo a uma situação em que uma variável é diretamente ou inversamente proporcional à outra. Como um exemplo, consideremos uma pesquisa cujo objetivo é descrever as variáveis que são associadas à qualidade de vida das pessoas. Digamos que, nessa pesquisa, utilizou-se um instrumento (um questionário) capaz de quantificar em uma escala contínua o "tamanho" da qualidade de vida das pessoas. O gráfico da Figura 4.2 mostra a dispersão entre essas medidas de qualidade de vida e a idade de 70 pessoas entrevistadas. Observe que, nessa amostra, as pessoas que têm idades próximas a 40 anos apresentam maior qualidade de vida do que as pessoas mais idosas ou mais jovens. O gráfico evidencia que não há uma relação linear entre as variáveis, sendo essa situação imprópria ao uso do coeficiente de correlação de Pearson.

O coeficiente de correlação é adequado às situações em que, à medida que os valores de X aumentam, os valores de Y também aumentam (ou decrescem). Na Figura 4.2, observamos que, à medida que a idade avança, os valores da qualidade de vida aumentam até idades próximas a 40 anos, mas depois decrescem. Isso fere o pressuposto de uma relação linear entre as variáveis. Entretanto, se calcularmos ainda assim o coeficiente de correlação, encontraremos o valor r = –0,081. Dizemos então que esse valor é *espúrio*, ou seja, não é real, dado que foi obtido em uma situação em que seu cálculo não é adequado.

Portanto, é de fundamental importância construir um gráfico de dispersão entre as variáveis antes de calcularmos o coeficiente de correlação, e então

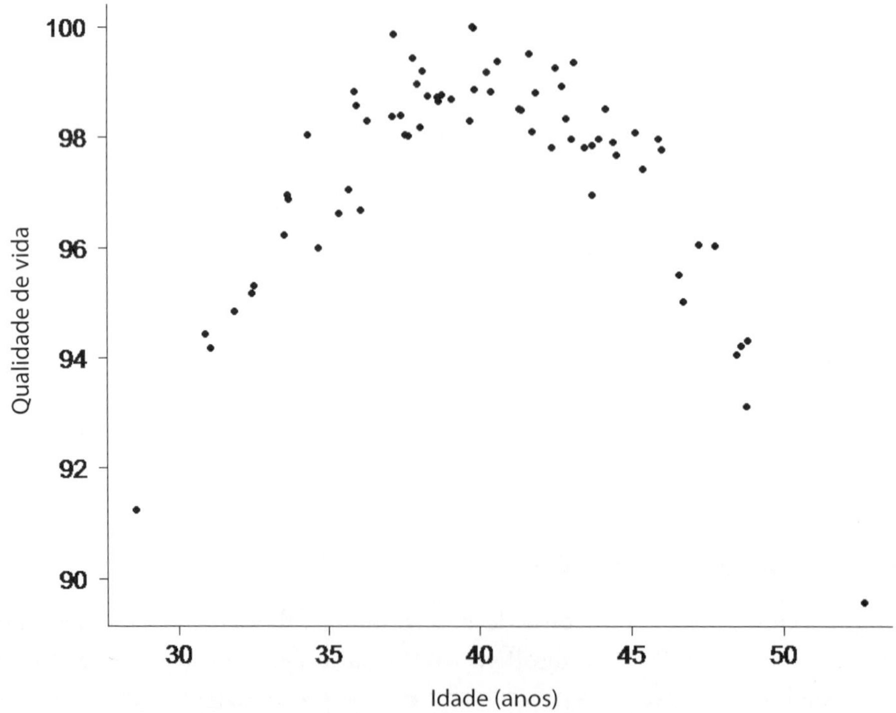

Figura 4.2 Gráfico de dispersão entre a idade e os escores de qualidade de vida de uma amostra de 70 pessoas.

observarmos se é realmente adequado utilizarmos essa medida de associação. Se a dispersão sugerida no gráfico permite visualizar uma "reta imaginária" passando pelos pontos, entendemos que há a sugestão de uma relação linear (ainda que essa reta tenha uma "inclinação" pequena).

Um erro comum entre as pessoas que estão aprendendo estatística é acreditar que o coeficiente de correlação serve para testar se há uma relação linear entre as variáveis *X* e *Y*. Quando usamos o coeficiente de correlação, já partimos do princípio de que a possível relação entre as variáveis se dá de forma linear. O coeficiente serve para "medir" o tamanho dessa associação linear, e não para verificar se há linearidade na relação entre *X* e *Y*.

A Figura 4.3 ilustra os valores encontrados para *r* de acordo com diferentes padrões de dispersão entre *X* e *Y*. O gráfico (a) da Figura 4.3 mostra como seria uma situação em que um coeficiente de correlação igual a 1 fosse encontrado. Observe que, nesse caso, todos os pontos aparecem perfeitamente dispostos sobre uma reta imaginária. O gráfico (b) ilustra uma correlação forte e positiva entre *X* e *Y*. Cumpre notar que nesse caso também podemos imaginar uma reta atravessando os pontos, mas agora já existe alguma dispersão desses pontos ao redor dessa reta imaginária. No gráfico (c), essa reta ainda pode ser imaginada, mas agora a dispersão dos pontos a seu redor já é maior. Consequentemente, temos um coeficiente menor (0,633) que aquele encontrado para as observações do gráfico (b). Os gráficos (d), (e) e (f) são bastante semelhantes aos gráficos (a), (b) e (c), respectivamente, mas agora a direção da associação é diferente. O gráfico (g) ilustra uma correlação mais fraca que as anteriores (0,371). Os gráficos (h) e (i) exemplificam situações em que *r* é próximo a zero, ou seja, quando não temos evidências de associação entre as variáveis (nesses casos, conforme os valores de *X* crescem, os valores de *Y* não aparentam crescer ou decrescer).

4.3 PRESENÇA DE VALORES ATÍPICOS

A Tabela 4.3 mostra os níveis séricos de lipoproteínas de alta densidade (HDL) e o índice de massa corporal (IMC) de 22 pessoas. A dispersão entre esses valores é descrita graficamente na Figura 4.4.

A Figura 4.4 sugere uma relação linear entre as variáveis, de modo que as pessoas dessa amostra com maiores níveis séricos de HDL tendem a possuir um menor IMC. Entretanto, o gráfico destaca a presença de um valor atípico. Trata-se de uma observação relativa à pessoa identificada pelo número 6 na Tabela 4.3, que parece possuir um valor atípico de IMC em relação a seu nível sérico de HDL. Ao calcularmos o coeficiente de correlação considerando todas as 22 pessoas, obtemos $r = -0{,}451$. No entanto, se desconsideramos a pessoa de número 6 (Tabela 4.3), o coeficiente de correlação é dado por $r = -0{,}656$.

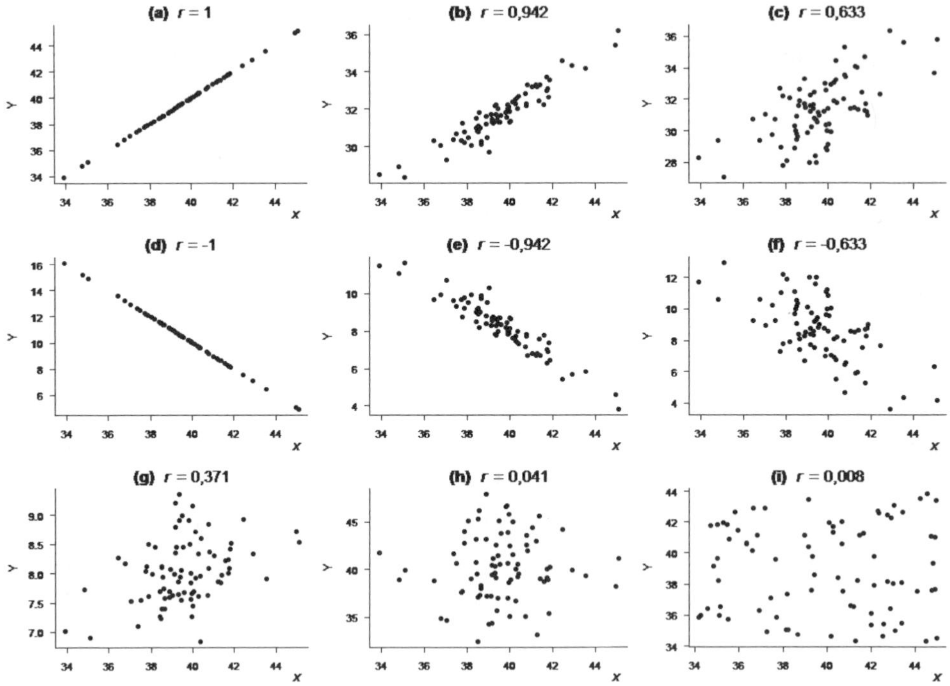

Figura 4.3 Gráfico de dispersão entre as variáveis X e Y, exemplificando diferentes valores para o coeficiente de correlação de Pearson.

Tabela 4.3 Níveis séricos de HDL e índice de massa corporal de 22 pessoas.

	X Níveis séricos de HDL (mg/dl)	*Y* IMC (kg/m²)		*X* Níveis séricos de HDL (mg/dl)	*Y* IMC (kg/m²)
1	50	29,51	12	43	27,84
2	56	23,38	13	39	29,81
3	51	27,48	14	42	33,24
4	44	33,72	15	50	25,07
5	50	25,93	16	46	28,10
6	44	19,90	17	55	27,87
7	56	25,58	18	58	21,12
8	54	31,01	19	51	31,42
9	47	29,33	20	48	27,73
10	55	25,55	21	48	30,27
11	54	22,60	22	49	27,60

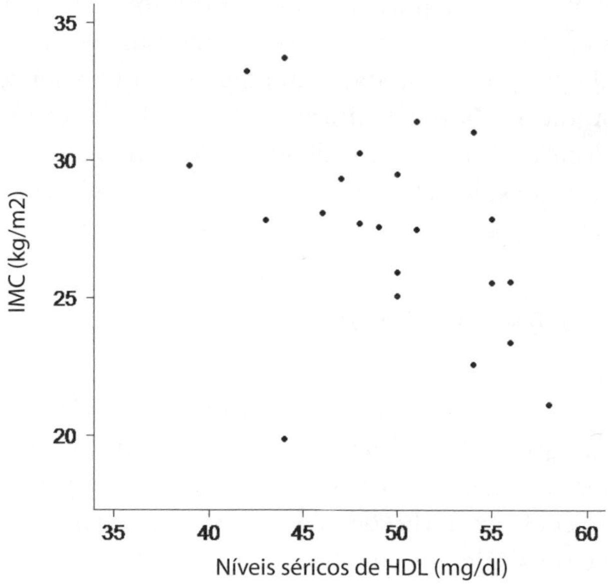

Figura 4.4 Gráfico de dispersão entre os níveis séricos de HDL e índice de massa corporal de 22 pessoas.

Com base nesse exemplo, observamos que valores atípicos podem exercer grande influência no valor do coeficiente de correlação, o que destaca mais uma vez a importância de construirmos gráficos de dispersão antes de calcularmos essas medidas. Em geral, os gráficos de dispersão são bastante eficientes em destacar os valores que se afastam dos demais.

Porém, ao conduzirmos uma pesquisa utilizando os dados da Tabela 4.3, qual é o valor que devemos exibir para o coeficiente de correlação? Seria $r = -0,451$ ou $r = -0,656$? A resposta a essa pergunta não é simples. Em nenhuma situação podemos eliminar observações de nosso banco de dados com o propósito de deixar os resultados mais "interessantes" ou de destacar possíveis associações entre as variáveis que "valorizariam" nosso estudo. Esta não seria uma conduta ética, ainda que o resultado obtido sem as observações atípicas seja mais próximo daqueles encontrados em outros trabalhos científicos publicados por outros autores. Ao percebermos valores atípicos em nossos dados, a primeira conduta é comparar os dados digitados com os dados originais (anotados em fichas de coleta de dados, prontuários, questionários ou outras fontes), para verificar a possibilidade de erros de digitação ou anotação. Ainda que aquele valor tenha sido digitado corretamente, não é correto eliminá-lo arbitrariamente. É de grande importância buscar outras informações sobre aquele indivíduo que permitam entender se suas características de fato o caracterizam como pertencente à população de interesse do estudo. Por exemplo, o pesquisador pode notar que aquele valor atípico do banco de dados refere-se a um indivíduo que é portador de uma doença específica, o que de fato tem efeitos sobre as variáveis em questão. Se isso justificar a exclusão do indivíduo da pesquisa, é fundamental que o pesquisador relate sua retirada ao divulgar os resultados obtidos na forma de um trabalho científico. Entretanto, ressalta-se que a decisão de eliminar indivíduos do banco de dados é sempre uma decisão pautada em questões clínicas, fisiológicas, nutricionais etc., mas jamais baseada somente em questões numéricas e estatísticas.

4.4 CORRELAÇÃO DE SPEARMAN

Uma alternativa ao coeficiente de correlação de Pearson foi introduzida por Charles Edward Spearman (1863-1945), um psicólogo inglês que trouxe grandes contribuições à estatística. O coeficiente de correlação de Spearman é comumente denotado nos trabalhos científicos pela letra grega rho (ρ). Por isso, muitas vezes é chamado de "coeficiente rho de Spearman". Uma característica importante dessa medida é que seus cálculos envolvem uma transformação prévia aos dados, chamada de transformação em postos (do inglês *rank*). Um posto é a posição que uma observação ocupa em uma sequência ordenada. Assim, o menor valor recebe posto 1, o segundo menor valor recebe posto 2 e assim por diante. Por exemplo, sejam os valores:

66, 42, 82, 46, 39 e 65.

O menor valor é 39 e em seguida temos 42, 46, 65, 66 e 82. Assim, os postos associados a esses valores são, respectivamente:

5, 2, 6, 3, 1 e 5.

Em um conjunto de dados, podemos ter um ou mais valores repetidos. Por exemplo, sejam os valores:

66, 42, 82, 42, 39 e 65.

Observe que o valor 42 aparece duas vezes, na segunda e terceira posições da sequência ordenada. Nesse caso, o posto associado ao valor 42 é (2 + 3)/2 = 2,5. Assim, os postos associados a esses dados são, respectivamente:

5, 2,5, 6, 2,5, 1 e 4.

Para exemplificarmos o cálculo do coeficiente de correlação de Spearman, vamos considerar os dados da Tabela 4.4, relativos às observações de duas variáveis arbitrárias X e Y.

Tabela 4.4 Observações de duas variáveis arbitrárias X e Y (n = 12).

Indivíduo	1	2	3	4	5	6	7	8	9	10	11	12
X	85	71	77	67	91	72	79	92	69	71	88	85
Y	83	76	77	69	96	65	68	91	64	80	91	71

O primeiro passo consiste em transformar esses valores em postos. A Tabela 4.5 mostra as variáveis X e Y já transformadas em postos. Denotaremos os postos encontrados para as variáveis X e Y respectivamente por $R(x_i)$ e $R(y_i)$, $i = 1,...,12$. Assim, $R(x_1) = 8{,}5$, $R(x_2) = 3{,}5$, e assim por diante.

Tabela 4.5 Observações transformadas em postos de duas variáveis arbitrárias X e Y (**n** = 12).

Indivíduo	1	2	3	4	5	6	7	8	9	10	11	12
$R(x_i)$	8,5	3,5	6	1	11	5	7	12	2	3,5	10	8,5
$R(y_i)$	9	6	7	4	12	2	3	10,5	1	8	10,5	5

O coeficiente de correlação de Spearman é dado pela expressão:

$$\hat{\rho} = \frac{\sum_{i=1}^{n}\left[R(x_i) - \frac{n+1}{2}\right]\left[R(y_i) - \frac{n+1}{2}\right]}{n(n^2-1)/12}.$$

Uma alternativa a essa expressão, mais simples de ser calculada, é dada pela aproximação:

$$\hat{\rho} = 1 - \frac{6T}{n(n^2-1)},$$

em que:

$$T = \sum_{i=1}^{n}[R(x_i) - R(y_i)]^2.$$

O acento circunflexo sobre a letra grega rho, $\hat{\rho}$, serve para indicar que o valor obtido é uma estimativa amostral do coeficiente de correlação de Spearman, dado que em estatística as quantidades denotadas por letras gregas (sem o acento) representam valores encontrados em populações.

Tabela 4.6 Cálculo do coeficiente rho de Spearman.

Indivíduo	$R(x_i)$	$R(y_i)$	$[R(x_i) - R(y_i)]^2$
1	8,5	9	0,25
2	3,5	6	6,25
3	6	7	1
4	1	4	9
5	11	12	1
6	5	2	9
7	7	3	16
8	12	10,5	2,25
9	2	1	1
10	3,5	8	20,25
11	10	10,5	0,25
12	8,5	5	12,25

Assim, $T = 0{,}25 + 6{,}25 + 1 + 9 + 1 + 9 + 16 + 2{,}25 + 1 + 20{,}25 + 0{,}25 + 12{,}15 = 78{,}5$. Sendo $n = 12$, temos:

$$\hat{\rho} = 1 - \frac{6T}{n(n^2-1)} = 1 - \frac{6 \times 78{,}5}{12(12^2-1)} = 1 - \frac{471}{1716} = 0{,}726.$$

O coeficiente de correlação de Spearman é interpretado de forma similar ao coeficiente de Pearson. Notamos que $\hat{\rho}$ também assume valores entre –1 e 1, sendo também válidas as interpretações sugeridas na Tabela 4.2. No exemplo, o valor encontrado para $\hat{\rho}$ evidencia uma correlação forte e positiva entre as variáveis X e Y.

4.5 CORRELAÇÃO NÃO É CAUSALIDADE

Se encontramos um valor expressivo para o coeficiente de correlação entre duas variáveis, isso não implica necessariamente uma relação de causalidade, ou seja, que os valores de uma das variáveis sejam responsáveis pela magnitude dos valores da outra variável.

Por exemplo, se conduzirmos uma pesquisa e encontrarmos um coeficiente de correlação positivo e expressivo entre peso e pressão arterial, isso não é suficiente para concluirmos que a obesidade causa elevação da pressão arterial. O coeficiente de correlação simplesmente indica que pessoas com maior peso tendem a possuir medidas de pressão arterial mais elevadas, enquanto pessoas com menor peso tendem a possuir medidas de pressão arterial menores. Talvez exista uma terceira variável que se relacione simultaneamente ao peso e à pressão arterial, e seja ela a causa em comum das duas condições.

Para julgarmos se há uma relação de causa e efeito entre duas variáveis, apenas o coeficiente de correlação não é suficiente. É preciso entender os supostos mecanismos que levariam uma variável a causar a outra. Entretanto, o estabelecimento de causas é campo de estudo da epidemiologia, enquanto os métodos estatísticos limitam-se a descrever associações.

4.6 CORRELAÇÃO NÃO É CONCORDÂNCIA

Em alguns estudos, o objetivo pode ser avaliar se dois métodos diferentes são capazes de produzir valores iguais ou satisfatoriamente semelhantes para uma única variável quantitativa contínua. Por exemplo, uma nutricionista pode ter interesse em avaliar se duas técnicas diferentes são capazes de produzir os mesmos valores do percentual de gordura corporal. Para esse propósito, não se utiliza o coeficiente de correlação. O coeficiente de correlação pode informar que, quando uma das técnicas produz um valor relativamente alto para o percentual de gordura, a outra também tende a produzir um valor relativamente alto. Contudo, esse resultado pode ser bastante óbvio, e não expressa uma concordância.

Para avaliar a concordância, muitos autores fazem uso do gráfico de Bland e Altman (1986). O coeficiente proposto por Lin (1989) é utilizado como uma medida da concordância das observações de uma variável quantitativa contínua, obtida por dois diferentes métodos ou avaliadores. Entretanto, Atkinson e Nevill (1997) apresentam algumas importantes limitações dessa medida.

4.7 EXERCÍCIOS

1. Assinale cada afirmação a seguir como verdadeira (V) ou falsa (F).

a) Antes de calcularmos um coeficiente de correlação, precisamos construir o gráfico da dispersão entre X e Y para observarmos se a relação entre as variáveis pode ser considerada linear.

b) Para calcularmos o coeficiente de correlação entre X e Y, essas variáveis precisam ser previamente transformadas para uma mesma unidade de medida.

c) O gráfico de dispersão entre X e Y serve também para observarmos se há valores atípicos na relação entre essas variáveis. Valores atípicos podem influenciar o valor do coeficiente de correlação.

d) Podemos calcular um coeficiente de correlação entre uma variável qualitativa, como o sexo (masculino e feminino) e uma variável quantitativa, como a circunferência da cintura, em centímetros.

e) Em uma pesquisa, o coeficiente de correlação de Pearson entre o índice de massa corporal (IMC) e o HDL é –0,428. Concluímos, então, que o IMC elevado causa uma redução no valor do HDL, dado que o coeficiente é menor que zero.

f) A covariância entre as variáveis X e Y pode assumir valores negativos.

2. Os dados a seguir referem-se ao peso ao nascer de 16 crianças (em gramas) e a idade da mãe, em anos completos.

Idade materna e peso (em g) de 16 crianças ao nascer.

	Idade materna	Peso ao nascer		Idade materna	Peso ao nascer
1	23	1.605	9	35	1.950
2	21	1.880	10	37	1.845
3	30	1.580	11	27	1.680
4	17	1.710	12	17	1.520
5	23	1.460	13	33	2.500
6	24	1.545	14	20	1.360
7	19	1.430	15	18	1.620
8	29	1.715	16	25	1.890

Sendo as variáveis X e Y, respectivamente, a idade da mãe e o peso ao nascer, temos $\bar{x}$ = 24,875 anos, $\bar{y}$ = 1.05,625 g, s_X = 6,407 anos, s_Y = 273,812 g e $\sum_{i=1}^{n} x_i y_i = 694.255$.

a. Esboce um gráfico de dispersão entre as variáveis X e Y.
b. Encontre a covariância entre X e Y.
c. Encontre o coeficiente de correlação de Pearson entre X e Y.
d. Escreva uma interpretação para o coeficiente encontrado no item anterior.

5 CAPÍTULO

Fundamentos de probabilidade

A história da probabilidade possui uma profunda relação com os jogos de azar. Acredita-se que os povos antigos costumavam polir um osso com formato de cubo chamado astrágalo ou tálus, retirado da pata dos mamíferos, para usar em jogos de apostas. Esse osso polido seria o precursor dos dados modernos. Quando jogava, o homem primitivo pensava em suas possibilidades de ganhar ou perder, estimulando, assim, o nascimento de uma teoria de chances.

Contudo, não surgiram desenvolvimentos importantes para a teoria da probabilidade até o início do século XVI, quando Girolamo Cardano (1501-1576), médico, matemático, astrólogo e filósofo italiano escreveu um livro chamado *Liber de ludo aleae* (*Livro dos jogos de azar*). Essa obra descrevia as probabilidades associadas aos jogos de dados e só foi publicado após sua morte. Cardano contou em uma autobiografia que era viciado em jogos quando estudante. No início do século XVII, Galileu Galilei (1564-1642) escreveu um texto chamado *Sopra le scoperte dei dadi*, também explorando probabilidades envolvendo jogos de dados.

Ainda no século XVII, o escritor francês Antoine Gombaud, conhecido como Chevalier de Méré (1607-1684), convidou dois importantes matemáticos, Pierre de Fermat (1601-1665) e Blaise Pascal (1623-1662), para resolver um problema de probabilidade envolvendo jogos de azar. As correspondências trocadas entre Fermat e Pascal trouxeram grandes contribuições ao desenvolvimento da teoria da probabilidade, em que as possíveis soluções para o problema apresentado por Chevalier de Méré já eram apresentadas com um formalismo matemático. Na mesma época, outros importantes trabalhos sobre probabilidade foram escritos por Christiaan Huygens (1629-1695), Jacob Bernoulli (1654-1705), Pierre Rémond de Montmort (1678-1719) e Abraham de Moivre (1667-1754).

Em 1812, o matemático, astrônomo e físico francês Pierre Simon Laplace (1749-1827) publicou o livro *Théorie analytique des probabilités*. Em 1838, o matemático britânico Augustus De Morgan (1806-1871) publicou *An Essay on Probabilities*. É importante notar que nessa época a principal motivação para os avanços da teoria da probabilidade já não era os jogos de azar, mas as aplicações que esses conhecimentos poderiam encontrar nas mais diversas áreas. Também trouxeram importantes contribuições Thomas Bayes (1701-1761), Lambert Adolphe Jacques Quételet (1796-1874), Siméon Denis Poisson (1781-1840), Johann Carl Friedrich Gauss (1777-1855) e Pafnuty Lvovich Chebyshev (1821-1894), entre muitos outros.

No século XX, surgiram outras contribuições de destaque para o desenvolvimento da teoria da probabilidade. Dentre muitos pesquisadores importantes, podemos citar Eugen Slutsky (1880-1948), Harald Cramér (1893-1985), Andrey Nikolaevich Kolmogorov (1903-1987), John von Neumann (1903-1957) e William Feller (1906-1970).

5.1 EXPERIMENTOS DETERMINÍSTICOS E NÃO DETERMINÍSTICOS

De modo bastante abrangente, consideraremos que fazer um experimento significa fazer alguma coisa sob determinada condição, objetivando observar seu resultado. Dessa forma, entendemos que fazemos experimentos desde que nascemos, buscando entender nosso mundo. Vamos classificar os experimentos em dois grupos:

- **Experimentos determinísticos**: são aqueles que, repetidos sob as mesmas condições, sempre trazem os mesmos resultados. Se elevarmos um objeto e o soltarmos, ele vai cair, de acordo com o determinismo imposto pela lei da gravidade. Se colocarmos uma pedra na superfície da água, ela afundará, de acordo com as leis da física. Assim, entendemos que, ao conhecer as leis que o regem, podemos antecipar o resultado de um experimento determinístico antes mesmo de sua realização.
- **Experimentos não determinísticos (ou aleatórios)**: são aqueles que podem trazer resultados distintos quando repetidos sob as mesmas condições. Relem-

brando as origens da probabilidade nos jogos de azar, ao lançarmos um dado, o resultado expresso na face voltada para cima poderá se modificar em sucessivas realizações desse experimento.

Enquanto em um experimento determinístico as condições sob as quais ele é executado determinam o resultado, nos experimentos não determinísticos o resultado é aleatório, ou seja, existe a incerteza do resultado. A teoria da probabilidade não estuda os experimentos determinísticos, mas é voltada ao estudo dos experimentos aleatórios.

5.2 EVENTO

Vamos supor que nosso experimento consiste em lançar ao ar uma moeda uma vez e observar a face voltada para cima depois que ela cai. Antes de lançar a moeda, não temos o conhecimento do resultado, mas sabemos que os possíveis resultados são cara e coroa. Vamos então definir um **evento** como um resultado ou subconjunto de resultados de um experimento. Um evento é representado por letras maiúsculas. Nesse exemplo, definimos os eventos:

- A: cara
- B: coroa

O conceito de evento é bastante importante quando estudamos probabilidades, dado que as probabilidades sempre se referem a eventos.

5.3 ESPAÇO AMOSTRAL

O conjunto Ω de todos os resultados possíveis de um experimento é chamado espaço amostral. No experimento em que lançamos uma moeda e os possíveis resultados são os eventos A: cara e B: coroa, o espaço amostral é $\Omega = \{A,B\}$.

Se lançarmos uma vez um dado com faces numeradas de 1 a 6 e observarmos o número impresso na face voltada para cima, os possíveis resultados são 1, 2, 3, 4, 5 e 6. O respectivo espaço amostral é $\Omega = \{1,2,3,4,5,6\}$. Vamos definir os seguintes eventos:

- A: observar um número par.
- B: observar um número ímpar.
- C: observar um número maior que 4.
- D: observar o número 8.

Os eventos A, B e C são, respectivamente, os subconjuntos $A = \{2,4,6\}$, $B = \{1,3,5\}$ e $C = \{5,6\}$. O evento D é chamado evento impossível, ou seja, um evento que jamais ocorrerá. Esse evento é representado pelo subconjunto vazio, denotado por Ø.

Vamos considerar outros exemplos de experimentos:

a. Se lançarmos duas moedas e considerarmos os eventos A: cara e B: coroa, o espaço amostral associado a esse experimento é Ω = {(A,A), (A,B), (B,A), (B,B)}.
b. Se selecionarmos ao acaso um aluno em uma sala de aula, tomarmos uma amostra de seu sangue e classificá-lo de acordo com o sistema ABO, o espaço amostral associado a esse experimento é Ω = {A,B,AB,O}.
c. Se selecionarmos ao acaso um aluno em uma sala de aula e indagarmos se ele é fumante, o espaço amostral associado a esse experimento é Ω = {fumante, não fumante}.
d. Se selecionarmos ao acaso uma usuária de um serviço de saúde e perguntarmos quantos filhos ela tem, o espaço amostral associado a esse experimento é Ω = {0,1,2,3,4,...}.
e. Se acendermos uma lâmpada e anotarmos o tempo em que ela fica acessa, o espaço amostral associado a esse experimento é Ω = {t : t ≥ 0}, em que t denota o tempo e os dois pontos denotam "tal que".

Neste capítulo, espaços amostrais como os descritos em (d) e (e) não serão tratados. Os espaços amostrais que estudaremos serão finitos ou enumeráveis.

Alternativamente, alguns autores denotam o espaço amostral pela letra "S" maiúscula.

5.4 UNIÃO E INTERSEÇÃO DE EVENTOS

A união entre os eventos A e B pertencentes a um mesmo espaço amostral Ω refere-se a todos os resultados que pertencem a A ou B. É denotada por ∪.

A interseção entre os eventos A e B pertencentes a um mesmo espaço amostral Ω refere-se a todos os resultados que pertencem simultaneamente a A e B. É denotada por ∩.

No experimento em que lançamos um dado de seis faces numeradas e observarmos o número impresso na face voltada para cima, o espaço amostral é Ω = {1,2,3,4,5,6}. Sejam os eventos:

- A: observar um número par.
- B: observar um número maior que 3.

Temos, assim, os subconjuntos A = {2,4,6}, B = {4,5,6}.

A união entre os eventos A e B é o subconjunto A ∪ B = {2,4,5,6}, ou seja, o subconjunto de Ω que contém todos os possíveis resultados que pertencem a A ou B.

A interseção entre os eventos A e B é o subconjunto $A \cap B = \{4.6\}$, ou seja, o subconjunto de Ω que contém todos os possíveis resultados que pertencem simultaneamente a A e B.

5.5 COMPLEMENTO DE UM EVENTO

O complemento de um evento A inclui todos os resultados que não fazem parte do evento A. O complemento de um evento A é denotado por $\overline{A}$ ou A^C.

Por exemplo, no lançamento de um dado de seis faces, o espaço amostral é $\Omega = \{1,2,3,4,5,6\}$. Seja o evento:

A: observar um número par.

O complemento de A será, então:

A^C: observar um número ímpar.

Assim, $A = \{2,4,6\}$ e $A^C = \{1,3,5\}$.

Observar que a união de um evento e seu complemento é o próprio espaço amostral Ω, ou seja, $A \cup A^C = \Omega$. No exemplo, podemos observar que $A \cup A^C = \{1,2,3,4,5,6\}$.

5.6 PROBABILIDADE

A probabilidade é uma medida da chance de um evento ocorrer. Se denotarmos um evento por A, vamos denotar por P(A) a probabilidade de A ocorrer.

Por volta do ano de 1930, Andrey Nikolaevich Kolmogorov (1903-1987) estabeleceu três regras bastante formais que definem a probabilidade. Essas regras são conhecidas como os axiomas de Kolmogorov. Não vamos expor aqui tais axiomas dado seu formalismo matemático, mas apresentaremos algumas propriedades que são consequentes dessas regras:

a. Uma probabilidade é sempre maior ou igual a zero.
b. Uma probabilidade é sempre menor ou igual a 1. Assim, de (a) e (b), temos:

$$0 \leq P(A) \leq 1.$$

c. A probabilidade associada a um evento impossível é sempre zero.
d. A probabilidade de um evento não ocorrer é 1 menos a probabilidade de ele ocorrer. Se, por exemplo, a probabilidade de chover no próximo do-

mingo é quantificada em 0,8, a probabilidade de não chover naquele dia é 0,2. Lembrando que a não ocorrência do evento A é denotada por A^C (o complemento de A), podemos então escrever

$$P(A^C) = 1 - P(A).$$

5.7 DEFINIÇÃO CLÁSSICA DE PROBABILIDADE

Mais uma vez, vamos retornar ao exemplo em que lançamos um dado de seis faces e observamos o número impresso na face voltada para cima. O respectivo espaço amostral é $\Omega = \{1,2,3,4,5,6\}$. Sejam novamente os seguintes eventos:

- A: observar um número par.
- B: observar um número ímpar.
- C: observar um número maior que 4.
- D: observar o número 8.

Não é difícil quantificar a probabilidade de ocorrência de cada um desses eventos. Dado que são possíveis três ocorrências de um número par (2, 4 ou 6) em um total de seis possíveis resultados (1, 2, 3, 4, 5 e 6), a probabilidade de ocorrer o evento A é 3 em 6, ou seja, 3/6 ou 1/2. São também possíveis três ocorrências de um número ímpar (1, 3 ou 5). Portanto a probabilidade de ocorrer o evento B é também 1/2. São possíveis duas ocorrências de um número maior que 4, ou seja, 5 ou 6. Portanto, a probabilidade de ocorrer o evento C é 2/6 ou 1/3. Considerando que D é um evento impossível, sua probabilidade de ocorrência é zero. Assim:

$$P(A) = \frac{1}{2}, P(B) = \frac{1}{2}, P(C) = \frac{1}{3} \text{ e } P(D) = 0.$$

Nesse exemplo, utilizamos a definição clássica de probabilidade, em que a probabilidade de ocorrer o evento A é dada por:

$$P(A) = \frac{\text{número de possibilidades de ocorrência do evento } A}{\text{número de elementos do espaço amostral } \Omega}$$

Vale notar que esse conceito de probabilidade é restrito a uma situação bastante específica, em que todos os elementos de Ω possuem a mesma chance de ocorrer. No exemplo apresentado, a probabilidade de ocorrer o número 1 na face voltada para cima é 1/6. A probabilidade de ocorrer o número 2 é a mesma, bem como as probabilidades de ocorrer os números 3, 4, 5 ou 6. Nesse caso, dizemos que Ω é um espaço amostral equiprovável, ou seja, as probabilidades de ocorrência de cada um dos seus elementos são iguais.

5.8 DEFINIÇÃO FREQUENTISTA DE PROBABILIDADE

Se selecionarmos ao acaso uma pessoa de uma comunidade, tomarmos uma amostra de seu sangue e classificá-lo de acordo com o sistema ABO, o espaço amostral associado a esse experimento é $\Omega = \{A,B,AB,O\}$. Qual é a probabilidade de a pessoa selecionada ser portadora de sangue do grupo O? Se utilizarmos a definição clássica de probabilidade, concluiremos que essa probabilidade é igual a 1/4, ou 0,25. E qual é a probabilidade de a pessoa selecionada ser portadora de sangue do grupo A? E de ser portadora de sangue do grupo B? Essas probabilidades também são iguais a 1/4 de acordo com a definição clássica de probabilidade. Mas esse resultado faz sentido? Ele não nos parece verdadeiro, dado que nos leva a acreditar que 1/4 das pessoas daquela comunidade possui sangue tipo O, 1/4 possui sangue do grupo A, 1/4 possui sangue do grupo B e 1/4 possui sangue do grupo AB, e nós sabemos que isso não costuma acontecer nas populações em geral.

Mostremos como exemplo um estudo conduzido em Ribeirão Preto (SP), no qual mostrou-se que 38% das pessoas que compareceram a um hemocentro para doar sangue tinham sangue do grupo A, 11% tinham sangue do grupo B, 4% tinham sangue do grupo AB e 47% tinham sangue do grupo O (Lourençon et al., 2011). Portanto, se selecionarmos uma pessoa dessa população, a probabilidade de ela ser portadora de sangue do grupo O deve ser próxima a 0,47, e não 0,25.

Mas por que a definição clássica de probabilidade não é satisfatória nesse exemplo? Lembre-se que a definição clássica exige que o espaço amostral Ω seja equiprovável, mas não podemos dizer que as probabilidades de ocorrência de cada um dos elementos de $\Omega = \{A,B,AB,O\}$ são iguais. Por isso, precisamos de um novo conceito de probabilidade.

Imagine um experimento simples, em que lançamos uma moeda e observamos o resultado da face voltada para cima depois de ela cair. O respectivo espaço amostral é $\Omega = \{A,A^C\}$, em que A: cara e A^C: coroa. Se a moeda é viciada, ou seja, a probabilidade de ocorrer cara não é igual à probabilidade de ocorrer coroa, como podemos encontrar P(A)? Podemos lançar a moeda um número grande de vezes, e estimar P(A) dividindo o número de vezes que ocorreu cara pelo número total de lançamentos. Se lançarmos a moeda 1.000 vezes e observarmos 600 caras, a probabilidade P(A) é aproximadamente 600/1.000 = 0,6. Assim, definimos um novo conceito de probabilidade, dado por:

$$P(A) = \frac{\text{número de vezes que o evento } A \text{ ocorre}}{\text{número de vezes que o experimento é realizado}}$$

Essa é a definição frequentista de probabilidade, que tem esse nome por basear-se nas frequências de repetições do experimento. Mas quantas vezes precisamos lançar a moeda para ter uma ideia bastante precisa de P(A)? Suponha que nós lançamos a moeda 30 vezes e calculamos P(A) usando essa expressão, encontrando P(A) = 0,3. Por outro lado, se lançamos a moeda 50 vezes, suponha que encontramos P(A) = 0,54. Ao lançarmos a moeda 100 vezes, suponha que encontramos 0,59. Observamos que P(A) se modifica de acordo com o número de lançamentos da moeda, mas, a partir de um número bastante grande de lançamentos, os diferentes valores de P(A) terão uma variação pequena. Suponha que, em 500, 600, 700 e 800 lançamentos, encontramos respectivamente P(A) igual a 0,61, 0,61, 0,60 e 0,61. Portanto, quando observarmos que o valor de P(A) pareceu convergir a um dado valor, de forma que P(A) não se modifica expressivamente a partir de novos lançamentos, entendemos que o número de lançamentos já é grande o suficiente para termos um valor satisfatoriamente preciso da probabilidade pretendida.

5.9 DIAGRAMA DE VENN E CÁLCULOS DE PROBABILIDADE

Suponha que, em uma comunidade, 20% dos indivíduos adultos são hipertensos, 40% são diabéticos e 15% são hipertensos e diabéticos. Consideremos um experimento que consiste em selecionar ao acaso um indivíduo dessa comunidade. Vamos definir os eventos:

- D: o indivíduo escolhido é portador de diabetes.
- H: o indivíduo escolhido é portador de hipertensão.

Notar que, quando dizemos que 15% são hipertensos e diabéticos, nós estamos nos referindo a uma situação em que ambos os eventos, D e H, simultaneamente ocorrem. Nesse caso, nos referimos à **interseção** entre os eventos, denotada pelo símbolo $\cap$. Evento resultante da interseção é, então:

$D \cap H$: o indivíduo escolhido é portador de diabetes e de hipertensão.

De acordo com a definição frequentista de probabilidade, temos então P(D) = 0,4, P(H) = 0,2 e $P(D \cap H) = 0,15$. Vamos então formular três questões. Qual a probabilidade de o indivíduo selecionado ao acaso:

a. Ser diabético, mas não hipertenso?
b. Ser hipertenso ou diabético (ou ambos)?
c. Não ser hipertenso nem diabético?

As respostas a esses três itens podem ser obtidas pela visualização do diagrama de Venn, proposto pelo matemático e filósofo britânico John Venn (1834–1923). O diagrama é composto por um retângulo, representando todo o espaço amostral (todos os indivíduos da população em questão estariam representados no interior desse retângulo) e um círculo (ou elipse) associado a cada evento. O interior de cada círculo representa a ocorrência do respectivo evento, e a interseção entre eles representa a interseção entre os eventos. O diagrama é então preenchido com as probabilidades de ocorrência dos eventos em questão (uma sugestão útil para o

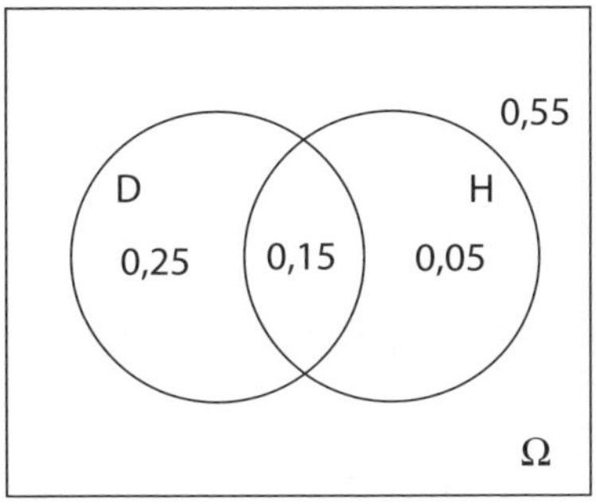

Figura 5.1 Diagrama de Venn para uma comunidade em que 20% dos indivíduos adultos são hipertensos, 40% são diabéticos e 15% são hipertensos e diabéticos.

preenchimento do diagrama de Venn é começar sempre pela interseção).

A resposta ao item (a) é 0,25. Observe no diagrama da Figura 5.1 que 40% dos indivíduos são diabéticos, mas entre esses, não podemos considerar aqueles que são hipertensos (15%). Assim:

$$P(D \cap H^C) = 0{,}40 - 0{,}15 = 0{,}25.$$

O item (b) se refere a uma situação em que ao menos um dos eventos ocorre. Nesse caso, nos referimos à **união** entre eventos, denotada pelo símbolo ∪. A probabilidade de o indivíduo selecionado ser portador de diabetes ou hipertensão é, então, denotada por $P(D \cup H)$ e é obtida por meio da soma entre as probabilidades anotadas no interior dos círculos correspondentes aos eventos D e H, no diagrama de Venn. Temos, portanto, $P(D \cup H) = 0{,}25 + 0{,}15 + 0{,}05 = 0{,}45$.

Se somarmos as probabilidades $P(D) + P(H)$, não teremos como resultado a resposta correta ao item (b), pois dessa forma estaríamos considerado a interseção $P(A \cap B)$ duas vezes. Portanto, poderíamos encontrar $P(D \cup H)$ usando a seguinte expressão:

$$P(D \cup H) = P(D) + P(H) - P(D \cap H) = 0{,}4 + 0{,}2 - 0{,}15 = 0{,}45.$$

O item (c) pede que encontremos a probabilidade de um indivíduo selecionado ao acaso não ser hipertenso nem diabético. Os indivíduos que não são hipertensos nem diabéticos satisfazem ao evento $H^C \cap D^C$. Não satisfazer a esse evento significa portar ao menos uma das duas condições, o que satisfaz ao evento $D \cup H$, representado no diagrama de Venn pela união dos dois círculos que representam esses eventos. Assim:

$$P(H^C \cap D^C) = 1 - P(D \cup H).$$

Essa probabilidade é 0,55, de acordo com o diagrama de Venn. Isso porque, no diagrama, observamos que o percentual de indivíduos que estão fora dos círculos que representam os portadores de diabetes e hipertensão é 0,55.

5.10 PROBABILIDADE CONDICIONAL

Vamos retornar ao exemplo anterior, em que 20% dos indivíduos adultos de uma comunidade são hipertensos, 40% são diabéticos e 15% são hipertensos e diabéticos.

Ao selecionar ao acaso um indivíduo dessa comunidade, a probabilidade de ele ser portador de hipertensão é $P(H) = 0{,}2$. Por outro lado, se partimos do conhecimento que o indivíduo selecionado é portador de diabetes, qual é agora a probabilidade de ele ser portador de hipertensão?

Essa pergunta se refere a uma probabilidade condicional, denotada por $P(H|D)$. Lemos o símbolo "|" como "dado que". Assim, $P(H|D)$ se refere à probabilidade de ocorrer o evento H, dado que o evento D ocorreu. Ou, no nosso exemplo, à probabilidade de o indivíduo selecionado ser portador de hipertensão, dado que ele é portador de diabetes. O que está à direita de "|" é um evento que supomos já ter ocorrido, e o que está à esquerda de "|" é o evento cuja probabilidade nós desejamos encontrar, dada a ocorrência do outro evento.

No diagrama de Venn da Figura 5.2, sombreamos a região associada ao evento D, considerando que partimos do conhecimento de que esse evento ocorreu.

Essa região sombreada corresponde a 40% dos indivíduos de toda a comunidade, e consideramos que o indivíduo selecionado pertence a essa parcela. Dentre esses 40%, sabemos que 15% são hipertensos. Portanto, a probabilidade de selecionarmos um indivíduo hipertenso entre aqueles que portam diabetes é $0{,}15/0{,}40 = 0{,}375$.

Assim, para encontrarmos a probabilidade condicional $P(H|D)$, notamos que é válida a relação:

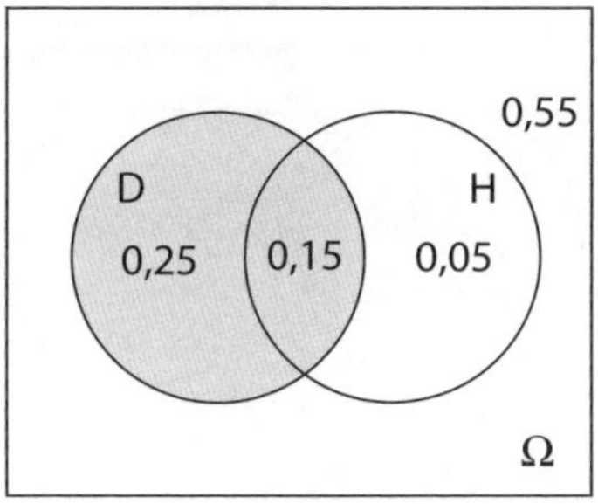

Figura 5.2 Diagrama de Venn para uma comunidade em que 20% dos indivíduos adultos são hipertensos, 40% são diabéticos e 15% são hipertensos e diabéticos.

$$P(H \mid D) = \frac{P(H \cap D)}{P(D)},$$

desde que P(D) seja maior que zero. Se P(D) fosse igual a zero, não teríamos um único portador de diabetes na comunidade e não faria sentido buscar a probabilidade condicional P(H|D).

5.11 EVENTOS MUTUAMENTE EXCLUSIVOS

Dois eventos A e B que não podem ocorrer simultaneamente são denominados mutuamente exclusivos, ou disjuntos. Imagine que em uma cidade há indivíduos vegetarianos, sendo que, entre essas pessoas, não há um único fumante. Vamos então definir os eventos:

- A: o indivíduo é vegetariano
- B: o indivíduo é fumante

Ao escolhermos um indivíduo dessa cidade ao acaso, qual é a probabilidade de ele ser vegetariano e fumante? A resposta é obviamente zero, dado que não há nenhuma pessoa nessa cidade que seja ao mesmo tempo vegetariana e fumante. Percebemos que a interseção entre os eventos A e B é o conjunto vazio, ou seja, $A \cap B = \emptyset$. Consequentemente, $P(A \cap B) = 0$. O diagrama da Figura 5.3 ilustra essa situação.

Em contrapartida, ao escolhermos ao acaso um indivíduo dessa cidade, qual é a probabilidade de ele ser vegetariano ou fumante? Nesse caso, nos referimos à probabilidade da união entre A e B, ou seja, $P(A \cup B)$. Dado que $A \cap B = \emptyset$, temos que $P(A \cup B)$ é dada pela soma das probabilidades dos eventos A e B. Assim,

$$P(A \cup B) = P(A) + P(B)$$

quando A e B são eventos mutuamente exclusivos.

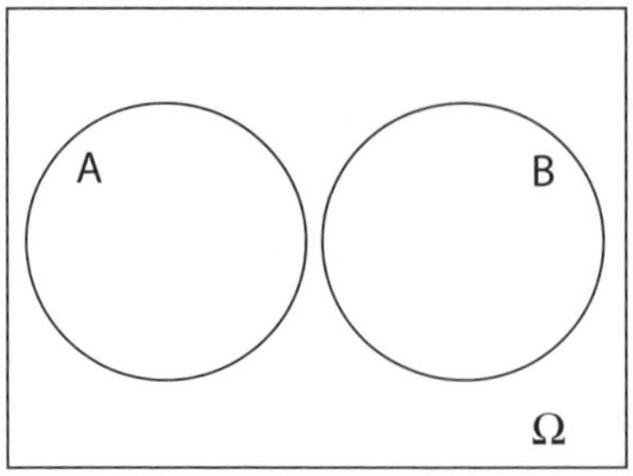

Figura 5.3 Diagrama de Venn representando os indivíduos vegetarianos (A) e fumantes (B) de uma cidade. Neste caso, A e B são eventos mutuamente exclusivos.

Se, em tal cidade, por exemplo, 30% dos indivíduos são vegetarianos e 5% são fumantes, a probabilidade de escolhermos ao acaso um indivíduo que é vegetariano ou fumante é:

$$P(A \cup B) = 0{,}30 + 0{,}05 = 0{,}35.$$

Notar que um evento A e seu complemento A^C são sempre mutuamente exclusivos (obviamente um evento não pode simultaneamente ocorrer e não ocorrer). Assim,

$$P(A \cup A^C) = P(A) + P(A^C) = 1.$$

5.12 EVENTOS INDEPENDENTES

Se A e B são eventos tais que a ocorrência de um não torna o outro mais provável ou menos provável, diz-se que esses eventos são independentes entre si. Suponha que em uma dada população 15% dos indivíduos adultos portam alguma doença cardiovascular e 35% portam depressão. Sejam então os eventos:

- A: doença cardiovascular.
- B: depressão.

Temos que $P(A) = 0{,}15$ e $P(B) = 0{,}35$. Seriam esses eventos independentes? Nesse contexto, a independência entre os eventos A e B implica que a probabilidade de um indivíduo dessa população ser portador de doença cardiovascular independeria do fato de ele ser portador de depressão. Da mesma forma, a probabilidade de um indivíduo ser portador de depressão independeria do fato de ele portar doença cardiovascular. Isso significa que se A e B são independentes, são válidas as relações:

$$P(A|B) = P(A) \qquad \text{e } P(B|A) = P(B).$$

Suponha que $P(A \cap B) = 0{,}10$. Nesse caso, $P(A|B) = P(A \cap B)/P(B) = 0{,}10/0{,}35$, ou seja, aproximadamente 0,29. Note que, nessa população, a probabilidade de um indivíduo ser portador de doença cardiovascular é $P(A) = 0{,}15$, mas, se ele é portador de depressão, essa mesma probabilidade sobe para $P(A|B) = 0{,}29$.

Ainda considerando $P(A \cap B) = 0{,}10$, observe que $P(B|A) = P(A \cap B)/P(A) = 0{,}10/0{,}15$, o que é igual a 0,67, aproximadamente. Assim, nessa população, a probabilidade de um indivíduo ser portador de depressão é $P(B) = 0{,}35$, mas, se ele é portador de doença cardiovascular, essa probabilidade aumenta para $P(B|A) = 0{,}67$. Isso evidencia alguma associação entre os eventos A e B, ou seja, não são eventos independentes, dado que $P(A|B) \neq P(A)$ e $P(B|A) \neq P(B)$.

Em outro exemplo, imagine que 15% dos habitantes adultos de uma cidade são portadores de diabetes e 20% são portadores de depressão. Considerando os eventos A: diabetes e B: depressão, temos $P(A) = 0{,}15$ e $P(B) = 0{,}20$. Se 3% são portadores de ambas as condições, temos $P(A \cap B) = 0{,}03$. Observe que $P(A|B) = P(A \cap B)/P(B) = 0{,}03/0{,}20 = 0{,}15$ e $P(B|A) = P(A \cap B)/P(A) = 0{,}03/0{,}15 = 0{,}20$. A probabilidade de uma pessoa adulta dessa cidade portar diabetes é 0,15, mas. se ela é portadora de depressão, essa probabilidade não se altera. Da mesma forma, a probabilidade de uma pessoa adulta dessa cidade portar depressão é 0,20, mas, se ela porta diabetes, essa probabilidade não se altera. Portanto, nesse caso, A e B são eventos independentes.

Há um resultado bastante importante quando nos referimos a eventos independentes. Quando discutimos a probabilidade condicional $P(A|B)$, vimos que é válida a relação:

$$P(A \mid B) = \frac{P(A \cap B)}{P(B)},$$

quando $P(B)$ é maior que zero. Se, quando A e B são eventos independentes, temos $P(A|B) = P(A)$, então:

$$P(A) = \frac{P(A \cap B)}{P(B)},$$

e, consequentemente,

$$P(A \cap B) = P(A) \times P(B).$$

Esse resultado nos diz que quando dois eventos A e B são independentes, a probabilidade de que eles ocorram simultaneamente é igual ao produto da probabilidade de cada um deles ocorrer. Em nosso último exemplo, tínhamos $P(A) = 0{,}15$, $P(B) = 0{,}20$ e $P(A \cap B) = 0{,}03$. Dado que A e B são independentes, observamos que $P(A \cap B) = 0{,}15 \times 0{,}20 = 0{,}03$.

Imagine um casal que pretende ter dois filhos. Vamos então definir os eventos:

- A: o primeiro filho é de sexo masculino.
- B: o segundo filho é de sexo masculino.

Se considerarmos que a probabilidade de uma criança nascer de sexo masculino é a mesma probabilidade de nascer de sexo feminino, temos que a probabilidade do casal ter um primogênito menino é $P(A) = 0{,}5$. Qual é a probabilidade do segundo filho ser de sexo masculino? Considerando que A e B são eventos independentes, temos que P(B) também é igual a 0,5. O fato de o primeiro filho ser um menino ou uma menina não alterará a probabilidade P(B). Assim, $P(B|A) = P(B) = 0{,}5$. A partir de nosso entendimento de independência entre eventos, vamos formular mais uma pergunta: qual é a probabilidade de o casal ter dois filhos de sexo masculino? Se A e B são, independentes, temos:

$$P(A \cap B) = P(A) \times P(B) = 0{,}5 \times 0{,}5 = 0{,}25.$$

Perceba que o conceito de eventos mutuamente exclusivos e eventos independentes são diferentes. Se dois eventos são mutuamente exclusivos, não há elementos na interseção entre eles. Por outro lado, quando A e B são independentes, a interseção $A \cap B$ não é necessariamente o conjunto vazio. Teoricamente, dois eventos mutuamente exclusivos só podem ser independentes quando a probabilidade de ocorrência de um deles é zero. Se, por exemplo, A e B são mutuamente exclusivos com probabilidades $P(A) = 0$ e $P(B) = 0{,}45$, temos $P(A|B) = 0$, pois $P(A \cap B) = 0$. Nesse caso, é válida a relação $P(A|B) = P(A)$.

O conceito de independência entre eventos é muito importante nas aplicações da estatística na área da saúde. Ele é utilizado, por exemplo, no cálculo do coeficiente kappa de concordância entre avaliadores e na obtenção do usual teste qui-quadrado de Pearson, que será visto no Capítulo 14.

5.13 *ODDS*

A *odds* é uma forma alternativa de quantificar a chance de ocorrência de um evento, bastante utilizada em jogos de azar e em estudos em saúde. A *odds* indica quantas vezes a probabilidade de um evento ocorrer equivale à probabilidade de ele não ocorrer. Assim, sendo A um evento de interesse, a *odds* de A é:

$$odds(A) = \frac{P(A)}{1 - P(A)} = \frac{P(A)}{P(A^C)}.$$

Se a probabilidade de um evento A ocorrer é, por exemplo, $P(A) = 0{,}80$, a *odds* associada a esse evento é:

$$odds(A) = \frac{0{,}80}{0{,}20} = 4.$$

Isso significa que a probabilidade desse evento ocorrer equivale a quatro vezes a probabilidade de ele não ocorrer. Os praticantes de jogos de azar costumam escrever "4:1", ou seja, para cada cinco tentativas, são esperadas quatro ocorrências do evento e uma não ocorrência.

Se a probabilidade de um evento A ocorrer é, por exemplo, $P(A) = 0{,}25$, a *odds* associada a esse evento é:

$$odds(A) = \frac{0{,}25}{0{,}75} = \frac{1}{3} \cong 0{,}33.$$

Assim, a probabilidade de o evento A ocorrer equivale a 0,33 vez a probabilidade de não ocorrer. Ou então a probabilidade do evento A não ocorrer equivale a três vezes a probabilidade de ocorrer. Na linguagem dos praticantes de jogos de azar, escrevemos "1:3", ou seja, para cada quatro tentativas, são esperadas uma ocorrência do evento e três "não ocorrências".

Se a probabilidade de um evento A ocorrer é, por exemplo, $P(A) = 0{,}50$, a *odds* associada a esse evento é:

$$odds(A) = \frac{0{,}50}{0{,}50} = 1.$$

Nesse caso, entendemos que é tão provável que o evento ocorra quanto que ele não ocorra.

Enquanto a probabilidade de um evento A ocorrer é sempre um número entre 0 e 1, a *odds* de um evento A é um número maior que 0.

Em resumo, interpretamos o sinal da *odds* da seguinte maneira:

- ***Odds*(A) > 1**: é mais provável que o evento ocorra do que não ocorra.

- *Odds*(A) < 1: é mais provável que o evento não ocorra do que ocorra.
- *Odds*(A) = 1: a probabilidade de o evento ocorrer é igual à probabilidade de ele não ocorrer.

5.14 EXEMPLO DE APLICAÇÃO: SENSIBILIDADE E ESPECIFICIDADE DE UM TESTE DIAGNÓSTICO

Um teste diagnóstico é um procedimento utilizado para verificar se um indivíduo é portador ou não de uma doença específica. No entanto, nem sempre é um procedimento livre de erros. Para estudarmos as probabilidades de acerto de um teste diagnóstico, vamos considerar os seguintes eventos:

- T: o resultado do teste diagnóstico é positivo.
- D: o indivíduo é realmente portador da doença em questão.

Assim, o evento complementar T^C indica que o resultado do teste é negativo e D^C é o evento complementar que indica que o indivíduo não é portador da doença.

A sensibilidade do teste diagnóstico é dada pela probabilidade condicional $S_E = P(T|D)$, ou seja, a probabilidade de o teste fornecer um resultado positivo dado que o indivíduo é, de fato, portador da doença.

Por sua vez, a especificidade do teste diagnóstico é a probabilidade condicional $E_S = P(T^C|D^C)$, ou seja, a probabilidade de o teste fornecer um resultado negativo dado que o indivíduo não é, de fato, portador da doença.

Nas pesquisas clínicas, a sensibilidade e a especificidade de um teste diagnóstico são obtidas comparando-se os resultados do teste com os resultados de um procedimento chamado genericamente "padrão-ouro", que nos diz se o indivíduo é de fato portador ou não da doença de interesse. Na prática, o padrão-ouro costuma ser um procedimento invasivo, como a biópsia para determinados tipos de câncer, ou dispendioso, doloroso, que pode oferecer riscos ao paciente, e usualmente não é utilizado em indivíduos com pouca evidência de serem portadores da doença.

As combinações dos resultados de um teste diagnóstico e do padrão-ouro são exibidas na Tabela 5.1, considerando uma amostra de n indivíduos.

Tabela 5.1 Resultados de um teste diagnóstico e de um padrão-ouro.

		Resultado do padrão-ouro	
		Positivo	**Negativo**
Resultado do teste	Positivo	a	b
	Negativo	c	d
	Total	$a + c$	$b + d$

Na Tabela 5.1, observamos a indivíduos que foram classificados como portadores da doença (positivos) pelo teste diagnóstico e pelo padrão-ouro. Esses resultados são chamados "verdadeiro-positivos", dado que o padrão-ouro indica que eles de fato são portadores da doença. Observamos também b indivíduos classificados como positivos pelo teste, mas negativos segundo o padrão-ouro. Esses resultados são os "falso-positivos". Dentre os indivíduos classificados pelo teste como negativos para a doença, c são portadores da doença e d não são portadores, de acordo com o padrão-ouro. Esses c resultados são chamados "falso-negativos", enquanto os outros d resultados são chamados "verdadeiro-negativos". Observar que $a + b + c + d = n$.

A sensibilidade (S_E) e a especificidade (E_S) do teste diagnóstico são respectivamente obtidas pelas expressões:

$$S_E = P(T \mid D) = \frac{a}{a+c}$$

e

$$E_S = P(T^C \mid D^C) = \frac{d}{b+d}$$

Como um exemplo, Tuon et al. (2002) conduziram um estudo sobre o desempenho do exame citológico (teste de Papanicolaou) na detecção de lesões intraepiteliais escamosas, precursoras do câncer de colo uterino. O padrão-ouro adotado foi o resultado da análise histológica a partir de biópsias colpodirigidas. Os resultados do exame citológico e da análise histológica são mostrados na Tabela 5.2. Esse estudo utilizou uma amostra de n = 80 mulheres com idades de 15 a 67 anos. Observamos 20 verdadeiro-positivos, 7 falso-positivos, 29 falso-negativos e 24 verdadeiro-negativos.

Tabela 5.2 Resultados de um teste diagnóstico e de um padrão-ouro.

		Resultado da análise histológica (padrão-ouro)	
		Positivo	**Negativo**
Resultado do exame citológico	Positivo	20	7
	Negativo	29	24
	Total	49	31

A sensibilidade (S_E) e a especificidade (E_S) do exame citológico são, respectivamente,

$$S_E = P(T \mid D) = \frac{a}{a+c} = \frac{20}{49} = 0,408$$

e

$$E_S = P(T^C \mid D^C) = \frac{d}{b+d} = \frac{24}{31} = 0,774$$

Assim, se uma mulher é realmente portadora de lesões intraepiteliais escamosas, estima-se que a probabilidade de o exame citológico fornecer um resultado positivo é de 0,408. Em contrapartida, se a mulher não é portadora de lesões, a probabilidade de o exame citológico fornecer um resultado negativo é 0,774.

5.15 EXERCÍCIOS

1. Sejam $\Omega = \{a, b, c, d, e\}$, $A = \{a, b, d\}$, $B = \{b, d, e\}$. Encontre:

(a) $A \cup B$ (b) B^C (c) $(A \cap B)^C$ (d) $A \cap B$

(e) $A^C \cap B$ (f) $A^C \cap B^C$ (g) $(A \cup B)^C$ (h) $A \cup B^C$

2. Nos seguintes diagramas de Venn, sombreie:

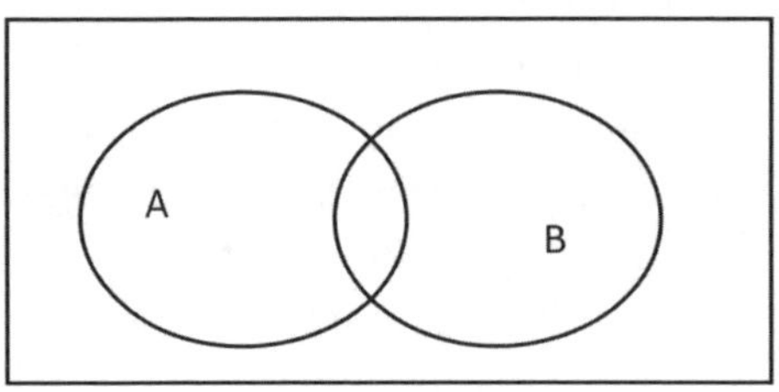

(a) $B \cap A^C$

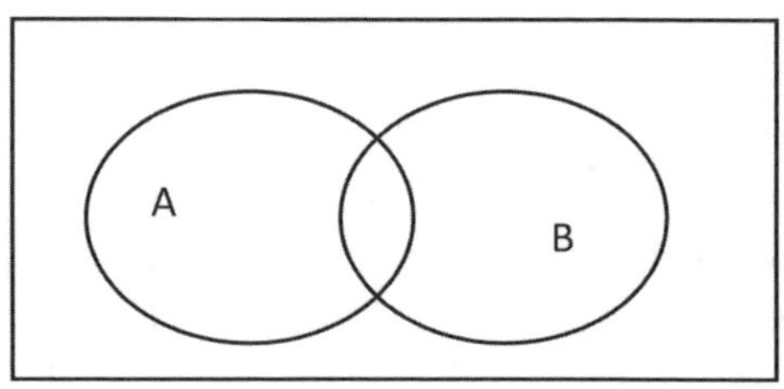

(b) $A^C \cap B^C$

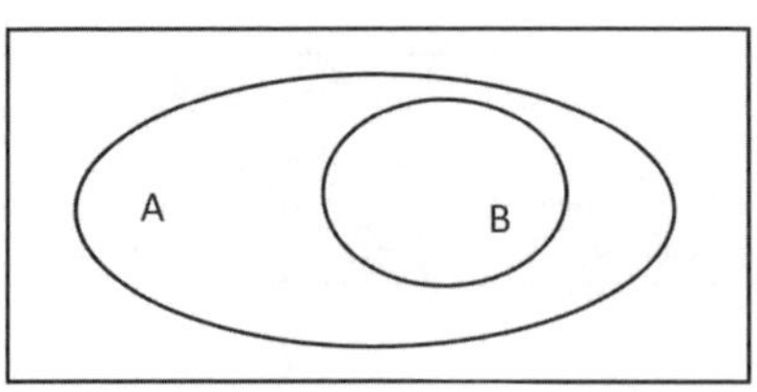

(c) $(A \cup B) \cap (A \cap B)^C$

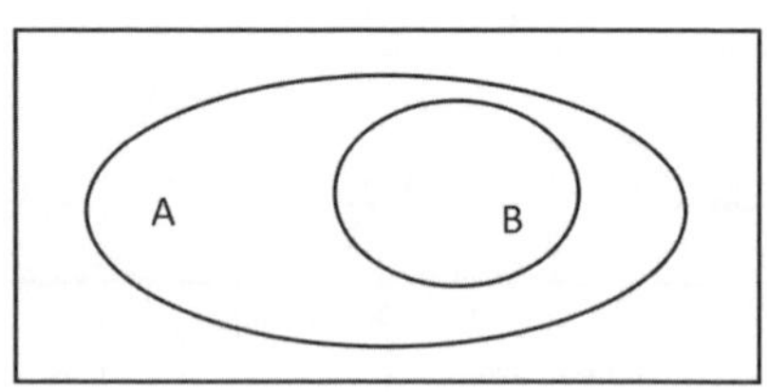

(d) $(A \cap A^C)^C$

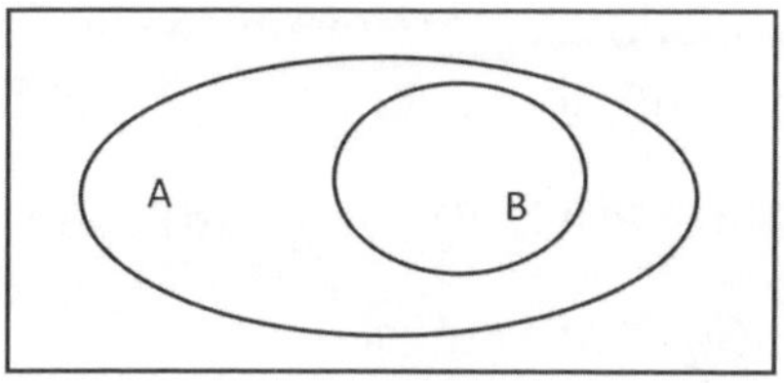

(e) $B \cup A^C$

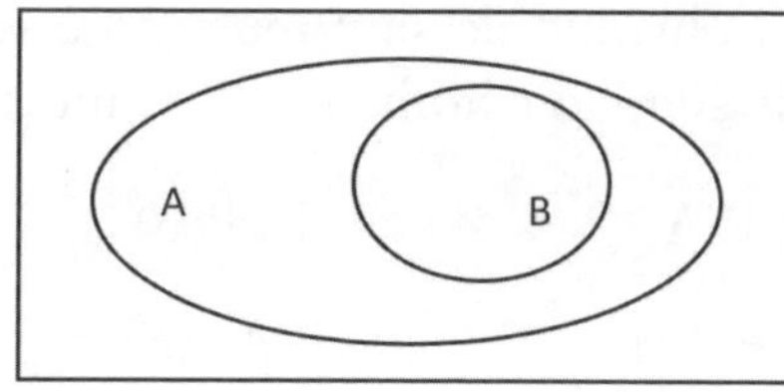

(f) $A^C \cap B^C$

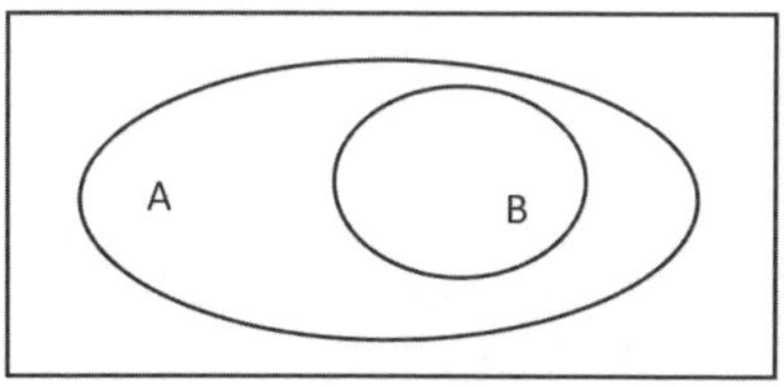

(g) $(A \cup B) \cap (A \cap B)^C$

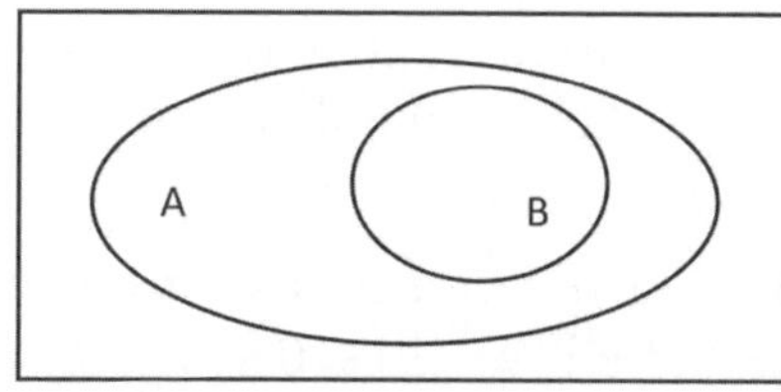

(h) $(A \cap A^C)^C$

3. Sejam $\Omega = \{1,2,3,4,5,6,7,8,9\}$, $A = \{1,2,3,4\}$, $B = \{2,4,6,8\}$ e $C = \{3,4,5,6\}$. Encontre:

(a) A^C (b) $A \cap C$ (c) $(A \cap C)^C$ (d) $A \cup B$

4. Em uma universidade são lidos dois jornais, A e B. Exatamente 80% dos alunos leem o jornal A e 60%, o jornal B. Sabendo que todo aluno é leitor de pelo menos um dos jornais, qual o percentual de alunos que leem ambos?

5. Um estudo objetivou avaliar o estado nutricional dos indivíduos de uma população. A tabela a seguir mostra as frequências relativas dos indivíduos segundo o sexo e o diagnóstico nutricional. Esse diagnóstico foi obtido conforme uma classificação baseada no índice de massa corporal (IMC).

Frequências relativas segundo o sexo e o diagnóstico nutricional.

	Sexo	
Diagnóstico nutricional	**Masculino**	**Feminino**
normal	0,16	0,19
sobrepeso	0,27	0,18
obesidade	0,12	0,08

Um indivíduo dessa população é selecionado aleatoriamente. Sejam os eventos A: o indivíduo é homem, e B: o indivíduo é obeso. Encontre as probabilidades:

(a) $P(A)$ (b) $P(B)$ (c) $P(A \cap B)$ (d) $P(A \cup B)$

(e) $P(A^C)$ (f) $P(A^C \cup B^C)$ (g) $P(A^C \cap B^C)$

6. Sejam dois eventos de um mesmo espaço amostral A e B, sendo $P(A \cup B) = 0{,}8$ e $P(A) = 0{,}5$. Encontre P(B) se:

a. A e B são mutuamente exclusivos.
b. A e B são independentes.

7. Se A e B são eventos de um mesmo espaço amostral, com $P(A) = 0{,}2$, $P(A \cup B) = 0{,}5$ e $P(A \cap B) = 0{,}1$, encontre P(B) e *odds*(B).

8. Uma fonoaudióloga está investigando a possível associação entre o tabagismo, o etilismo (alcoolismo) e um determinado distúrbio de voz. Em uma comunidade em que 6% dos indivíduos são portadores desse distúrbio de voz e 24% são tabagistas, todos os indivíduos etilistas são tabagistas (mas nem todos os tabagistas são etilistas). Nota-se que 3% dos indivíduos são, ao mesmo tempo, tabagistas, etilistas e portadores do distúrbio de voz. É conhecido também que 7% dos indivíduos são ao mesmo tempo tabagistas e etilistas, e que 5% dos indivíduos são ao mesmo tempo tabagistas e portadores do distúrbio de voz.

a. Se selecionado ao acaso um indivíduo dessa comunidade, qual é a probabilidade de esse indivíduo ser etilista?
b. Se selecionado ao acaso um indivíduo dessa comunidade, qual é a probabilidade de esse indivíduo ser portador do distúrbio de voz, dado que ele é tabagista?
c. Se selecionado ao acaso um indivíduo dessa comunidade, qual é a probabilidade de esse indivíduo ser portador do distúrbio de voz, dado que ele é etilista?

9. A importância da fisioterapia na prevenção de quedas em idosos vem sendo estudada por muitos pesquisadores. Em uma população de idosos, foi implantado por fisioterapeutas um programa de prevenção de quedas que contou com a adesão de 30% dos integrantes. Seis meses após a implementação do programa, verificou-se que 53% dos idosos (dentre todos, que aderiram ou não ao programa) sofreram uma queda. Os fisioterapeutas observaram que, entre todos os idosos da população, 7% sofreram uma queda e participaram do programa. Ao selecionarmos ao acaso um indivíduo dessa população de idosos, encontre a probabilidade de esse indivíduo:

a. Não ter participado do programa e ter sofrido uma queda.
b. Ter participado do programa e não ter sofrido uma queda.
c. Não ter participado do programa e nem ter sofrido uma queda.
d. Ter sofrido uma queda, dado que participou do programa.
e. Ter sofrido uma queda, dado que não participou do programa.
f. Ao comparar os resultados encontrados nos itens (d) e (e), temos alguma evidência de que o programa cumpriu com seu objetivo? Justifique sua resposta.

10. Em uma empresa trabalham 340 pessoas, sendo que 170 fazem com regularidade alguma atividade física e 90 fazem uso regular de algum tipo de bebida alcoólica. Foi observado que 70 pessoas fazem com regularidade alguma atividade física e também uso regular de algum tipo de bebida alcoólica. Se selecionarmos ao acaso uma pessoa entre as 340, qual a probabilidade de essa pessoa:

a. Não ser uma praticante de atividades físicas?
b. Ser uma praticante de atividades físicas, mas não fazer uso regular de algum tipo de bebida alcoólica?
c. Fazer com regularidade alguma atividade física ou uso regular de algum tipo de bebida alcoólica (ou ambos)?
d. Considere que você sabe que a pessoa selecionada faz atividades físicas regularmente. Qual é a probabilidade de ela usar regularmente alguma bebida alcoólica?
e. Considere agora que você sabe que a pessoa selecionada não faz atividades físicas regularmente. Qual é a probabilidade de ela usar regularmente alguma bebida alcoólica?
f. Com base nas respostas aos itens (d) e (e), responda a esta questão: nessa turma de estudantes que participaram da pesquisa, o hábito de ingerir bebidas alcoólicas com regularidade está mais presente em quem pratica atividades físicas ou em quem não pratica atividades físicas regularmente?

11. O bruxismo é o hábito de ranger os dentes. É considerado uma patologia de ocorrência comum, podendo ser observado em todas as faixas etárias. Uma fonoaudióloga deseja estudar a relação entre o bruxismo e as perdas auditivas. Em um grupo de 140 pessoas, ela observou que 57 eram portadoras de perdas auditivas e 20 eram portadoras de bruxismo. E, ainda, observou que 5 pessoas eram portadoras de bruxismo, mas não portadoras de perdas auditivas. Se uma pessoa desse grupo é selecionada ao acaso:

a. Qual é a probabilidade de ela ser portadora de perda auditiva, dado que ela é portadora de bruxismo?
b. Qual é a probabilidade de ela ser portadora de perda auditiva, dado que ela não é portadora de bruxismo?

c. De acordo com suas respostas aos itens (a) e (b), há evidências de uma relação entre bruxismo e perdas auditivas? Justifique sua resposta.

12. Uma empresa possui 200 funcionários. Uma fonoaudióloga constatou que 80 funcionários dessa empresa são portadores de perda auditiva. Foi também verificado que 100 funcionários frequentam bailes *funk*, o que levou a fonoaudióloga a acreditar que esse hábito seria um fator de risco para as perdas auditivas. Considere que 75 funcionários frequentam bailes *funk* e possuem perda auditiva. Se selecionarmos ao acaso um funcionário dessa empresa, encontre:

a. A probabilidade de o funcionário selecionado não frequentar bailes *funk* e não possuir perda auditiva.
b. A probabilidade de o funcionário possuir perda auditiva e não frequentar bailes *funk*.
c. A probabilidade de o funcionário frequentar bailes *funk* e não possuir perda auditiva.
d. A probabilidade de o funcionário possuir perda auditiva dado que ele frequenta bailes *funk*.
e. A probabilidade de o funcionário possuir perda auditiva dado que ele não frequenta bailes *funk*.
f. Com base nas respostas aos itens anteriores, há alguma evidência de que, entre esses funcionários, a frequência a bailes *funk* está associada a perdas auditivas?

13. No estudo de Antunes et al. (2013), 9.836 indivíduos com suspeita de infecção por dengue foram testados usando o Elisa IgM-anti-DENV. Esse procedimento é considerado um padrão-ouro para infecção por dengue. Por sua vez, a prova do laço é um exame simples feito em casos de suspeita de dengue. A tabela a seguir exibe os resultados da prova do laço e do Elisa IgM-anti-DENV.

Resultados da prova do laço e do Elisa IgM-anti-DENV.

		ELISA IgM	
		Positivo	**Negativo**
Prova do laço	Positivo	774	789
	Negativo	3.273	5.000
	Total	4.047	5.789

Encontre a sensibilidade e a especificidade da prova do laço, com base nesses resultados.

CAPÍTULO 6

Distribuições teóricas de probabilidade envolvendo variáveis discretas

Se uma variável pode assumir uma série de valores diferentes tal que qualquer resultado particular seja determinado pelo "acaso", ela é uma **variável aleatória.**

Seja, por exemplo, a variável número de filhos, denotada por X. Suponha que em uma dada população de mulheres adultas, 33% não possuem filhos, 25% possuem um filho, 20% possuem dois filhos, 12% possuem três filhos, 7% possuem quatro filhos e 3% possuem cinco filhos. Dado que nenhuma mulher possui mais de cinco filhos nessa população, entendemos que os possíveis resultados para a variável X são os eventos $\{X = 0\}$, $\{X = 1\}$, $\{X = 2\}$, $\{X = 3\}$, $\{X = 4\}$, e $\{X = 5\}$.

De acordo com as frequências relativas de cada evento nessa população, podemos atribuir probabilidades a esses eventos. Por exemplo, a probabilidade de escolhermos ao acaso uma mulher adulta sem filhos dessa população é:

$$P(\{X = 0\}) = 0{,}33$$

Por simplicidade, vamos omitir as chaves dos eventos envolvendo variáveis aleatórias dentro do sinal de probabilidade. Assim, ao escolhermos ao acaso uma mulher adulta dessa população, podemos escrever as seguintes probabilidades:

$$P(X=x)=\begin{cases} 0,33 \; se \; x=0 \\ 0,25 \; se \; x=1 \\ 0,20 \; se \; x=2 \\ 0,12 \; se \; x=3 \\ 0,07 \; se \; x=4 \\ 0,03 \; se \; x=5 \\ 0 \; se \; x \notin \{0,1,2,3,4,5\} \end{cases}$$

Essas probabilidades são descritas no gráfico da Figura 6.1.

Note que $P(X = 0) + P(X = 1) + P(X = 2) + P(X = 3) + P(X = 4) + P(X = 5) = 1$.

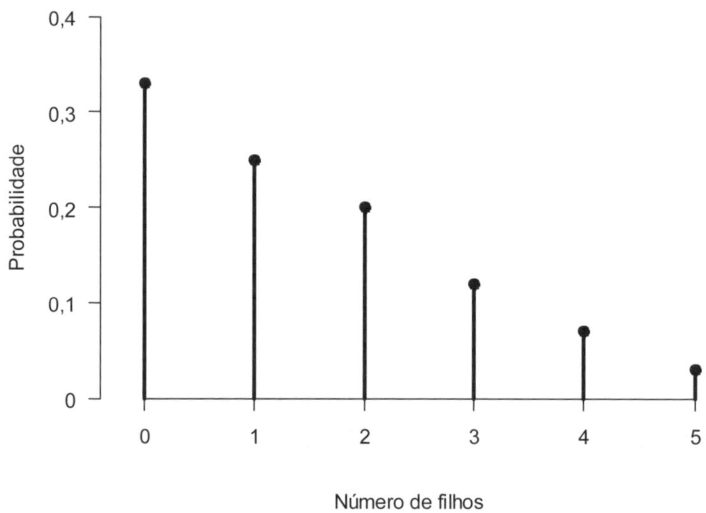

Figura 6.1 Probabilidades $P(X = x)$.

Qual é a probabilidade de escolhermos ao acaso nessa população uma mulher com menos de três filhos? Essa probabilidade é denotada por:

$$P(X < 3) = P(X = 0 \text{ ou } X = 1 \text{ ou } X = 2).$$

Dado que os eventos $X = 0$, $X = 1$ e $X = 2$ são mutuamente exclusivos (obviamente nenhuma mulher possui ao mesmo tempo nenhum, um ou dois filhos), podemos escrever:

$$P(X < 3) = P(X = 0) + P(X = 1) + P(X = 2).$$

Dessa forma:

$$P(X < 3) = 0{,}33 + 0{,}25 + 0{,}20 = 0{,}78$$

Note que essa probabilidade é diferente de $P(X \leq 3)$. A probabilidade de uma mulher escolhida ao acaso possuir três filhos ou menos é dada por:

$$P(X \leq 3) = P(X = 0) + P(X = 1) + P(X = 2) + P(X = 3).$$

ou seja, $P(X \leq 3) = 0{,}33 + 0{,}25 + 0{,}20 + 0{,}12 = 0{,}90$.

Qual é a probabilidade de escolhermos ao acaso nessa população uma mulher com ao menos um filho? Dado que o evento "ter ao menos um filho" é complementar ao evento "não ter nenhum filho", essa probabilidade é dada por:

$$P(X > 0) = 1 - P(X = 0) = 1 - 0{,}33 = 0{,}67.$$

6.1 MÉDIA DE UMA VARIÁVEL ALEATÓRIA DISCRETA

A média de uma variável aleatória discreta denotada por X é dada pela expressão:

$$E(X) = \sum_i x_i \times P(X = x_i),$$

em que o símbolo Σ indica que estamos somando todas as possibilidades do produto $x_i \times P(X = x_i)$. Em estatística, diz-se que a média de uma variável discreta X é dada por seu valor esperado (ou esperança). Daí a notação $E(X)$.

No exemplo anterior, temos:

$$E(X) = 0 \times 0{,}33 + 1 \times 0{,}25 + 2 \times 0{,}20 + 3 \times 0{,}12 + 4 \times 0{,}07 + 5 \times 0{,}03 = 1{,}44$$

Assim, o número médio de filhos das mulheres daquela população é 1,44.

6.2 DESVIO PADRÃO DE UMA VARIÁVEL ALEATÓRIA DISCRETA

A variância de uma variável aleatória discreta denotada por X é dada pela expressão:

$$Var(X) = \sum_i [x_i - E(X)]^2 \times P(X = x_i).$$

O cálculo dessa expressão se torna mais fácil se utilizarmos:

$$Var(X) = \left[\sum_i x_i^2 \times P(X = x_i)\right] - [E(X)]^2.$$

No exemplo anterior, temos que a soma $\sum_i x_i^2 \times P(X = x_i)$ é dada por:

$$0^2 \times 0{,}33 + 1^2 \times 0{,}25 + 2^2 \times 0{,}20 + 3^2 \times 0{,}12 + 4^2 \times 0{,}07 + 5^2 \times 0{,}03 = 4$$

A variância de X é então dada por $Var(X) = 4 - 1{,}44^2 \cong 1{,}93$, sendo que o sinal $\cong$ significa "aproximadamente igual a".

Lembrando que o desvio padrão de uma variável é dado pela raiz quadrada de sua variância, temos que o desvio padrão do número de filhos das mulheres daquela população é 1,39.

6.3 ENSAIO DE BERNOULLI

Um experimento aleatório cujo resultado é sempre classificado em somente duas categorias é chamado **ensaio de Bernoulli**. Podemos considerar os seguintes exemplos:

a. Um indivíduo de um grupo específico é escolhido ao acaso e observamos se ele é portador ou não de uma determinada doença.
b. Observamos se um indivíduo escolhido ao acaso foi exposto ou não a um fator de risco conhecido para dada doença.
c. Um indivíduo é submetido a um teste para uma doença, cujo resultado é positivo ou negativo.
d. Selecionamos ao acaso um estudante e anotamos se ele é fumante ou não fumante.
e. Plantamos uma semente, que pode germinar ou não germinar.

Os resultados de um ensaio de Bernoulli são então expressos na forma de uma variável aleatória denotada por X, que assume sempre valores 0 e 1. Por exemplo, se escolhemos ao acaso um indivíduo de uma dada população e observamos se ele é ou não portador de uma doença específica, podemos atribuir o valor 1 a essa variável se ele é portador da doença, e 0 caso contrário. Nosso espaço amostral é Ω = {"portador da doença", "não portador da doença"}.

Vamos denotar por p a probabilidade de o indivíduo escolhido ser portador da doença. Temos então:

$$P(X = 1) = p$$

e

$$P(X = 0) = 1 - p.$$

Lembramos que a probabilidade de um evento não ocorrer é 1 menos a probabilidade de ele ocorrer. Vamos considerar que a probabilidade de X assumir um valor que não é 0 ou 1 é igual a zero, dado que esse evento seria de ocorrência impossível. Assim, podemos escrever de modo genérico a expressão:

$$P(X = x) = p^x (1 - p)^{1-x}, \text{ se } x \text{ é igual a 0 ou 1}$$
$$P(X = x) = 0, \text{ caso contrário.}$$

Para entendermos essa expressão, lembramos que todo número real elevado a zero é igual a 1, e todo número real elevado a 1 é igual a ele próprio.

Uma variável aleatória X, com essas características, é chamada variável aleatória de Bernoulli.

Considere, por exemplo, que a taxa de prevalência de uma doença em uma dada população é de 1 caso em cada 100 habitantes. Assim, ao escolhermos ao acaso um habitante dessa população, a probabilidade de esse indivíduo ser portador da doença é $p = 0{,}01$. Se atribuirmos à variável X o valor 1 se o indivíduo selecionado é portador da doença e 0 caso contrário, temos:

$$P(X = 0) = p^0 (1 - p)^{1-0} = 0{,}01^0 \times 0{,}99^1 = 0{,}99$$

e

$$P(X = 1) = p^1 (1 - p)^{1-1} = 0{,}01^1 \times 0{,}99^0 = 0{,}01.$$

Esse conceito será bastante útil para entendermos a distribuição binomial, bastante utilizada em pesquisas em saúde.

6.4 DISTRIBUIÇÃO BINOMIAL

Suponha que temos uma dada quantidade de sementes de uma mesma planta, e a probabilidade de cada uma germinar quando plantada é $p = 0{,}8$. Vamos chamar de "sucesso" a germinação de uma semente e de "fracasso" sua não germinação. Ao colocarmos uma semente na terra estamos então realizando um ensaio de Bernoulli, cujo espaço amostral é $\Omega = \{S,F\}$, em que S denota um sucesso e F, um fracasso. Vamos atribuir a uma variável aleatória X o valor 1 quando a semente germina (sucesso) e 0 quando ela não germina (fracasso). Assim:

$$P(S) = P(X = 1) = p = 0{,}8$$

e

$$P(F) = P(X = 0) = 1 - p = 0{,}2.$$

E, ainda, vamos considerar que $P(X = x)$ é igual a zero se x não é igual a 0 ou igual a 1.

Se plantamos duas sementes, nosso espaço amostral agora é $\Omega = \{SS,SF,FS,FF\}$. Denotamos então SS o evento em que as duas sementes germinam, SF o evento em que a primeira semente germina, mas a segunda não, FS o evento em que a primeira semente não germina, mas a segunda germina, e FF o evento em que ambas as sementes não germinam. Estamos, nesse caso, realizando dois ensaios de Bernoulli. Se entendemos que a probabilidade de a segunda semente germinar independe do fato de a primeira semente ter ou não germinado, dizemos que estamos realizando dois ensaios de Bernoulli independentes.

Qual seria a probabilidade de as duas sementes colocadas na terra germinarem? Lembramos que, quando dois eventos são independentes, a probabilidade de ambos ocorrerem é dada pelo produto das probabilidades de ocorrência de cada um. Assim, a probabilidade de as duas sementes germinarem é de:

$$P(SS) = p \times p = 0{,}8 \times 0{,}8 = 0{,}64.$$

Com base nesse mesmo raciocínio, a probabilidade de a primeira semente germinar, mas a segunda não germinar, é dada por:

$$P(SF) = p \times (1 - p) = 0{,}8 \times 0{,}2 = 0{,}16.$$

A probabilidade de a primeira semente não germinar, mas a segunda germinar, é:

$$P(\text{FS}) = (1 - p) \times p = 0{,}2 \times 0{,}8 = 0{,}16.$$

A probabilidade de nenhuma semente germinar é:

$$P(\text{FF}) = (1 - p) \times (1 - p) = 0{,}2 \times 0{,}2 = 0{,}04.$$

Note que $P(\text{SS}) + P(\text{SF}) + P(\text{FS}) + P(\text{FF}) = 0{,}64 + 0{,}16 + 0{,}16 + 0{,}04 = 1$.

Vamos definir agora outra variável aleatória, denotada por Y, que se refere ao número de sementes que germinaram em n ensaios de Bernoulli. Se nós plantamos $n = 2$ sementes, podem germinar duas, uma ou nenhuma semente. Assim, Y assume valores 0, 1 ou 2. A probabilidade de Y ser zero é:

$$P(Y = 0) = P(\text{FF}) = 0{,}04.$$

A probabilidade de uma semente germinar (não importa se é a primeira ou a segunda) é dada por:

$$P(Y = 1) = P(\text{SF}) + P(\text{FS}) = 0{,}16 + 0{,}16 = 0{,}32.$$

Nesse caso, podemos somar as probabilidades $P(\text{SF})$ e $P(\text{FS})$ considerando que os eventos SF e FS são mutuamente exclusivos. Finalmente, temos:

$$P(Y = 2) = P(\text{SS}) = 0{,}64.$$

Se plantarmos três sementes, estamos realizando três ensaios de Bernoulli, e o espaço amostral agora é $\Omega = \{\text{SSS,SFF,FSF,FFS,SSF,SFS,FSS,FFF}\}$. A variável aleatória Y, que se refere ao número de sementes que germinaram em $n = 3$ ensaios de Bernoulli, agora assume os valores 0, 1, 2 ou 3. A probabilidade de Y ser zero, ou seja, nenhuma das três sementes plantadas germinarem é:

$$P(Y = 0) = P(\text{FFF}) = (1 - p) \times (1 - p) \times (1 - p) = (1 - p)^3 = 0{,}2^3 = 0{,}008.$$

A probabilidade de uma das sementes germinar (não importa qual) é:

$$P(Y = 1) = P(\text{SFF}) + P(\text{FSF}) + P(\text{FFS}).$$

Se plantadas $n = 3$ sementes, há então três maneiras de exatamente uma germinar. Se a probabilidade de cada semente germinar independe do fato de as demais terem ou não germinado, as probabilidades $P(\text{SFF})$, $P(\text{FSF})$ e $P(\text{FFS})$ são iguais. A probabilidade $P(\text{SFF})$, por exemplo, é:

$$P(\text{SFF}) = p \times (1 - p) \times (1 - p) = p \times (1 - p)^2 = 0{,}8 \times 0{,}2^2 = 0{,}032.$$

A probabilidade $P(Y = 1)$ é então dada por:

$$P(Y = 1) = 3 \times 0{,}032 = 0{,}096.$$

Se plantadas $n = 3$ sementes, há também três maneiras de exatamente duas germinarem. Ainda considerando que a probabilidade de cada semente germinar independe do fato de as demais terem ou não germinado, as probabilidades $P(\text{SSF})$, $P(\text{SFS})$ e $P(\text{FSS})$ são iguais. A probabilidade $P(\text{SSF})$, por exemplo, é:

$$P(\text{SSF}) = p \times p \times (1 - p) = p^2 \times (1 - p) = 0{,}8^2 \times 0{,}2 = 0{,}128.$$

A probabilidade $P(Y = 2)$ é então dada por:

$$P(Y = 2) = 3 \times 0{,}128 = 0{,}384.$$

Finalmente, a probabilidade de germinar todas as três sementes plantadas é:

$$P(Y = 3) = P(\text{SSS}) = p \times p \times p = p^3 = 0{,}8^3 = 0{,}512.$$

Note que $P(Y = 0) + P(Y = 1) + P(Y = 2) + P(Y = 3) = 0{,}008 + 0{,}096 + 0{,}384 + 0{,}512 = 1$.

Haveria alguma forma de escrevermos uma expressão "genérica" para $P(Y = y)$, ou seja, a probabilidade de encontrarmos y "sucessos" em n ensaios independentes de Bernoulli? Do exemplo anterior, observamos que:

$$P(Y = 0) = (1 - p)^3$$
$$P(Y = 1) = 3 \times p \times (1 - p)^2$$
$$P(Y = 2) = 3 \times p^2 \times (1 - p)$$

e

$$P(Y = 3) = p^3.$$

Essas expressões poderiam ser escritas "genericamente" da seguinte maneira:

$$P(Y = y) = \left(\begin{array}{c} \textit{número de maneiras em que} \\ \textit{podemos encontrar } y \textit{ "sucessos" em } n \\ \textit{ensaios independentes de Bernouilli} \end{array} \right) p^y (1-p)^{n-y},$$

se y é um número inteiro entre 0 e n. Caso contrário, definimos $P(Y = y) = 0$. O número de maneiras em que podemos encontrar y "sucessos" em n ensaios de Bernoulli é dado pelo conceito matemático de combinações, dado por:

$$\binom{n}{y} = \frac{n!}{(n-y)!y!}.$$

Mais informações sobre o conceito de combinações podem ser encontradas no Apêndice I.

Escrevemos, assim,

$$P(Y = y) = \binom{n}{y} p^y (1-p)^{n-y},$$

se y é um número inteiro entre 0 e n. Em relação a essa variável aleatória Y, notamos que:

a. estamos considerando n ensaios de Bernoulli,
b. esses ensaios são independentes entre si, e
c. a probabilidade de sucesso é igual a p em todos os ensaios.

Dizemos que uma variável aleatória Y com essas três características segue uma distribuição binomial.

A média de uma variável aleatória Y que segue uma distribuição binomial é:

$$E(Y) = np.$$

Assim, por exemplo, se a probabilidade de cada semente germinar quando plantada é $p = 0{,}8$, e nós plantamos 20 sementes, esperamos que $20 \times 0{,}8 = 16$ sementes germinem.

6.5 DISTRIBUIÇÃO DE POISSON

O físico e matemático francês Siméon Denis Poisson (1781-1840) introduziu uma distribuição discreta de probabilidade muito usada na pesquisa epidemiológica. Se Y é uma variável aleatória que segue uma distribuição binomial, vimos que a probabilidade de obtermos y "sucessos" em n ensaios independentes de Bernoulli é dada por:

$$P(Y=y) = \binom{n}{y} p^{y}(1-p)^{n-y},$$

se y são valores inteiros que variam de 0 a n. Se n é um número bastante grande e a probabilidade p é um valor bastante pequeno, a probabilidade $P(Y = y)$ é dada por:

$$P(Y=y) = \frac{e^{-\lambda}\lambda^{y}}{y!},$$

se y é um número inteiro, maior ou igual a zero. Caso contrário, definimos $P(Y = y) = 0$.

Nessa expressão, e é o número de Euler (ver Apêndice B). Assim, $e^{-\lambda} = \exp(-\lambda)$ é o número de Euler elevado a $-\lambda$, ou a função exponencial de $-\lambda$ (ver Apêndice C para mais detalhes).

Dizemos, então, que Y é uma variável aleatória que segue uma distribuição de Poisson. Nessa expressão, temos que $\lambda = np$, sendo λ um número maior que zero. O ponto de exclamação ao lado de y indica o fatorial desse número, dado pelo produto:

$$y! = y\times(y-1)\times(y-2)\times \ldots \times 1$$

se y é um número inteiro e maior que 0. Por exemplo:

$$5! = 5 \times 4 \times 3 \times 2 \times 1 = 120.$$

Em particular, temos que $0! = 1$. Outros comentários sobre o fatorial de um número são apresentados no Apêndice H.

Por exemplo, seja uma cidade em que vivem n = 500 mil pessoas. Considere que a probabilidade de uma pessoa portar uma determinada doença é 0,00001. Temos, assim, $\lambda = 500.000 \times 0,00001 = 5$, e a probabilidade de encontrarmos y portadores desta doença nessa cidade é:

$$P(Y = y) = \frac{e^{-5} \times 5^y}{y!}.$$

Dado que $5^0 = 1$ e $0! = 1$, temos que a probabilidade de não encontrarmos nenhum caso dessa doença nessa cidade é:

$$P(Y = 0) = e^{-5} \cong 0,0067.$$

Dado que $5^1 = 5$ e $1! = 1$, a probabilidade de encontrarmos um único caso dessa doença nessa cidade é:

$$P(Y = 1) = e^{-5} \times 5 \cong 0,0337.$$

Dado que $5^2 = 25$ e $2! = 2$, a probabilidade de encontrarmos dois casos dessa doença nessa cidade é:

$$P(Y = 2) = \frac{e^{-5} \times 25}{2} \cong 0,0842.$$

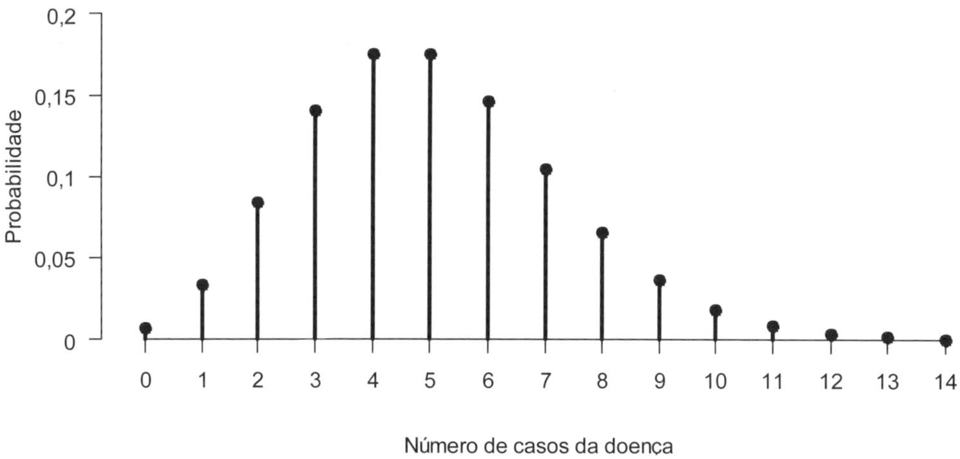

Figura 6.2 Probabilidades $P(Y = y)$, em que y é uma variável aleatória que segue uma distribuição de Poisson com $\lambda = 5$.

As probabilidades de encontrarmos y portadores dessa doença são exibidas no gráfico da Figura 6.2, para valores de y variando de 0 a 14. Teoricamente, y pode assumir valores maiores que 14, mas a probabilidade $P(Y = y)$ quando y é maior que 14 é muito próxima a zero. Por isso, esses valores não são exibidos no gráfico.

Uma propriedade importante de uma variável aleatória Y que segue uma distribuição de Poisson nos mostra que a média e a variância de Y são iguais a λ. Assim,

$$E(Y) = Var(Y) = \lambda$$

Consequentemente, o desvio padrão de uma variável aleatória que segue uma distribuição de Poisson é $\sqrt{\lambda}$.

Em nosso exemplo, a média de Y é $\lambda = 5$, e o desvio padrão é $\sqrt{\lambda} = \sqrt{5} \cong 2,24$.

Assim, se a população da cidade é igual a 500 mil pessoas e a probabilidade de uma pessoa portar uma determinada doença é 0,00001, entendemos que é esperado encontrarmos $\lambda = 5$ casos da doença.

De modo geral, a distribuição de Poisson é bastante útil em estudos em que a variável de interesse é de natureza quantitativa discreta. Suponha que, em uma população de idosos usuários de unidades de atenção primária à saúde de um município, o número médio de medicamentos em uso é $\lambda = 4,7$. Vamos supor que o número de medicamentos é uma variável quantitativa discreta denotada por Y, que segue uma distribuição de Poisson. Nesse caso, o desvio padrão dessa variável é $\sqrt{\lambda} = \sqrt{4,7} \cong 2,17$ medicamentos. Se selecionarmos ao acaso um idoso dessa população, qual a probabilidade de ele não utilizar nenhum medicamento? A resposta é:

$$P(Y = 0) = e^{-4,7} \cong 0,009.$$

Qual é a probabilidade de um idoso selecionado dessa população utilizar atualmente dois medicamentos? A resposta é:

$$P(Y = 2) = \frac{e^{-4,7} \times 4,7^2}{2} \cong 0,1.$$

6.6 PARA SABER MAIS

Neste capítulo, apresentamos a distribuição binomial e a distribuição de Poisson, bastante importantes na pesquisa médica e epidemiológica. Em muitos estudos que envolvem dados de contagem, como o número de casos de uma determinada doença em uma população específica, os pesquisadores utilizam a distribuição de Poisson para descrever essa variável. Em algumas situações, os pesquisadores investigam se a média λ de seus dados é influenciada por outras variáveis, como sexo, faixa etária e classe econômica. Nesse caso, os chamados modelos de Poisson são bastante úteis.

Uma limitação importante da distribuição de Poisson é que ela assume que a média e a variância dos dados são iguais. Por outro lado, nossos dados podem não se ajustar a essa distribuição por ter uma variabilidade maior que sua média. Nessa situação, pode ser mais adequado utilizarmos outras distribuições discretas, como a binomial negativa. Outra distribuição discreta importante nos estudos em saúde é a beta-binomial. Assim, em algumas análises de dados, é comum tentarmos várias distribuições discretas diferentes, até encontrarmos aquela que melhor se ajusta a nossos dados.

6.7 EXERCÍCIOS

1. Dentre as gestantes atendidas em uma maternidade, 10,2% não fizeram consultas pré-natais, 19,9% fizeram uma única consulta, 24,8% fizeram duas consultas, 33,6% fizeram três consultas e 11,5% fizeram quatro consultas.

   a. Se escolhermos ao acaso uma dessas gestantes, qual a probabilidade de ela ter feito ao menos uma consulta pré-natal?
   b. Se escolhermos ao acaso uma dessas gestantes, qual a probabilidade de ela ter feito três ou mais consultas pré-natais?
   c. Em média, essas gestantes fizeram quantas consultas pré-natais?

2. O que é um ensaio de Bernoulli?

3. Para que uma variável quantitativa discreta *Y* possa ser considerada uma variável que segue uma distribuição binomial, três propriedades precisam ser satisfeitas. Quais são essas propriedades?

4. Em que situação a distribuição binomial é aproximada pela distribuição de Poisson?

5. Um casal planeja ter seis filhos. Qual será a probabilidade de:

a. Todos os filhos do casal serem de sexo masculino?
b. Todos os filhos do casal serem de sexo feminino?
c. Metade dos filhos ser de sexo feminino?
d. Um único filho ser de sexo masculino?

6. Segundo os registros médicos, 30% dos idosos cadastrados em uma unidade de saúde são portadores de diabetes. Uma pesquisadora vai selecionar ao acaso 50 idosos para participar de um grupo de educação em saúde. Qual será a probabilidade de ela selecionar:

a. 15 portadores de diabetes?
b. 20 portadores de diabetes?

7. Acredita-se que 37% dos adultos saudáveis de uma cidade, aptos a doar sangue, sejam portadores de sangue tipo A. Se cinco adultos aparecessem para doar sangue em uma tarde, qual seria a probabilidade de encontrarmos entre eles:

a. Nenhum portador de sangue tipo A?
b. Ao menos um portador de sangue tipo A?
c. Um único portador de sangue tipo A?
d. Cinco portadores de sangue tipo A?

8. Suponha que, em um país, o número de casos de malária durante o período de um mês seja uma variável aleatória com distribuição de Poisson com $\lambda = 7$. Considere $e^{-7} \cong 0,0009$.

a. Qual a probabilidade de ser registrado um único caso de malária em um determinado mês?
b. Qual a probabilidade de ser registrado nenhum caso de malária em um determinado mês?
c. Qual a probabilidade de serem registrados três casos de malária em um determinado mês?
d. Qual a probabilidade de ser registrado pelo menos um caso de malária em um determinado mês?

9. Um estudo objetiva avaliar com que frequência a população adulta de um município utiliza algum serviço de saúde para consulta médica. O número de consultas em um ano para cada habitante é uma variável quantitativa discreta, que assume valores inteiros maiores ou iguais a zero. Os pesquisadores observaram em uma amostra que a média do número de consultas em um ano é 3, e o respectivo desvio padrão é 4,7. Explique por que a distribuição de Poisson não é adequada a esses dados.

CAPÍTULO 7

A distribuição normal

Neste capítulo, discutiremos como podemos atribuir probabilidades a eventos que se expressam na forma de uma variável contínua. Um conceito bastante importante para esse propósito é a densidade, que será abordada na próxima seção.

7.1 DENSIDADE

Os valores a seguir referem-se ao índice de massa corporal (IMC) de n = 154 mulheres adultas, medido em kg/m^2.

42,8	31,7	25,2	35,3	34,1	27,0	32,3	36,5	25,7	23,0	31,8	23,3
34,0	30,1	28,4	28,6	34,6	40,6	24,6	28,4	30,4	34,6	22,4	39,2
28,3	31,4	25,9	32,9	36,0	25,0	33,6	32,3	29,9	27,1	29,2	26,6
34,4	26,8	30,3	48,5	24,6	33,8	37,7	33,4	26,8	33,0	29,9	40,0
31,2	30,1	27,8	24,2	24,5	31,6	34,5	27,7	27,6	28,6	24,3	26,4
31,0	26,6	28,9	34,5	32,2	35,5	30,0	31,3	33,1	27,4	26,4	31,3
28,5	36,0	36,3	28,9	44,1	24,4	25,0	34,9	30,3	35,4	26,1	34,6
31,2	30,3	28,8	27,3	24,4	36,7	25,8	30,8	32,6	27,7	28,3	38,8

30,6	40,0	34,7	32,0	24,6	23,5	24,0	34,1	31,7	23,2	32,6	39,2
30,6	28,6	25,3	29,9	27,8	19,0	39,5	39,2	30,1	31,7	34,0	32,6
31,5	34,7	26,0	35,6	22,7	26,8	26,8	27,4	22,9	30,3	29,4	32,8
24,3	32,3	29,7	16,3	22,8	35,9	40,0	34,8	30,1	34,8	28,4	33,3
39,9	35,9	29,2	35,3	28,9	32,4	34,9	32,0	26,7	27,9		

O primeiro passo é construir um histograma para o IMC. Para os propósitos do presente capítulo, vamos assumir que todos os intervalos de classe do histograma possuem a mesma amplitude (veja a Tabela 7.1).

Tabela 7.1 Tabela de frequências para o índice de massa corporal (IMC, em kg/m²) de 154 mulheres adultas.

Intervalo de classe (kg/m²)	Frequência absoluta	Frequência relativa	Ponto médio (kg/m²)	Amplitude do intervalo (kg/m²)	Densidade
15,0 ⊣ 20,0	2	1,3%	17,5	5,0	0,0026
20,0 ⊣ 25,0	20	13,0%	22,5	5,0	0,0260
25,0 ⊣ 30,0	48	31,2%	27,5	5,0	0,0624
30,0 ⊣ 35,0	58	37,7%	32,5	5,0	0,0754
35,0 ⊣ 40,0	22	14,3%	37,5	5,0	0,0286
40,0 ⊣ 45,0	3	1,9%	42,5	5,0	0,0038
45,0 ⊣ 50,0	1	0,6%	47,5	5,0	0,0012

Lembramos que as frequências absolutas são as contagens de observações que se situam em cada intervalo de classe, enquanto as frequências relativas são obtidas da divisão entre as frequências absolutas e o tamanho da amostra. A soma das frequências absolutas é n = 154 e a soma das frequências relativas é necessariamente 100%. O ponto médio é o valor que se encontra no centro de cada intervalo de classe. Por exemplo, o ponto médio do primeiro intervalo de classe é (15+20)/2 = 17,5 kg/m^2.

O histograma baseado nas frequências absolutas é então apresentado a seguir. A altura de cada um dos retângulos que compõem a figura é dada pela frequência absoluta do respectivo intervalo de classe, e a base de cada retângulo é a respectiva amplitude (sempre igual a 5 kg/m^2).

A última coluna da Tabela 7.1 de frequências apresenta as densidades para cada um dos intervalos de classe. As densidades são dadas por:

$$\text{Densidade} = \frac{\text{frequência relativa}}{\text{amplitude}}.$$

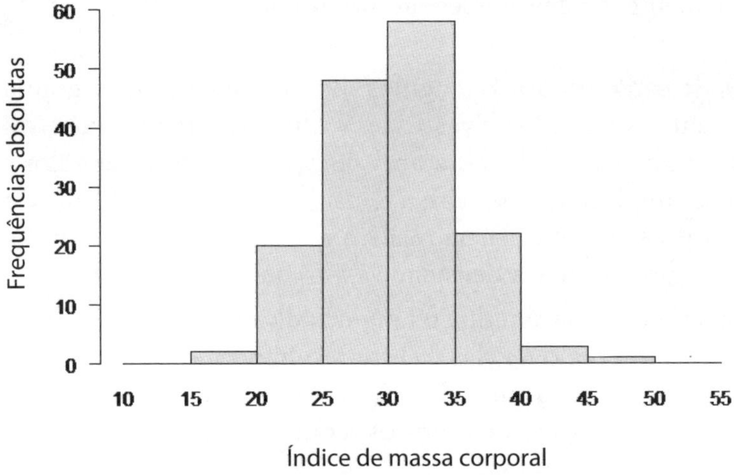

Figura 7.1 Histograma para o índice de massa corporal de 154 mulheres adultas.

Na física, o conceito de densidade diz respeito a uma quantificação da concentração de massa de um corpo em um determinado volume. Em nosso caso, a densidade em algum senso expressa uma quantificação da informação que temos em cada intervalo de classe em relação a seu tamanho (amplitude).

A Figura 7.2 mostra o histograma para o IMC das 154 mulheres adultas, mas agora a altura de cada um dos retângulos que compõem a figura é dada pela densidade.

Observe que, em relação a sua forma, esse histograma é idêntico ao anterior. Isso acontece porque as amplitudes de cada um dos intervalos de classe são iguais

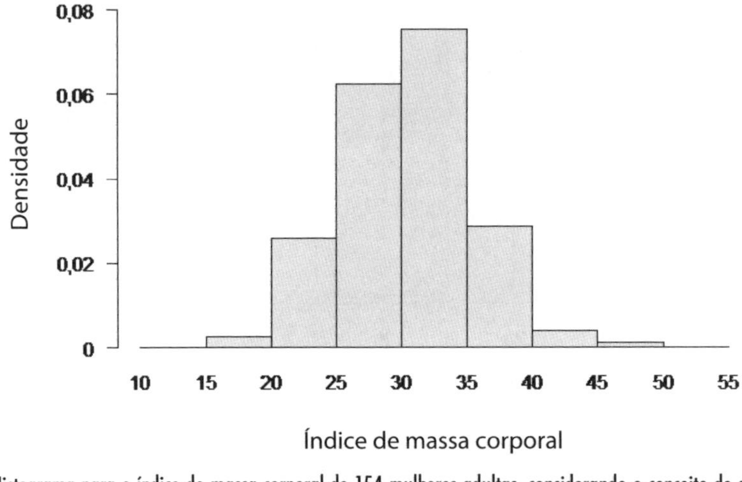

Figura 7.2 Histograma para o índice de massa corporal de 154 mulheres adultas, considerando o conceito de densidade.

e, consequentemente, as densidades são proporcionais às frequências absolutas e relativas.

As áreas de cada um dos retângulos que compõem o histograma são dadas pelo produto entre suas respectivas bases e alturas. Quando construímos o histograma utilizando as densidades, a área de cada um dos retângulos é dada pelo produto entre a amplitude (a base) e a densidade (a altura). Mas, se a densidade em cada intervalo é sua frequência relativa dividida pela sua amplitude, então o produto entre a amplitude e a densidade é a frequência relativa.

Assim, a área de cada um dos retângulos do histograma é a frequência relativa do respectivo intervalo de classe. Esse resultado só é válido se construímos o histograma de modo que a alturas dos retângulos sejam as respectivas densidades. Nesse caso, a soma das áreas de todos os retângulos que compõem o histograma é sempre 1.

Por exemplo, seja o retângulo destacado no histograma da Figura 7.3. Sua base é igual a 5 (a amplitude do intervalo) e a altura é 0,0624 (a densidade). A área desse retângulo é 5 × 0,0624 = 0,312, ou 31,2%. Observe que esse valor é justamente a frequência relativa para esse intervalo.

Se escolhermos ao acaso um indivíduo entre os 154 que compõem a amostra, qual a probabilidade de seu IMC estar entre 25 e 30 kg/m^2? Essa probabilidade é a área do retângulo sombreado na figura anterior, ou seja, 0,312.

Se escolhermos ao acaso um indivíduo entre os 154 que compõem a amostra, qual a probabilidade de seu IMC estar entre 25 e 35 kg/m^2? Essa probabilidade é a soma das áreas dos retângulos associados aos intervalos de 25 a 30 kg/m^2 e de 30 e 35 kg/m^2, sombreados na Figura 7.4.

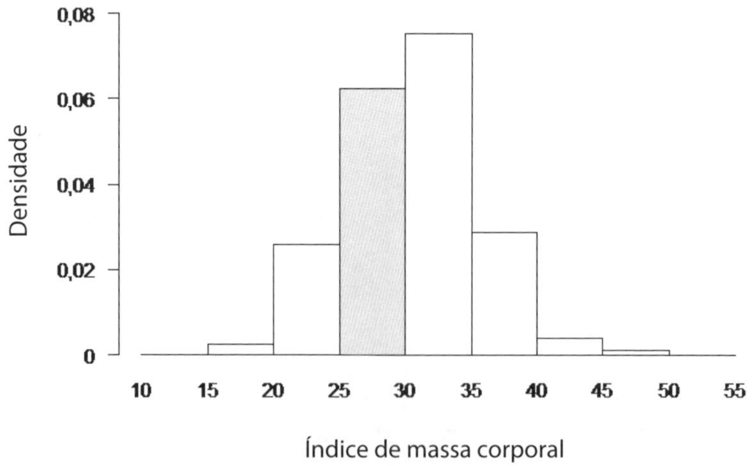

Figura 7.3 Histograma para o índice de massa corporal de 154 mulheres adultas, destacando o intervalo de classe 25,0 ⊣ 30,0 kg/m^2.

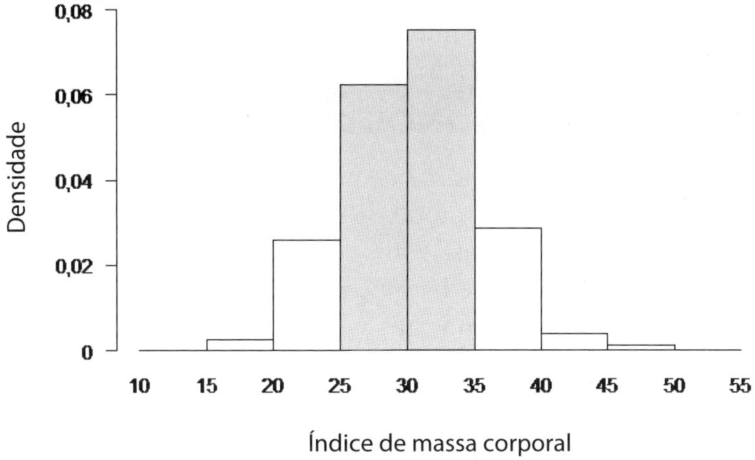

Figura 7.4 Histograma para o índice de massa corporal de 154 mulheres adultas, destacando os intervalos de classe 25,0 ⊣ 30,0 e 30,0 ⊣ 35,0 kg/m^2.

Se escolhermos ao acaso um indivíduo entre os 154 que compõem a amostra, qual a probabilidade de seu IMC estar entre 27 e 34 kg/m^2? Essa probabilidade pode ser aproximada pela soma das áreas dos dois retângulos sombreados na figura a seguir. O primeiro retângulo tem base tamanho 30 – 27 = 3 e uma altura 0,0624 (a densidade). Sua área é, portanto, 0,1872. O segundo retângulo tem base tamanho 34 – 30 = 4 e altura igual a 0,0754 (a densidade). Portanto, sua área é 0,3016. Assim, a probabilidade de o IMC de um indivíduo escolhido ao acaso estar entre 27 e 34 kg/m^2 é aproximadamente 0,1872 + 0,3016 = 0,4888.

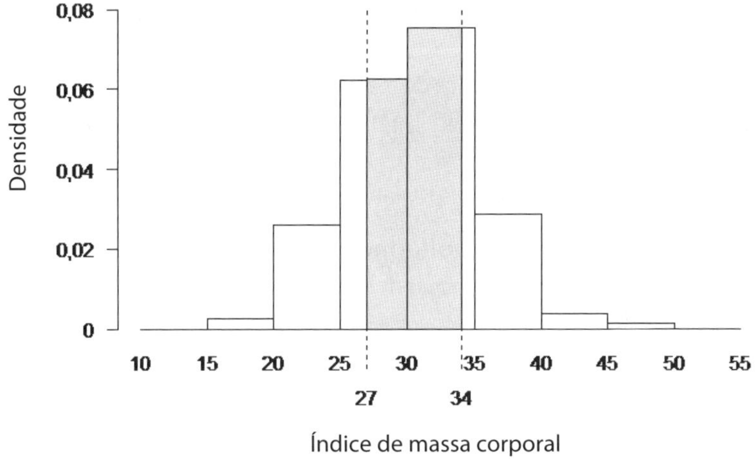

Figura 7.5 Histograma para o índice de massa corporal (IMC) de 154 mulheres adultas, destacando os retângulos cuja soma das áreas é a probabilidade de o IMC de um indivíduo escolhido ao acaso estar entre 27 e 34 kg/m^2.

Assim, entendemos que o conceito de densidade é útil para estabelecermos probabilidades quando a variável de interesse é de natureza quantitativa contínua.

7.2 DENSIDADE E POLÍGONOS DE FREQUÊNCIAS

Vamos anotar em nosso histograma as posições dos pontos médios de todos os intervalos de classe, projetadas no topo de cada um dos respectivos retângulos, e conectá-las com segmentos de retas. Vamos imaginar que existe outro intervalo de classe de mesma amplitude, imediatamente antes do primeiro retângulo do histograma. Esse intervalo corresponde aos valores de 10 a 15, e seu ponto médio é 12,5. Vamos dispor esse ponto médio sobre o eixo do gráfico e conectá-lo com um segmento de reta ao ponto médio do intervalo de classe seguinte. Imaginamos também que há outro intervalo de classe de mesma amplitude imediatamente após o último retângulo, e conectamos seu ponto médio com o ponto médio do intervalo anterior. O resultado da união desses pontos médios, conectados por segmentos de reta, é um polígono disposto sobre o histograma, como mostrado na Figura 7.6.

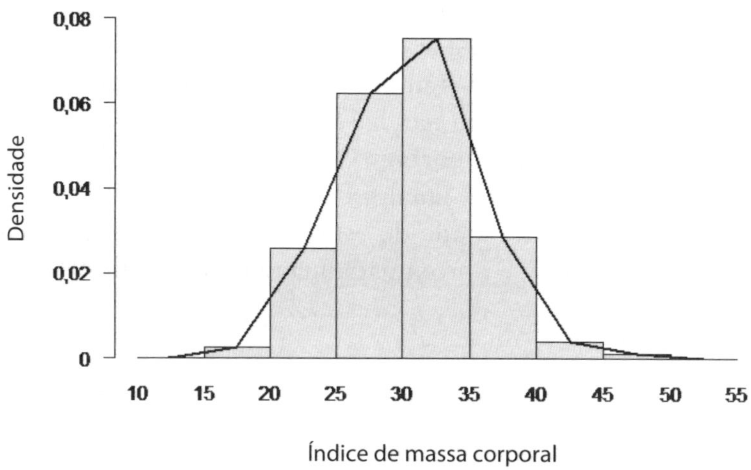

Figura 7.6 Histograma para o índice de massa corporal (IMC) de 154 mulheres adultas e o respectivo polígono de frequências.

A Figura 7.7 exibe somente o polígono resultante da união dos pontos médios. Esse gráfico é chamado polígono de frequências, e também descreve a forma da distribuição dos dados.

Observamos que a área total "dentro" do polígono de frequências é sempre igual a 1. Podemos demonstrar isso através do método dos trapézios ou, mais facilmente, observando na Figura 7.6 que, para cada "pedaço" triangular do histograma que fica "fora" do polígono de frequências, há um "pedaço" de tamanho idêntico "dentro" do polígono de frequências. Se a soma da área de todos os retân-

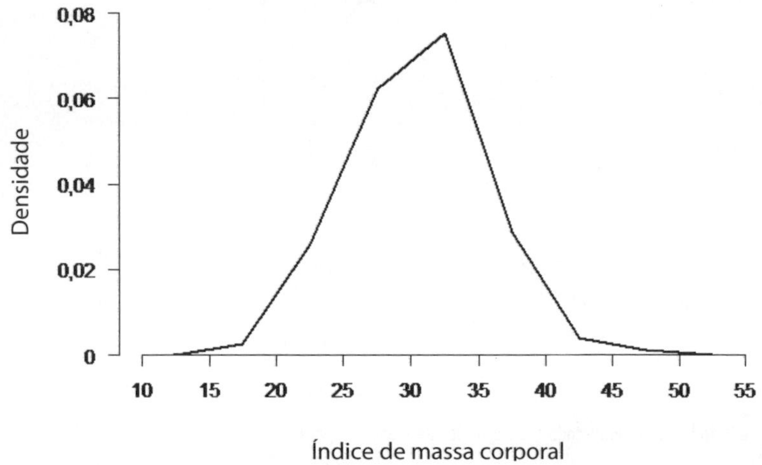

Figura 7.7 Polígono de frequências para o índice de massa corporal (IMC) de 154 mulheres adultas.

gulos que compõem o histograma é 1, a área "dentro" do polígono de frequências também será 1 (desde que a figura seja construída a partir das densidades).

O polígono de frequências também pode ser útil para aproximarmos probabilidades a partir de áreas específicas, mas sua principal utilidade está em nos auxiliar a entender o que significam as curvas densidade de probabilidade.

7.3 CURVAS DENSIDADE DE PROBABILIDADE

Observe novamente a Figura 7.6, com bastante atenção. O que aconteceria se construíssemos novamente aquele histograma, agora com base em uma amostra muito maior que $n = 154$ e considerando intervalos de classe com amplitudes menores que 5 kg/m^2? Se diminuímos a amplitude dos intervalos de classe, temos consequentemente mais intervalos e mais retângulos no histograma. Dado que agora nós temos um número maior de intervalos, nosso polígono de frequências seria obviamente resultante da conexão de um número maior de pontos médios.

Imagine agora que temos à nossa disposição uma quantidade muito grande de dados, de forma que não possuímos mais uma amostra, e sim a informação de toda a população. Imagine que construímos um histograma a partir de todos esses dados. Considere que os intervalos de classe estabelecidos para esse histograma possuem amplitudes bastante pequenas, próximas a zero. Nosso histograma seria, então, composto por uma quantidade muito grande de retângulos bem "estreitos", com bases muito pequenas. Ao unirmos novamente os pontos médios dos intervalos, todos projetados no topo de cada respectivo retângulo, teremos um novo polígono de frequências. Como seria a forma desse polígono? É de se esperar que ele tenha a forma de uma curva suave, semelhante àquela exibida na Figura 7.8.

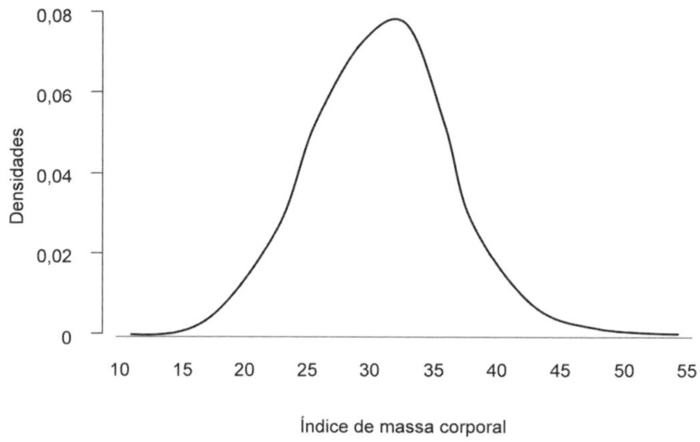

Figura 7.8 Curva densidade de probabilidade para o índice de massa corporal.

Essa curva é chamada curva densidade de probabilidade. Observe que essa curva não descreve a distribuição de dados amostrais, mas caracteriza a forma da distribuição da variável de interesse na respectiva população.

Uma curva densidade de probabilidade serve, obviamente, para encontrarmos probabilidades. Ao escolhermos ao acaso uma mulher dessa população, qual a probabilidade de seu IMC estar entre 28 e 36 kg/m^2? Essa probabilidade é a área da parte sombreada sob a curva exibida na Figura 7.9.

Se olhássemos para a parte sombreada da figura com uma lente de aumento, enxergaríamos uma imensa quantidade de retângulos, um ao lado do outro, com amplitudes próximas a zero e alturas correspondentes às densidades. A probabilidade que desejamos calcular é a soma das áreas desses muitos retângulos, dispostos no intervalo de 28 a 36 kg/m^2 mostrado na figura.

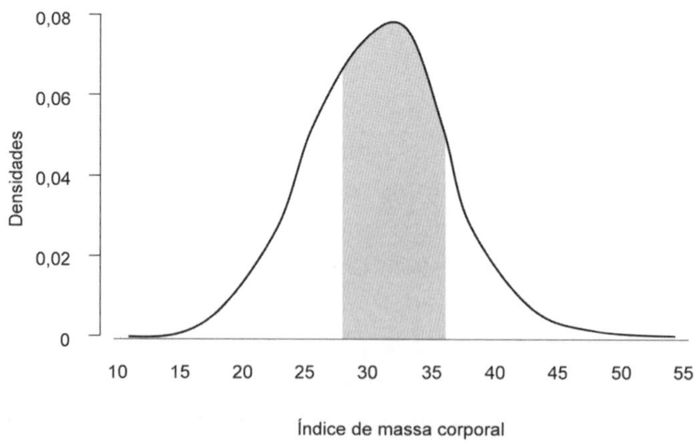

Figura 7.9 Curva densidade de probabilidade para o índice de massa corporal destacando a probabilidade de o IMC estar entre 28 e 36 kg/m^2.

A soma das áreas desses muitos retângulos com amplitudes pequenas é um conceito matemático que recebe o nome de integral. A integral é, então, uma função matemática que diz respeito a áreas sob uma curva de interesse.

Contudo, calcular uma integral pode não ser uma tarefa fácil, mesmo para pessoas com algum conhecimento matemático. Portanto, neste livro, sempre que precisarmos encontrar áreas sob curvas densidade de probabilidade, disponibilizaremos os resultados em tabelas específicas que se encontram nos Anexos.

Quando conseguimos representar essa curva matematicamente por uma função $f(x)$, essa função é chamada função densidade de probabilidade.

São duas propriedades importantes da função densidade de probabilidade:

a. $f(x)$ é sempre maior ou igual a zero; e
b. a área sob toda a extensão da curva é sempre igual a 1.

Uma função densidade de probabilidade $f(x)$ bastante importante em estatística é a curva normal, que descreveremos a seguir. É preciso observar que a curva densidade de probabilidade que usamos nessa seção para descrever a distribuição do IMC na população não se assemelha a uma curva normal. Ela aparece aqui apenas para elucidar os conceitos apresentados, de forma geral.

7.4 DISTRIBUIÇÃO NORMAL

Dizemos que a variável aleatória contínua X segue uma distribuição normal se sua função densidade de probabilidade $f(x)$ é dada por:

$$f(x) = \frac{1}{\sqrt{2\pi\sigma^2}} \exp\left[-\frac{(x-\mu)^2}{2\sigma^2}\right].$$

Nessa expressão, x é um valor numérico de X, μ é a média populacional de X, σ é o desvio padrão populacional de X e π é a constante com valor próximo a 3,141592 (ver Apêndice A). A média populacional μ é um número real, e o desvio padrão σ é sempre maior que 0.

É usual a notação $X \sim N(\mu; \sigma^2)$ para representar uma variável X que segue uma distribuição normal com média μ e desvio padrão σ (e, consequentemente, variância σ^2).

O gráfico da função $f(x)$ tem uma forma simétrica em torno de μ, como representado na Figura 7.10. Dada a simetria da curva, a mediana de X coincide com a média μ.

Teoricamente, a curva normal se estende de $-\infty$ a ∞. À medida que x se aproxima de $-\infty$ ou de ∞, $f(x)$ se aproxima do eixo do gráfico, mas nunca o toca. Nas figuras que aparecem nos livros de estatística (como a Figura 7.10), às vezes

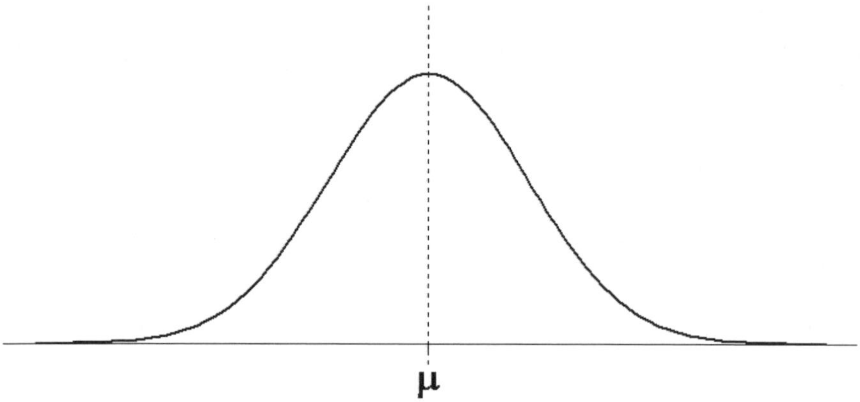

Figura 7.10 Curva densidade de probabilidade de uma variável aleatória que segue uma distribuição normal com média μ.

parece que a curva toca o eixo do gráfico em algum ponto, mas isso é somente uma imperfeição dos desenhos.

O termo $1/\sqrt{2\pi\sigma^2}$ aparece na expressão de $f(x)$ para que a área sob toda a extensão da curva normal seja sempre igual a 1, independentemente dos valores de μ e σ.

A Figura 7.11 mostra três curvas normais representadas em um mesmo gráfico. Essas curvas possuem desvios padrão iguais, mas médias diferentes. Percebemos que as curvas são idênticas em sua forma, mas situam-se em posições diferentes sobre o eixo do gráfico. Por esse motivo, diz-se que a média da distribuição normal é responsável por sua locação no eixo.

A Figura 7.12 também mostra três curvas normais representadas em um mesmo gráfico. Essas curvas possuem médias iguais, mas desvios padrão diferentes. Notamos que a variância σ^2 é responsável pela forma da curva. Quanto maior a variância, mais a curva normal se mostra "espalhada" sobre o eixo, dada a maior dispersão dos dados. Cumpre lembrar que todas as três curvas representadas nessa figura têm área igual a 1 sob toda a sua extensão.

Os primeiros desenvolvimentos formais da função que representa a curva normal são de autoria do matemático francês Abraham de Moivre (1667-1754), que demonstrou que a distribuição binomial se aproxima de uma curva normal quando o número de ensaios é suficientemente grande. Esse resultado foi posteriormente estendido pelo matemático e astrônomo francês Pierre-Simon Laplace (1749-1827). No início do século XIX, o matemático alemão Johann Carl Friedrich Gauss (1777-1855) utilizou a curva normal em análises estatísticas de dados de astronomia. Esses desenvolvimentos tornaram-se tão importantes que em muitas ocasiões a curva normal é chamada de curva de Gauss ou gaussiana.

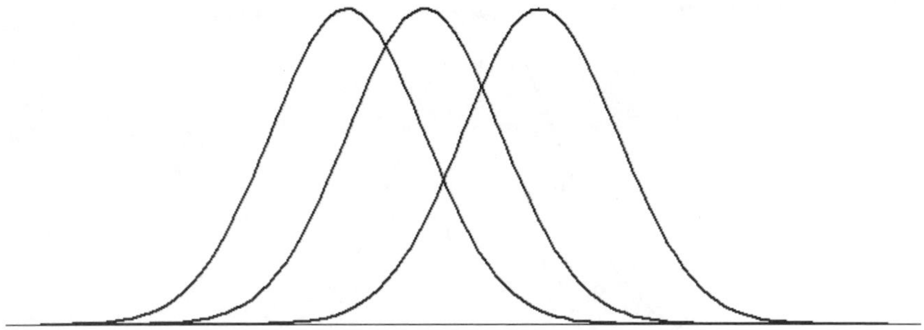

Figura 7.11 Curvas densidade de probabilidade de três variáveis aleatórias que seguem distribuição normal, com médias diferentes e desvios padrão iguais.

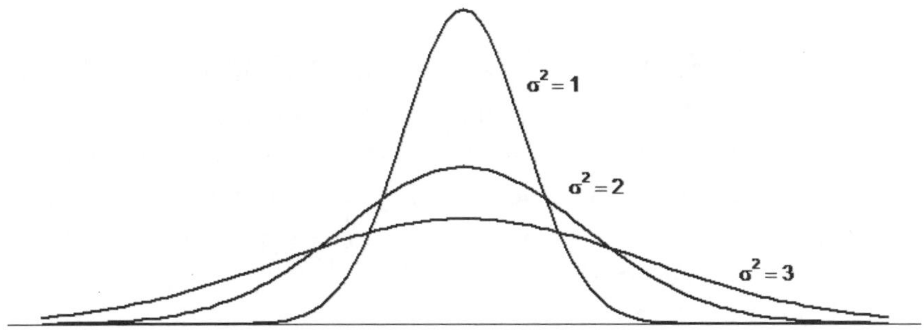

Figura 7.12 Curvas densidade de probabilidade de três variáveis aleatórias que seguem distribuição normal, com médias iguais e desvios padrão diferentes.

7.5 ÁREAS SOB A CURVA NORMAL

Seja X uma variável aleatória que representa o nível de colesterol total (CT). Vamos considerar que, para a população de homens de 18 a 70 anos de certo país, o CT segue uma distribuição aproximadamente normal, com média de 220 mg/dl e desvio padrão de 10 mg/dl. Por notação, $X \sim N(220; 10^2)$. Qual é a probabilidade de encontrarmos nessa população um indivíduo com níveis de CT entre 200 mg/dl e 240 mg/dl?

Observe que essa probabilidade, denotada por $P(200 < X < 240)$, é a área sombreada sob a curva normal apresentada na Figura 7.13.

Como podemos encontrar o valor dessa área? Poderíamos pensar em obter esse valor calculando a integral de $f(x)$ de 200 a 240, em que $f(x)$ é:

$$f(x) = \frac{1}{\sqrt{2 \times \pi \times 10^2}} \exp\left[-\frac{(x-220)^2}{2 \times 10^2}\right].$$

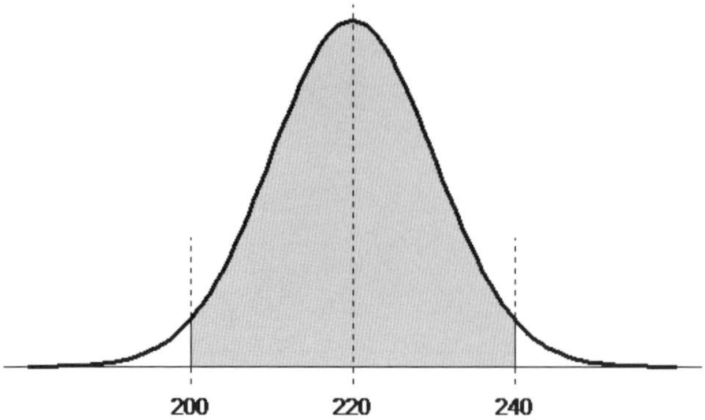

Figura 7.13 Curvas densidade de probabilidade de uma variável aleatória que segue uma distribuição normal com média de 220 mg/dl e desvio padrão de 10 mg/dl, destacando a área sob a curva entre 200 mg/dl e 240 mg/dl.

No entanto, esse cálculo pode tornar-se demasiadamente complicado, mesmo para pessoas com habilidades matemáticas. Felizmente, temos à nossa disposição muitos programas de computador que nos fornecem facilmente essas áreas sob a curva normal. O programa Microsoft Excel®, por exemplo, nos disponibiliza funções capazes de fornecer essas áreas. Alternativamente, podemos utilizar tabelas como as que se encontram no Anexo B.

7.6 A CURVA NORMAL PADRÃO

As tabelas do Anexo B, no entanto, dizem respeito a um caso especial da curva normal, que chamamos de curva normal padrão. Essa curva considera que a média μ é igual a zero e a variância σ^2 é igual a 1 (como a variância é o desvio padrão ao quadrado, se a variância é 1, o desvio padrão também é 1). Uma curva normal padrão é geralmente denotada pela letra Z, e suas possíveis observações são chamadas escores-z. Por notação,

$$Z \sim N(0; 1)$$

expressa a curva normal padrão.

Em nosso exemplo, a média não é zero e o desvio padrão não é 1. Essas medidas são, respectivamente, 220 mg/dl e 10 mg/dl. Como podemos, então, usar as tabelas para obter a probabilidade desejada? A solução está no uso de uma propriedade da curva normal que permite transformar uma variável X, que segue uma curva normal com média μ e desvio padrão σ, em outra variável Z, que segue uma curva normal com média zero e desvio padrão igual a 1.

Se subtrairmos uma constante da variável X, teremos uma nova variável aleatória que também segue uma distribuição normal, mas a média da nova variável será μ menos aquela constante. Se chamarmos essa constante de k, observaremos que:

$$X - k \sim N(\mu - k; \sigma^2)$$

A variância dessa nova variável não se altera (estamos modificando apenas a locação da curva normal, não sua forma). Se essa constante k for a própria média μ, teremos:

$$X - \mu \sim N(0; \sigma^2).$$

Se dividirmos $X - \mu$ por outra constante, a média continuará igual a zero e o desvio padrão será o quociente entre σ e essa constante. Assim, se essa nova constante for o próprio desvio padrão σ, teremos:

$$Z = \frac{X - \mu}{\sigma} \sim N(0; 1).$$

Entendemos então que a expressão $(X - \mu)/\sigma$ permite transformar uma variável X que segue uma curva normal com média μ e desvio padrão σ em uma variável Z, que segue uma curva normal padrão.

Dado que a média μ e o desvio padrão σ podem assumir infinitas possibilidades, não haveria sentido termos tabelas para todos os seus possíveis valores (seriam infinitas tabelas!). Portanto, uma única tabela pode nos ser útil em todas essas possibilidades, desde que transformemos nossa variável X em uma variável Z.

7.7 USANDO A TABELA DE DISTRIBUIÇÃO NORMAL PADRÃO

As tabelas do Anexo B fornecem de modo direto as áreas sob a curva normal acumuladas até um ponto, que chamaremos de z (a letra "z" minúscula). Portanto, fornecem as probabilidades

$$P(Z < z).$$

A Tabela B1 do Anexo B é útil quando z é um valor positivo, ao passo que a Tabela B2 é utilizada quando z é negativo.

Por exemplo, se $Z \sim N(0; 1)$, qual é a probabilidade de Z ser menor que 0,74? Essa probabilidade é a área sombreada na Figura 7.14.

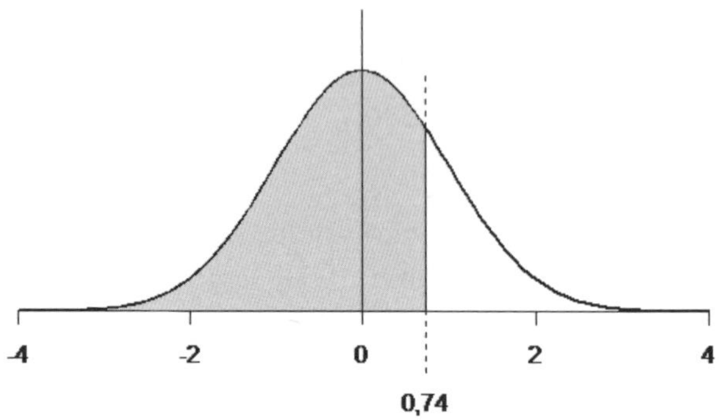

Figura 7.14 Curva normal padrão. A área sombreada corresponde a $P(Z < 0{,}74)$.

Dado que 0,74 é maior que zero, usamos a Tabela B1. As linhas da tabela identificam o algarismo da primeira casa decimal de z. As colunas da tabela referem-se ao valor que então somamos para termos z com duas casas decimais. Para um melhor entendimento, exibimos a seguir uma parte da Tabela B1. Buscamos a linha relativa a 0,7 e a coluna relativa a 0,04. A soma desses valores é 0,74, e a probabilidade procurada é $P(Z < 0{,}74) = 0{,}7704$.

	0,00	0,01	0,02	0,03	0,04	0,05	0,06	0,07	0,08	0,09
0,0	0,5000	0,5040	0,5080	0,5120	0,5160	0,5199	0,5239	0,5279	0,5319	0,5359
0,1	0,5398	0,5438	0,5478	0,5517	0,5557	0,5596	0,5636	0,5675	0,5714	0,5753
0,2	0,5793	0,5832	0,5871	0,5910	0,5948	0,5987	0,6026	0,6064	0,6103	0,6141
0,3	0,6179	0,6217	0,6255	0,6293	0,6331	0,6368	0,6406	0,6443	0,6480	0,6517
0,4	0,6554	0,6591	0,6628	0,6664	0,6700	0,6736	0,6772	0,6808	0,6844	0,6879
0,5	0,6915	0,6950	0,6985	0,7019	0,7054	0,7088	0,7123	0,7157	0,7190	0,7224
0,6	0,7257	0,7291	0,7324	0,7357	0,7389	0,7422	0,7454	0,7486	0,7517	0,7549
0,7	0,7580	0,7611	0,7642	0,7673	0,7704	0,7734	0,7764	0,7794	0,7823	0,7852
0,8	0,7881	0,7910	0,7939	0,7967	0,7995	0,8023	0,8051	0,8078	0,8106	0,8133
0,9	0,8159	0,8186	0,8212	0,8238	0,8264	0,8289	0,8315	0,8340	0,8365	0,8389

Tabela B1 (ver Anexo B).

Se $Z \sim N(0; 1)$, qual é a probabilidade de Z ser maior que 0,36? Se nós utilizarmos diretamente a Tabela B1, encontraremos o valor 0,6406. Porém, essa é a probabilidade $P(Z < 0{,}36)$. Desejamos encontrar a probabilidade $P(Z > 0{,}36)$, que é a área sombreada na Figura 7.15 (a área sob a curva à direita de 0,36). Lembre-se sempre de que nossas tabelas nos fornecem diretamente probabilidades $P(Z < z)$, e não $P(Z > z)$.

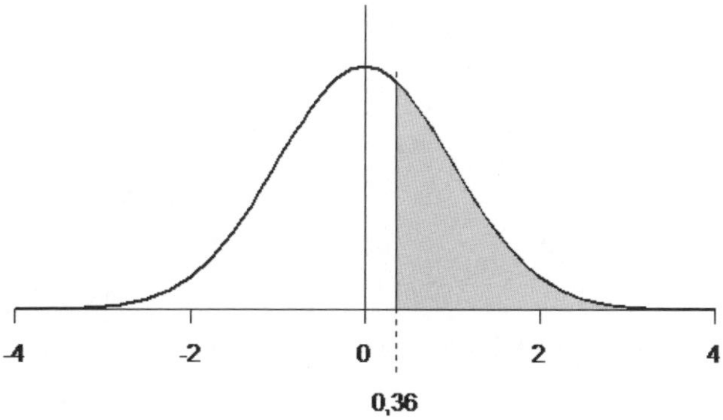

Figura 7.15 Curva normal padrão. A área sombreada corresponde a $P(Z > 0{,}36)$.

Dado que a união das áreas sombreada e não sombreada da Figura 7.15 equivale a toda a extensão da curva normal, a soma dessas áreas só pode ser igual a 1. Portanto, $P(Z < z) + P(Z > z) = 1$, e consequentemente $P(Z > z) = 1 - P(Z < z)$.

Assim, $P(Z > 0{,}36) = 1 - 0{,}6406 = 0{,}3594$.

Se $Z \sim N(0; 1)$, qual é a probabilidade de Z ser menor que $-0{,}23$? Dado que esse número é menor que zero, vamos usar a Tabela B2 do Anexo B. A probabilidade $P(Z < -0{,}23)$ é a área sombreada na Figura 7.16.

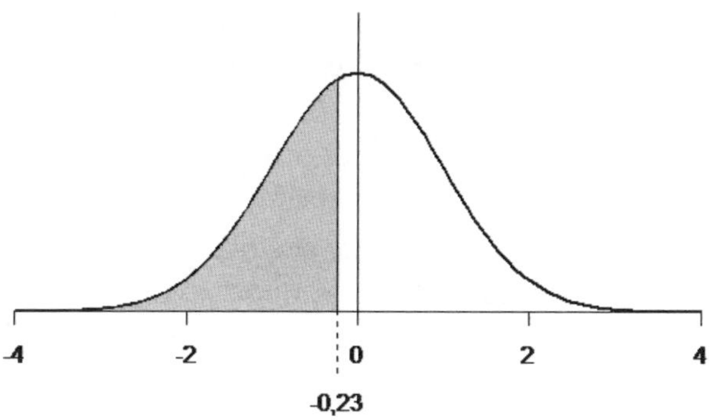

Figura 7.16 Curva normal padrão. A área sombreada corresponde a $P(Z < -0{,}23)$.

Da Tabela B2, temos que $P(Z < -0{,}23) = 0{,}409$.

Se $Z \sim N(0; 1)$, qual é a probabilidade de Z ser maior que –0,56? Usaremos novamente a Tabela B2, dado que esse número é menor que zero. Essa probabilidade equivale à área sombreada na Figura 7.17.

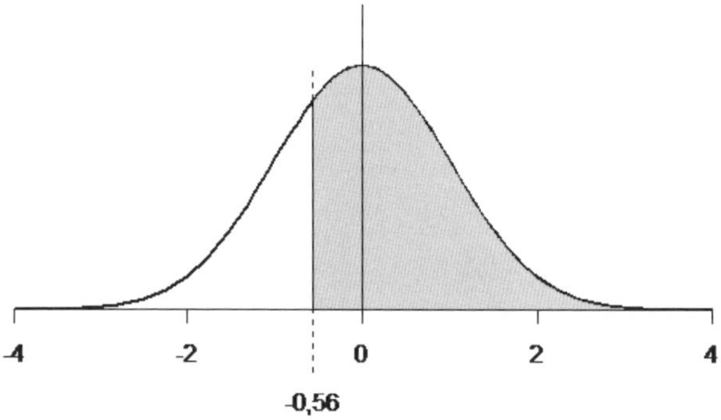

Figura 7.17 Curva normal padrão. A área sombreada corresponde a $P(Z > -0{,}56)$.

Se utilizarmos a Tabela B2 diretamente, encontraremos $P(Z < -0{,}56) = 0{,}2877$. Entretanto, a probabilidade que desejamos encontrar é $P(Z > -0{,}56) = 1 - P(Z < -0{,}56) = 0{,}7123$.

Vamos agora observar atentamente a curva normal padrão apresentada na Figura 7.18.

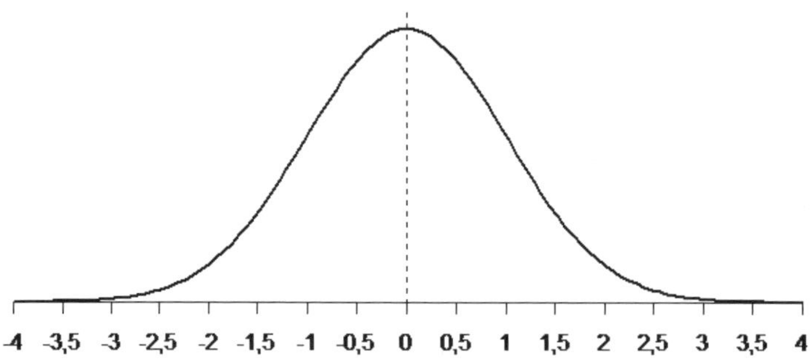

Figura 7.18 Curva normal padrão.

Perceba que a curva parece tocar o eixo do gráfico quando z é próximo a –3,5 ou 3,5. Porém, isso não acontece de fato. Já dissemos que a curva normal nunca toca o eixo. Por outro lado, a distância entre a curva normal padrão e o eixo antes de –3,5 e após 3,5 é tão pequena que, na prática, costumamos aproximá-la a zero. Por esse motivo, as tabelas apresentadas no Anexo B nos trazem probabilidades considerando valores de z em um intervalo de –3,49 a 3,49.

E se quisermos encontrar a probabilidade $P(Z < 8)$? Observando a figura anterior, notamos que, para valores de z à esquerda de 8, temos quase a curva inteira (a área sob a curva para valores acima de 8 é desprezível). Portanto, podemos aproximar $P(Z < 8)$ a 1.

Temos da mesma maneira que $P(Z > -4) = 1$, $P(Z < -5) = 0$, $P(Z > 4) = 0$, e assim sucessivamente.

7.8 UM EXEMPLO

Na Seção 7.5, introduzimos um exemplo que enunciava que para a população de homens de 18 a 70 anos de certo país, o nível de colesterol total (CT) segue uma distribuição aproximadamente normal com média de 220 mg/dl e desvio padrão de 10 mg/dl. Qual é a probabilidade de encontrarmos nessa população um indivíduo com níveis de CT entre 200 mg/dl e 240 mg/dl?

Considerando $X \sim N(220; 10^2)$, essa probabilidade é $P(200 < X < 240)$. Como a variável X não segue uma curva normal padrão, entendemos que precisamos transformá-la em $Z \sim N(0; 1)$ para podermos utilizar as tabelas do Anexo B.

Antes da transformação, porém, observamos que a probabilidade que desejamos encontrar é da forma $P(a < X < b)$, e não da forma $P(X < a)$ ou $P(X > a)$, o que facilitaria o uso das tabelas. A Figura 7.19 ilustra que $P(200 < X < 240)$ pode ser obtida subtraindo $P(X < 200)$ de $P(X < 240)$.

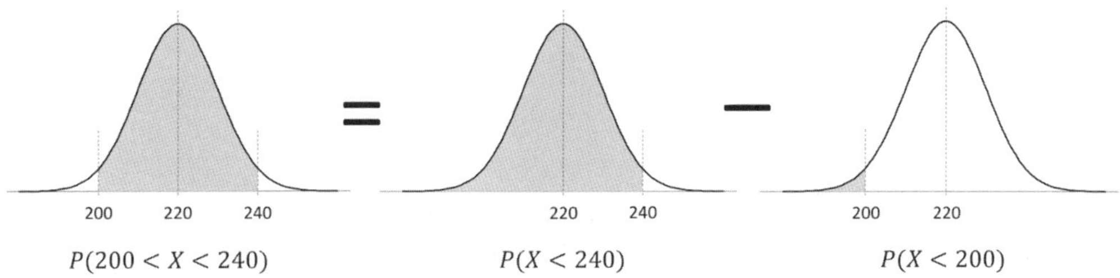

Figura 7.19 Visualmente, temos $P(200 < X < 240) = P(X < 240) - P(X < 200)$.

De uma forma geral, se a e b são números reais tais que $a < b$, temos:

$$P(a < X < b) = P(X < b) - P(X < a)$$

Vamos agora encontrar $P(X < 200)$ e $P(X < 240)$. A partir dos valores então obtidos, encontramos a probabilidade desejada $P(200 < X < 240)$.

Com base no resultado:

$$Z = \frac{X - \mu}{\sigma} \sim N(0; 1),$$

temos que

$$P(X < x) = P\left(\frac{X - \mu}{\sigma} < \frac{x - \mu}{\sigma}\right) = P\left(Z < \frac{x - \mu}{\sigma}\right).$$

Assim, dado que $\mu = 220$ e $\sigma = 10$, temos:

$$P(X < 200) = P\left(Z < \frac{200 - 220}{10}\right) = P(Z - 2)$$

e

$$P(X < 240) = P\left(Z < \frac{240 - 220}{10}\right) = P(Z < 2).$$

Utilizando as tabelas do Anexo B, encontramos as probabilidades

$$P(Z < -2) = 0{,}0228$$

e

$$P(Z < 2) = 0{,}9772$$

Finalmente, temos que a probabilidade de encontrarmos nessa população um indivíduo com níveis de CT entre 200 e 240 mg/dl é:

$$P(200 < X < 240) = P(X < 240) - P(X < 200) = 0{,}9772 - 0{,}0228 = 0{,}9544.$$

Esse resultado equivale a dizer que, nesse país, 95,44% dos indivíduos de sexo masculino com idade de 18 a 70 anos possuem níveis de CT entre 200 e 240 mg/dl.

7.9 GRÁFICO DE PROBABILIDADE NORMAL

O gráfico de probabilidade normal para uma variável contínua X nos auxilia a determinar se nossos dados foram obtidos de uma população normal. Por exemplo, seja uma amostra de tamanho $n = 11$, sendo observados os valores 43, 53, 52, 47, 49, 58, 48, 45, 56, 55 e 51. Como primeiro passo, ordenamos esses valores, do menor até o maior. Como segundo passo, determinamos o percentil que cada observação ocupa nessa ordenação. O percentil é dado pela expressão a seguir, em que i é a ordem de cada observação:

$$Percentil = \frac{i - 0,5}{n}.$$

Desse modo, a observação 43 ocupa o percentil (1 – 0,5)/11 = 0,0455, e assim sucessivamente. A Tabela 7.2 apresenta os percentis para cada uma das observações amostrais. Veja que a observação 51 ocupa o percentil 0,5, que representa a mediana.

Tabela 7.2 Quantidades necessárias para a construção do gráfico de probabilidade normal.

Observação	Ordem (*i*)	Percentil	Escore z
43	1	0,0455	-1,6906
45	2	0,1364	-1,0968
47	3	0,2273	-0,7479
48	4	0,3182	-0,4728
49	5	0,4091	-0,2299
51	6	0,5	0
52	7	0,5909	0,2299
53	8	0,6818	0,4728
55	9	0,7727	0,7479
56	10	0,8636	1,0968
58	11	0,9546	1,6906

Em seguida, encontramos os escores z, ou seja, as posições que esses percentis ocupariam em uma distribuição normal com média 0 e variância 1 (uma curva normal padrão). Dado que a observação 43 ocupa o percentil 0,0455, o respectivo escore z é –1,6906, dado que:

$$P(Z < -1,6906) = 0,0455.$$

Nesse caso, Z é uma variável aleatória que segue uma distribuição normal padrão.

Podemos encontrar valores aproximados para os escores z a partir das tabelas do Anexo B, ou usando um programa de computador apropriado. Os escores z para cada observação amostral são mostrados na última coluna da Tabela 7.2.

O gráfico de probabilidade normal é um gráfico da dispersão entre os valores observados da amostra e seus respectivos escores z. Temos evidências de que os valores amostrais vêm de uma distribuição normal quando esse gráfico mostra uma série de pontos aproximadamente colineares, ou seja, mais ou menos dispostos sobre uma única linha reta imaginária. Quando os pontos aparecem no gráfico em outra disposição, nós descartamos a suposição de normalidade.

A Figura 7.20 mostra o gráfico de probabilidade normal para as observações 43, 53, 52, 47, 49, 58, 48, 45, 56, 55 e 51. Dado que os pontos são aproximadamente colineares, temos evidências de que essas observações são resultados de uma curva normal.

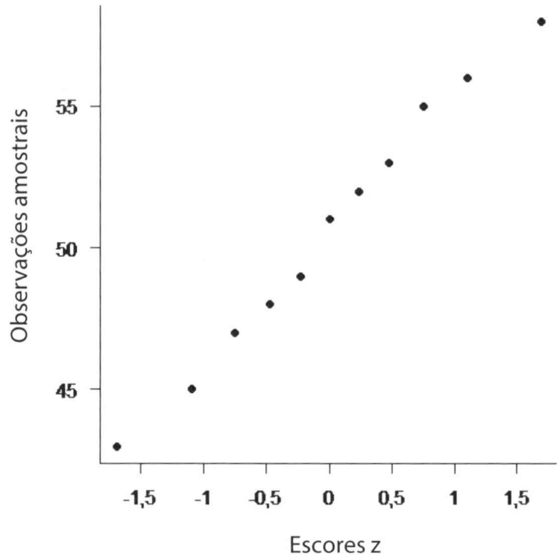

Figura 7.20 Gráfico de probabilidade normal para as observações 43, 53, 52, 47, 49, 58, 48, 45, 56, 55 e 51.

Antigamente, os gráficos de probabilidade normal eram construídos à mão, com o auxílio de um formulário impresso próprio chamado "papel de probabilidade normal", que era vendido em livrarias de universidades. Atualmente, temos a nossa disposição programas computacionais capazes de gerar esses gráficos com grande facilidade.

Os gráficos da Figura 7.21 ilustram gráficos de probabilidade normal, considerando distribuições bastante assimétricas. Nesses casos, os pontos não são colineares, descartando a suposição de que os dados são resultados de uma distribuição normal. Os pontos do gráfico do painel (a) da Figura 7.21 parecem dispostos em uma curva côncava, o que é comum quando a distribuição dos dados é assimétrica com cauda longa à direita. Por sua vez, os pontos do gráfico do painel (b) parecem dispostos em uma curva convexa, o que é típico de distribuições assimétricas com cauda longa à esquerda.

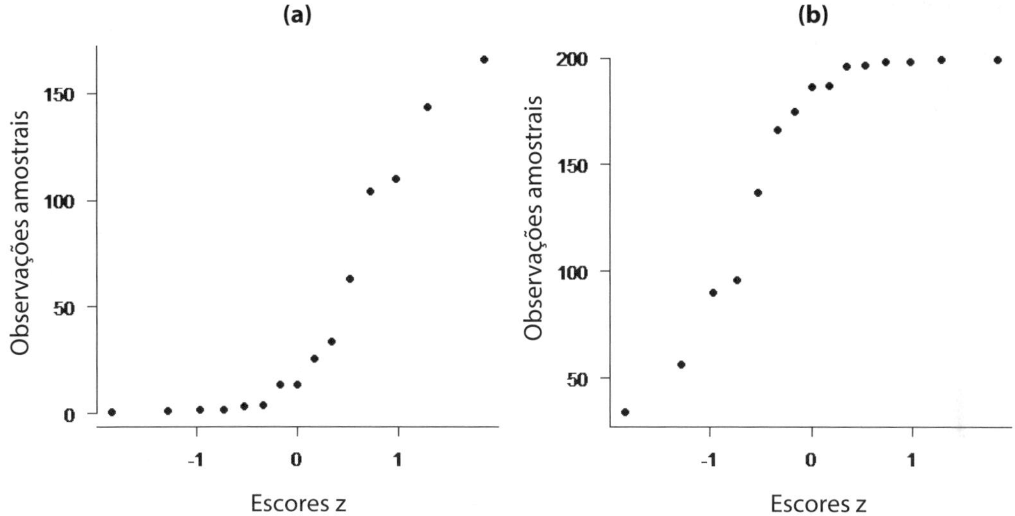

Figura 7.21 Gráficos de probabilidade normal quando as observações amostrais são resultantes de uma distribuição assimétrica com cauda longa à direita (a) ou à esquerda (b).

7.10 PARA SABER MAIS

Além da curva normal, há outras funções densidade de probabilidade muito importantes em bioestatística, úteis para representar a distribuição de variáveis aleatórias quantitativas contínuas. A distribuição de Weibull, por exemplo, é muito usada em estudos em oncologia, dado que o tempo de sobrevida de pacientes com câncer é muitas vezes representado por sua respectiva curva densidade de probabilidade. A distribuição beta é muito útil quando a variável de interesse assume valores entre 0 e 1, como porcentagens e proporções. A distribuição de Laplace (ou dupla exponencial) é utilizada quando a distribuição dos dados é simétrica, mas há muitos valores atípicos em ambos os lados. A distribuição gama pode representar dados que seguem distribuições assimétricas. Entretanto, a distribuição normal merece destaque por seu papel central em problemas de inferência estatística, como veremos nos capítulos seguintes.

É importante não nos esquecermos de que a curva normal nunca descreve uma amostra, mas uma população. Ao visualizarmos um histograma, podemos ter alguma evidência de que nossos dados são provenientes de uma população em que a variável de interesse segue uma curva normal. Muitas vezes encontramos frases como: "nossos dados seguem uma distribuição normal". A rigor, essa frase não é correta, dado que apenas os dados populacionais seguem ou não uma curva normal.

Os gráficos de probabilidade normal são úteis quando desejamos saber se uma série de observações são resultados de uma curva normal. Alternativamente, os chamados "testes de normalidade" são muito utilizados para esse mesmo propósito. Os testes de normalidade mais conhecidos são os de Kolmogorov-Smirnov, Anderson-Darling, Shapiro-Wilk e Cramér-von Mises. Contudo, esses testes devem ser utilizados com cautela, dado que seu resultado é influenciado pelo tamanho da amostra. Se o tamanho da amostra é pequeno, o teste de normalidade pode sugerir que os dados são resultantes de uma curva normal, quando na verdade não são. Por outro lado, se o tamanho da amostra é grande, o teste de normalidade pode sugerir que os dados não são resultantes de uma curva normal em situações em que realmente são.

7.11 EXERCÍCIOS

1. Qual é a utilidade do conceito de densidade?

2. O que é uma curva densidade de probabilidade?

3. O que representa uma curva normal?

4. Seja Z uma variável aleatória que segue uma distribuição normal padrão. Encontre:

(a) $P(0 \leq Z \leq 1{,}42)$ (d) $P(0{,}65 \leq Z \leq 1{,}26)$ (g) $P(-0{,}5 \leq Z \leq 0{,}5)$

(b) $P(-0{,}73 \leq Z \leq 0)$ (e) $P(-1{,}79 \leq Z \leq -0{,}54)$

(c) $P(-1{,}37 \leq Z \leq 2{,}01)$ (f) $P(Z \geq 1{,}13)$

5. Seja Z uma variável aleatória que segue distribuição normal padrão. Encontre o valor de a se:

(a) $P(0 \leq Z \leq a) = 0{,}4236$ (b) $P(Z \leq a) = 0{,}7967$ (c) $P(a \leq Z \leq 2) = 0{,}1$

6. Seja X uma variável aleatória com distribuição normal, com média 8 e desvio padrão 4. Encontre:

(a) $P(5 \leq X \leq 10)$ (c) $P(X \geq 15)$

(b) $P(10 \leq X \leq 15)$ (d) $P(X \leq 5)$

7. O índice de massa corporal (IMC) é uma medida frequentemente utilizada para indicar se um indivíduo está abaixo ou acima de seu peso ideal. O IMC é calculado por IMC = peso/(altura)^2, sendo o peso medido em quilogramas e a altura medida em metros. Alguns pesquisadores utilizam a tabela a seguir para classificar indivíduos adultos como portadores de baixo peso, peso normal, pré-obesidade e obesidade classe I, II ou III.

Classificação do indivíduo segundo o IMC.

Classificação	IMC (kg/m^2)
Baixo peso	< 18,5
Peso saudável (normal)	18,5 ⊢ 25,0
Pré-obeso	25,0 ⊢ 30,0
Obesidade classe I	30,0 ⊢ 35,0
Obesidade classe II	35,0 ⊢ 40,0
Obesidade classe III	≥ 40,0

Em um grande município, o IMC dos indivíduos adultos da população tem média μ = 25,2 kg/m^2 e desvio padrão σ = 4,5 kg/m^2. Considerando que o IMC tem distribuição normal nessa população, encontre:

a. A proporção de indivíduos de baixo peso.
b. A proporção de indivíduos com peso saudável (normal).
c. A proporção de indivíduos pré-obesos.
d. A proporção de indivíduos com obesidade classe I.
e. A proporção de indivíduos com obesidade classe II.
f. A proporção de indivíduos com obesidade classe III.

8. Na análise antropométrica do estado nutricional, é frequentemente utilizado o índice de massa corporal (IMC), calculado a partir da divisão da massa corporal em quilogramas pela estatura em metro elevado ao quadrado (kg/m^2). Os pontos de corte recomendados pela Organização Mundial de Saúde (OMS) para avaliação da população adulta e idosa são: magreza severa (IMC < 16,0 kg/m^2), magreza moderada (16,0 kg/m^2 ≤ IMC < 17,0 kg/m^2), magreza leve (17,0 kg/m^2 ≤ IMC < 18,5 kg/m^2), adequado (18,5 kg/m^2 ≤ IMC < 25,0 kg/m^2), sobrepeso grau I (25,0 kg/m^2 ≤ IMC < 30,0 kg/m^2), sobrepeso grau II (30,0 kg/m^2 ≤ IMC < 40,0 kg/m^2) e sobrepeso grau III (IMC ≥ 40,0 kg/m^2). Em uma determinada população, o IMC tem média μ = 26,4 kg/m^2 e desvio padrão σ = 3,9 kg/m^2. Suponha que o IMC segue uma distribuição normal nesta população. Encontre:

a. A proporção de indivíduos com magreza severa.
b. A proporção de indivíduos com magreza moderada.

c. A proporção de indivíduos com magreza leve.
d. A proporção de indivíduos com peso adequado.
e. A proporção de indivíduos com sobrepeso grau I.
f. A proporção de indivíduos com sobrepeso grau II.
g. A proporção de indivíduos com sobrepeso grau III.

9. Em uma população de indivíduos, a média da circunferência do braço (CB) é 26,4 cm e o desvio padrão é 2,3 cm. Se nessa população a CB segue uma distribuição normal, encontre a probabilidade de um indivíduo aleatoriamente selecionado dessa população possuir:

a. CB menor ou igual a 28,5 cm.
b. CB maior ou igual a 28,5 cm.
c. CB maior que 30 cm.
d. CB menor que 25 cm.

10. Sabemos que as alterações específicas do desenvolvimento da linguagem devem ser identificadas precocemente, pois podem interferir nos aspectos sociais e escolares da vida da criança. Um pesquisador propôs um índice que mede o desenvolvimento da linguagem em crianças. Chamaremos esse índice de IDL. Valores do IDL entre 68 e 85 pontos teriam implicações em termos de acompanhamento. Valores abaixo de 68 pontos indicariam atraso significativo em uma ou mais áreas do desenvolvimento da linguagem. Seja uma população de crianças de 3 a 6 anos, na qual o IDL tem distribuição normal com média 90 e desvio padrão de 10 pontos. Encontre:

a. A proporção de crianças dessa população com IDL abaixo de 68 pontos.
b. A proporção de crianças dessa população com IDL entre 68 e 85 pontos.
c. A proporção de crianças dessa população com IDL acima de 85 pontos.

11. Suponha que o tempo médio de permanência de pacientes com doenças crônicas em um hospital é de 50 dias, com desvio padrão igual a 10 dias. Admitindo que o tempo de permanência segue uma distribuição normal, qual é a probabilidade de um paciente permanecer no hospital:

a. Mais de 30 dias?
b. Menos de 30 dias?
c. Mais de 50 dias?
d. Entre 40 e 60 dias?
e. Entre 35 e 70 dias?

12. Uma nutricionista pretende conduzir um estudo de avaliação do estado nutricional de adultos sadios de um município. Ela obteve a informação de que a concentração sérica de albumina na população dos indivíduos sadios de sexo

masculino desse município, com idade entre 30 e 49 anos, tem média de 4,6 g/dl e desvio padrão de 0,5 g/dl. Se a distribuição dessa variável nessa população aproxima-se de uma curva normal, encontre a probabilidade de um indivíduo escolhido ao acaso apresentar uma concentração sérica de albumina:

a. Maior que 4,6 g/dl.
b. Menor que 5,0 g/dl.
c. Entre 3,7 g/dl e 5,5 g/dl.
d. Maior que 6,5 g/dl.
e. Encontre um valor *k* tal que 25% dos indivíduos dessa população possuam valores de concentração sérica de albumina menores que *k* g/dl.

13. Em uma população de crianças de sexo masculino que estão no período de dentição mista, o comprimento do lábio superior tem uma média de 21,5 mm e um desvio padrão de 1,8 mm. Suponha que essa variável segue uma distribuição aproximadamente normal nessa população. Se uma criança é aleatoriamente selecionada dessa população, qual é a probabilidade dela possuir lábio superior com comprimento.

a. Maior que 21,5 mm?
b. Entre 19,0 mm e 23,0 mm?
c. Maior que 30,0 mm?
d. Encontre um valor *k* tal que 95% das crianças dessa população possuem comprimento do lábio superior menor que *k* mm.

14. A profissional responsável pela clínica ortodôntica de um grande hospital universitário observou que o tempo de permanência em tratamento ortodôntico de seus pacientes segue uma distribuição aproximadamente normal, com média de 28,5 meses e um desvio padrão de 6 meses.

a. Qual é o percentual de pacientes com tempo de permanência em tratamento ortodôntico maior que 40 meses?
b. Qual é o percentual de pacientes com tempo de permanência em tratamento ortodôntico maior que 6 meses?
c. Encontre um valor *k* tal que 90% dos pacientes dessa população tiveram um tempo de permanência em tratamento maior que *k* dias.

CAPÍTULO 8

Inferência estatística

Imagine que estamos conduzindo um estudo que objetiva avaliar se um novo fármaco é capaz de trazer resultados favoráveis ao tratamento de uma doença específica. Selecionamos então uma amostra de 80 pessoas portadoras dessa doença e por meio de sorteio dividimos a amostra em dois grupos de 40 pessoas cada. As pessoas alocadas no primeiro grupo (grupo A) são tratadas com o fármaco sob investigação, e as pessoas alocadas no segundo grupo (grupo B) recebem um comprimido idêntico ao fármaco, mas sem o princípio ativo (o chamado "placebo"). A Tabela 8.1 apresenta os resultados desse ensaio.

Tabela 8.1 Resultados do estudo.

Grupo	Tamanho amostral	Responderam ao tratamento
A	40	20/40 = 50%
B	40	10/40 = 25%

Observamos que 20/40 = 50% das pessoas alocadas no grupo A responderam ao tratamento sob investigação, enquanto 10/40 = 25% das pessoas alocadas no grupo B responderam ao tratamento com o comprimido sem o princípio ativo. A razão entre essas porcentagens é 50%/25% = 2, ou seja, podemos concluir que, entre as 80 pessoas que participaram do estudo, o percentual de respostas ao tratamento do grupo A é o dobro do percentual de respostas ao tratamento do grupo B. Isso equivale a dizer que, se as pessoas portadoras da doença não usarem aquele fármaco, elas possuem alguma chance de responder, mas, se usarem o fármaco, essa chance é duplicada.

Vamos, então, considerar a seguinte reflexão: esse resultado vale para todas as pessoas portadoras da doença ou apenas para as 80 pessoas que participaram do estudo?

A princípio, esse resultado descreve somente as 80 pessoas que compõem nossa amostra. Entretanto, nosso desejo é que os nossos resultados tenham valor para todas as pessoas que fazem parte de nossa população de portadores da doença, não importa se foram ou não escolhidos para compor a amostra.

Para esse propósito, fazemos uso da inferência estatística, uma ferramenta utilizada para extrapolar os achados de nossa amostra para todos os indivíduos que fazem parte da população.

A Figura 8.1 ilustra o processo no qual obtemos conclusões sobre uma característica de um grande conjunto de interesse, que é nossa população, com base nas informações encontradas em um conjunto de dados disponíveis, que é nossa amostra. Por notação, o tamanho da população é *N* (maiúsculo), enquanto o tamanho da amostra é *n* (minúsculo). O tamanho amostral geralmente é bem menor que o tamanho populacional.

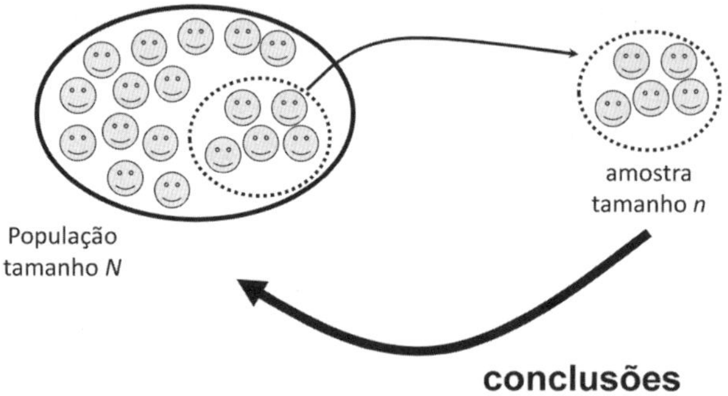

Figura 8.1 Inferência estatística: tiramos conclusões sobre uma população inteira com base no que observamos em uma amostra.

Imagine agora que você está preparando uma sopa para muitas pessoas em uma panela grande. A sopa está quase pronta, mas você precisa saber se está bem temperada. Obviamente, você não precisa tomar toda a sopa da panela para verificar isso. Você toma uma colherada de sopa e avalia. Você conclui que o tempero está excelente. Podemos dizer que toda a sopa da panela é uma população, e a colherada de sopa que você toma é uma amostra. Ao experimentar uma colherada, você conclui que a sopa que está na panela está bem temperada, ou seja, você está extrapolando o que verificou na amostra para a população como um todo. Assim é o processo da inferência estatística, cuja ideia central é a extrapolação dos resultados da amostra para a população.

Vamos então formalizar alguns conceitos que já antecipamos nos capítulos anteriores.

8.1 POPULAÇÃO, AMOSTRA E AMOSTRA ALEATÓRIA

Podemos dizer, então, que uma população é o conjunto de indivíduos sobre o qual fazemos uma inferência. Conforme dissemos na Seção 1.4, para definir uma população, devemos listar as características comuns a todos os indivíduos que pertencem a ela.

Por sua vez, uma amostra é um subconjunto não vazio da população, uma parte selecionada da totalidade de sujeitos, pessoas, animais ou objetos abrangidos pela população, que utilizamos para fazer uma inferência. Lembramos que nossa amostra deve ser definida de modo que ela represente bem a população de interesse. Se nossa amostra é, por exemplo, composta exclusivamente por homens, não podemos dizer que nossos resultados são válidos para pessoas de ambos os sexos. Se nós avaliamos a eficácia de um fármaco em uma pesquisa conduzida com uma amostra de pessoas de 20 a 30 anos de idade, não podemos dizer que nossos resultados são também válidos para pessoas idosas.

A melhor estratégia para a obtenção de uma amostra representativa da população consiste em usar planos probabilísticos, nos quais a seleção das unidades amostrais utiliza procedimentos aleatórios, como o uso de tabelas de números ao acaso ou sorteios por computador.

Em uma amostra aleatória, a seleção dos elementos é casual, sendo que a escolha de um dado elemento não interfere na escolha de outro. Isso significa que em uma amostra aleatória todos os elementos são independentes entre si.

Neste livro, quando usarmos a expressão "amostra aleatória", entendemos que esta é representativa da população, sendo válidos os resultados obtidos por meio do uso da inferência estatística.

Em uma amostra aleatória, qualquer elemento da população tem alguma probabilidade de ser selecionado para a amostra. É importante perceber que não estamos dizendo que todo elemento tem a mesma probabilidade de ser selecionado. Quando isso ocorre, nossa amostra é chamada de aleatória simples. No entanto, em algumas situações, para obtermos amostras com maior representatividade da população, fazemos uso de planos amostrais em que a probabilidade de cada elemento ser selecionado depende dos subgrupos aos quais ele pertence. Nesses casos, é comum o planejamento das amostras aleatórias estratificadas e por conglomerados, que não serão discutidas neste livro. O leitor interessado em estudar os diferentes planos amostrais pode consultar livros-texto como Silva (1998) e Bolfarine e Bussab (2005).

8.2 PARÂMETROS E ESTIMATIVAS

O parâmetro é um dos conceitos mais importantes em inferência estatística. É um valor calculado a partir de uma população, utilizando todos os seus elementos. Por exemplo, consideremos a variável que representa o peso das crianças em idade pré-escolar, sendo que a população de interesse inclui todas as crianças de um grande município. A média do peso, calculada a partir das observações de todas as crianças da população, é um parâmetro.

Portanto, só conheceremos o valor de um parâmetro se tivermos a nossa disposição todos os elementos da população em questão. Não é possível calcular o valor de um parâmetro se tivermos à nossa disposição somente uma amostra retirada dessa população.

Muitos pesquisadores fazem confusão entre os conceitos de parâmetro e variável (ALTMAN; BLAND, 1999). O parâmetro é uma característica numérica de uma população, enquanto uma variável é uma característica dos indivíduos de nossa pesquisa. O parâmetro é um número fixo, enquanto os valores de uma variável são passíveis de variação de um indivíduo a outro. Assim, o nível sérico de colesterol total, as dosagens séricas de ureia, a dose de insulina, a concentração de hemoglobina não são parâmetros, são variáveis. O nível sérico médio de colesterol total de todos os indivíduos de uma população específica é um parâmetro.

A média amostral, obtida de uma amostra de tamanho n, é uma estimativa da média populacional. As estimativas são quantidades calculadas da amostra com a finalidade de representar um parâmetro de interesse.

Para diferenciarmos a média populacional (que é um parâmetro) da média amostral (que é uma estimativa), denotamos a média populacional por μ (a letra grega mi minúscula) e a média amostral por $\overline{x}$ (como já estudamos no Capítulo 3). A Figura 8.2 ilustra essas definições.

Quando conduzimos uma pesquisa com base em uma amostra de n indivíduos, podemos calcular o valor de $\overline{x}$ com base nas observações amostrais. Mas, obviamente, não podemos calcular o valor de μ, dado que não temos à nossa disposição todos os elementos da população. Assim, entendemos que o parâmetro é um número fixo, mas geralmente não conhecemos seu valor.

O desvio padrão populacional (denotado pela letra grega σ, ou sigma minúsculo), a prevalência de uma doença em uma população, o percentual de mulheres

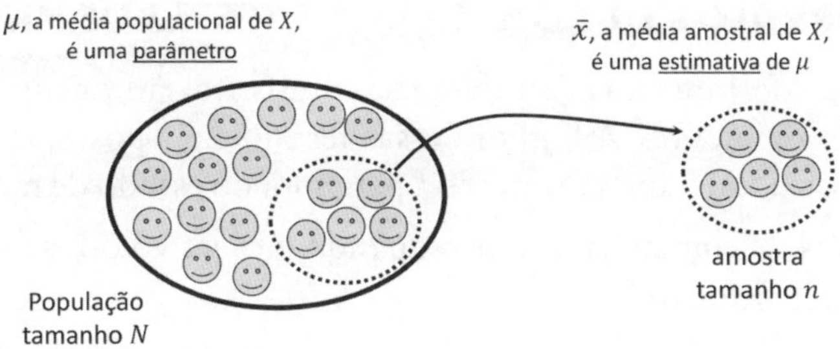

Figura 8.2 População e amostra, parâmetro e estimativa.

em uma população são outros exemplos de parâmetros. São quantidades numéricas encontradas em uma população de interesse.

No Capítulo 3, nós representamos a média amostral e o desvio padrão amostral de uma variável X, respectivamente, por

$$\bar{x} = \frac{\sum_{i=1}^{n} x_i}{n}$$

e

$$s = \sqrt{\frac{\sum_{i=1}^{n} (x_i - \bar{x})^2}{n-1}},$$

considerando uma amostra de tamanho n. A média e o desvio padrão populacional de X, considerando uma população de tamanho N, são respectivamente dados por:

$$\mu = \frac{\sum_{i=1}^{N} x_i}{N}$$

e

$$\sigma = \sqrt{\frac{\sum_{i=1}^{N} (x_i - \mu)^2}{N}}$$

Observe que o denominador da expressão do desvio padrão populacional é o número N de elementos da população. Os parâmetros são geralmente denotados por letras gregas, enquanto usamos letras de nosso alfabeto latino para representar as estimativas.

8.3 INTERVALOS DE CONFIANÇA E TESTES DE HIPÓTESES

As principais ferramentas de inferência estatística são os intervalos de confiança e os testes de hipóteses. Embora essas ferramentas possuam a mesma fundamentação teórica, cada uma responde à pergunta do estudo de modo particular:

- **Intervalos de confiança:** usamos quando o objetivo do estudo é voltado à estimação de um parâmetro.
- **Testes de hipóteses:** usamos quando o objetivo do estudo envolve hipóteses sobre um parâmetro de interesse.

Com base em uma amostra de 1.600 pessoas, um estudo transversal publicado por Chen et al. (2005) estimou em 6% a prevalência de depressão entre as pessoas com 60 anos de idade ou mais, residentes nas áreas rurais da China. Esse valor, 6%, é uma estimativa obtida da amostra. Diante desse resultado, perguntamos o seguinte: dado que não foram avaliadas todas as pessoas pertencentes à população, mas uma parte dessas pessoas, quanto podemos confiar que um valor próximo de 6% de toda a população de idosos com tais características sofrem de depressão? Com que segurança podemos extrapolar para toda a população o resultado encontrado na amostra?

Para responder a essas questões, os autores desse estudo apresentam um intervalo de confiança de 95% para a prevalência populacional, dado por (4,8%; 7,3%). Esse intervalo foi obtido das informações da amostra, mas ele caracteriza a população. Dado que estamos utilizando uma amostra, que é uma parte da população, não nos é possível dizer com certeza qual é o valor do parâmetro. Porém, com base em regras de probabilidade, podemos encontrar um intervalo no qual presumimos que o valor do parâmetro se encontra.

Não sabemos qual é o valor da prevalência de depressão na população, mas, com uma confiança de 95%, podemos dizer que esse parâmetro está entre 4,8% e 7,3%. O intervalo de confiança é um intervalo de valores no qual se presume que esteja contido o parâmetro de interesse, com um determinado grau de confiança.

O valor 95% nos indica o quanto estamos confiantes de que o valor do parâmetro se encontra no intervalo obtido. O parâmetro pode estar ou não contido no intervalo, mas estamos 95% confiantes de que ele está contido. Essa quantificação da confiança de que o intervalo contém o valor do parâmetro, 95%, não é calculada com base na amostra ou em outras informações. É um valor determinado pelo pesquisador, antes da coleta dos dados. Nos estudos da área da saúde, a escolha mais comum para o coeficiente de confiança é 95%.

Intuitivamente, entendemos que, quanto menor a amplitude do intervalo de confiança, mais informação ele nos fornece sobre o parâmetro. Um intervalo de confiança dado, por exemplo, por (0,2%; 45,2%) para a prevalência de uma doença em uma população pouco nos informa sobre esse parâmetro.

No Capítulo 10, descreveremos a construção de intervalos de confiança para uma média populacional. No Capítulo 13, trataremos da construção de intervalos de confiança e testes de hipóteses para uma proporção.

8.4 EXERCÍCIOS

1. O que é inferência estatística?

2. O que é uma amostra aleatória?

3. Por que é importante que uma amostra retirada de uma população seja aleatória?

4. Qual é a limitação de um estudo que não utilizou um plano probabilístico de amostragem?

5. Na pesquisa em saúde, é sempre possível o uso de amostras baseadas em planos probabilísticos?

6. Escreva a diferença entre variável, parâmetro e estimativa.

7. Classifique cada um dos itens a seguir como variável, parâmetro ou estimativa.

   a. Número de casos de dengue em Campinas em novembro de 2014.
   b. Média do peso em uma amostra de 400 crianças de 6 a 10 anos de idade.
   c. Prevalência de câncer do colo uterino no município do Rio de Janeiro, em 2010.
   d. Níveis séricos de colesterol de mulheres idosas residentes em Fortaleza, usuárias de um serviço de saúde.
   e. Número de consultas pré-natais de gestantes atendidas em uma maternidade pública.
   f. Número de novos casos de tuberculose em Ribeirão Preto, no primeiro semestre de 2012.

CAPÍTULO 9

Distribuição amostral da média

Consideremos uma variável quantitativa contínua de interesse que denotaremos por X. Essa variável pode ser, por exemplo, o índice de massa corporal, os níveis séricos de colesterol total, a concentração de ureia no plasma ou qualquer outra variável contínua considerada em um estudo. Vamos também considerar uma população de tamanho infinito de indivíduos, animais ou objetos. Nessa população, a variável X tem média μ e variância σ^2 (e, consequentemente, desvio padrão σ). Lembramos que σ ou σ^2 respondem pela variabilidade de X na população. Quanto maior σ, mais heterogênea é a população em relação à variável X.

As quantidades μ e σ^2 são parâmetros, pois caracterizam a variável X na população. Portanto, são quantidades desconhecidas, dado que nós estamos assumindo que não temos acesso às informações de toda a população. Dessa população, tomamos uma amostra aleatória de tamanho n, como representado na Figura 9.1.

Vamos assumir que essa amostra é representativa da população. Com base nas informações dessa amostra, encontramos uma média amostral para a variável X, denotada por $\overline{x}$. Essa média amostral é uma estimativa da média populacional μ, ou seja, ela nos fornece uma ideia de qual é o valor do parâmetro de interesse.

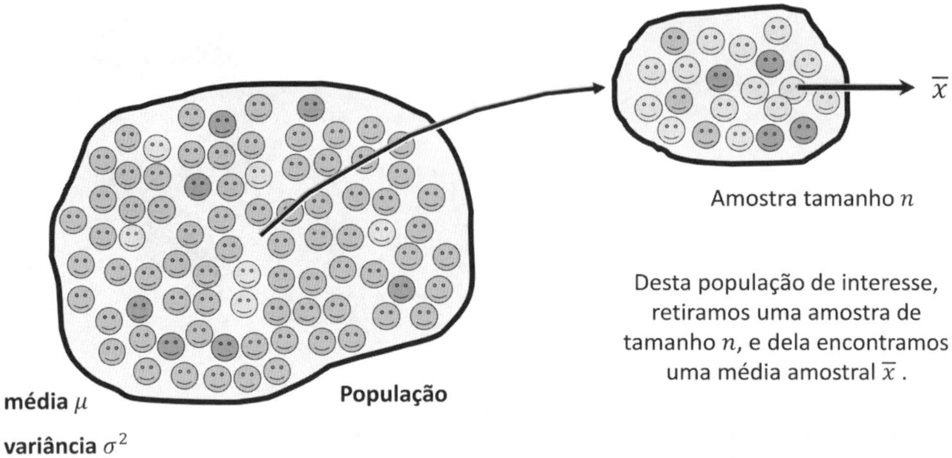

Figura 9.1 De uma população de tamanho infinito, tomamos uma amostra de tamanho n e encontramos a partir dela uma média amostral $\bar{x}$.

Uma primeira pergunta que formulamos é:

• O valor da média $\overline{x}$ encontrada em nossa amostra é igual ao valor do parâmetro μ?

É importante entendermos que a média amostral $\overline{x}$ e a média populacional μ não necessariamente assumem o mesmo valor. Há alguma remota possibilidade de encontramos uma média amostral igual à populacional, mas a chance de isso acontecer é bem pequena, e não esperamos que aconteça. Esperamos que exista um erro de estimação, dado pela diferença $\overline{x} - \mu$, mas esse erro é impossível de ser calculado, dado que não conhecemos o valor de μ. Assim, a segunda pergunta é:

• A diferença $\overline{x} - \mu$ é grande ou pequena? Dado que nossa média amostral não será igual à média populacional, ao menos encontraremos em uma amostra de tamanho n uma média amostral próxima à populacional?

Certamente, nosso desejo é que essa diferença seja bastante pequena. Mas a resposta a essa pergunta depende de dois aspectos:

a. O tamanho de nossa amostra. Quanto maior o tamanho amostral, mais é esperado que nossa amostra seja "parecida" com a população. Assim, esperamos que quanto maior o tamanho n de nossa amostra, mais próxima nossa média amostral esteja da média populacional.
b. A heterogeneidade da variável X na população. Se nossa população for bastante homogênea, esperamos que nossa amostra também seja homogênea, e, consequentemente, que a média $\overline{x}$ seja próxima ao valor do parâmetro μ. Mas, se nossa população for bastante heterogênea, é possível que

nossa amostra não capture todas essas discrepâncias entre os indivíduos, o que faz com que nossa média $\bar{x}$ se distancie do valor do parâmetro μ. Lembramos que essa heterogeneidade de X na população é medida por σ^2.

Isso nos mostra a base da determinação dos tamanhos amostrais nas pesquisas em saúde. No momento em que planejamos nosso estudo, devemos nos preocupar em escolher um valor para n que seja grande o suficiente para que a diferença $\bar{x} - \mu$ seja satisfatoriamente pequena, levando em consideração a magnitude de σ^2. Quanto maior a heterogeneidade de X na população, maior deve ser nosso tamanho amostral.

Agora, imagine que dessa mesma população vamos tomar outra amostra de tamanho n, igualmente representativa, e com base nela também encontramos uma média amostral. Para melhor compreensão, vamos denotar a média amostral encontrada na primeira amostra por $\bar{x}_1$, e essa nova média amostral por $\bar{x}_2$. A Figura 9.2 ilustra esse processo.

A terceira pergunta é:

- As médias amostrais $\bar{x}_1$ e $\bar{x}_2$ da variável X, obtidas de duas diferentes amostras tomadas da mesma população segundo o mesmo método de amostragem, são iguais ou diferentes?

Nós entendemos que essas médias amostrais não necessariamente assumem o mesmo valor. Novamente, podemos dizer que há alguma chance remota de serem iguais, mas não é esperado que isso aconteça.

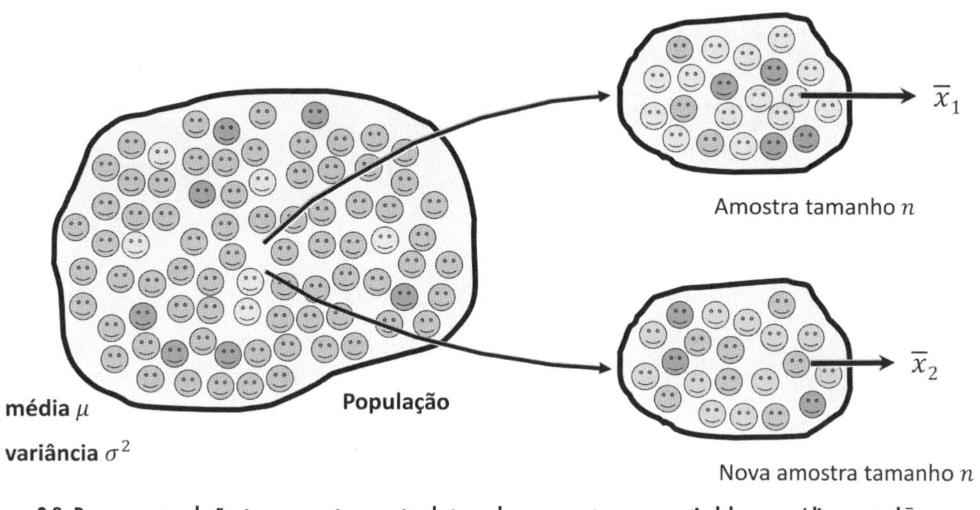

Figura 9.2 Da mesma população, tomamos outra amostra de tamanho n e encontramos a partir dela uma média amostral $\bar{x}_2$.

Mas por que $\bar{x}_1$ e $\bar{x}_2$ são diferentes? É simples entender isso se nos lembrarmos de que essas médias se baseiam em amostras compostas por indivíduos diferentes. Mesmo que as duas amostras tenham o mesmo tamanho e tenham sido obtidas pelo mesmo método de amostragem, os indivíduos que compõem a primeira amostra não necessariamente compõem a segunda. Assim, é natural que as médias amostrais sejam diferentes.

Assim, podemos formular mais uma pergunta:

Se $\bar{x}_1$ e $\bar{x}_2$ são diferentes, essas médias amostrais são ao menos próximas ou tendem a ser bastante diferentes?

A resposta a essa pergunta depende de dois aspectos: o tamanho das amostras e o quanto a variável X é heterogênea ou homogênea na população. Quanto maior o tamanho n das amostras, mais "parecidas" elas ficam, e maior será a tendência de os valores de $\bar{x}_1$ e $\bar{x}_2$ aproximarem-se. Por sua vez, quanto maior o valor da variância σ^2, mais heterogêneas tendem a ser também as amostras, e maior será a tendência de elas se tornarem distintas uma da outra. Consequentemente, maior será a tendência de os valores de $\bar{x}_1$ e $\bar{x}_2$ afastarem-se um do outro.

Isso nos ajuda a entender que os parâmetros são fixos, enquanto as estimativas são variáveis, dado que elas se modificam de uma amostra para outra.

Agora, vamos imaginar que retiramos da população um número bastante grande de amostras de tamanho n, com base no mesmo processo de amostragem, como ilustrado na Figura 9.3. Em cada uma dessas amostras, encontramos uma média amostral. Se nossa população é de tamanho infinitamente grande, entendemos que há um número igualmente infinito de possíveis amostras de tamanho n.

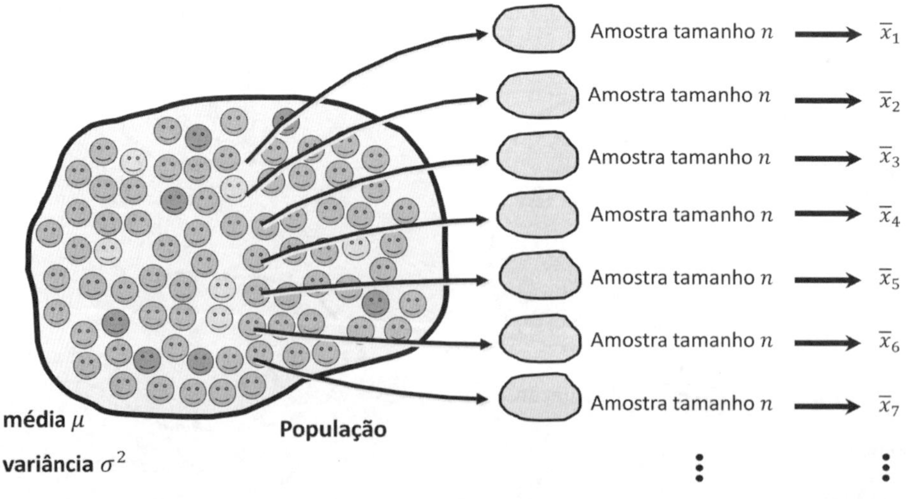

Figura 9.3 Da mesma população, imaginamos a tomada de um grande número de amostras de tamanho n e para cada amostra encontramos a respectiva média amostral.

O valor de cada média amostral obtida é, portanto, entendido como uma possibilidade para essa estatística descritiva.

Vamos então denotar essas médias amostrais por $\overline{x}_1, \overline{x}_2, \overline{x}_3, \overline{x}_4, ...$, lembrando que são infinitas as possibilidades. O "conjunto" de todas essas possibilidades para a média amostral é denotado por $\overline{X}$ (aqui estamos cometendo um abuso de linguagem, dado que, matematicamente falando, $\overline{X}$ não é formalmente um conjunto, mas uma variável aleatória). É preciso observar que, por notação, enquanto $\overline{x}$ (minúsculo) denota o valor numérico observado para nossa média amostral, $\overline{X}$ (maiúsculo) denota o "conjunto" de possibilidades para esses valores.

Obviamente, quando conduzimos uma pesquisa, temos apenas uma amostra, e consequentemente, uma única média amostral. Entretanto, esse desenvolvimento que aqui apresentamos está nos dizendo que o valor que encontramos para nossa média amostral é uma possibilidade entre infinitos valores que ela poderia assumir. É como imaginar que estamos voltando ao passado e iniciando nossa coleta de dados novamente. A média que encontramos agora, na nova amostra, não será igual àquela encontrada na amostra anterior.

Se em nossa pesquisa encontrássemos uma média amostral $\overline{x}$ e tivéssemos a informação de que em outras possíveis amostras de tamanho n, retiradas da mesma população que originou nossos dados, os respectivos valores obtidos para a média amostral não seriam muito diferentes do valor que nós encontramos, nós então ficaríamos confiantes de que nosso valor de $\overline{x}$ é bastante preciso. Considerando todas essas possíveis amostras representativas da população, imaginamos então que nossa média amostral é próxima à média populacional μ.

9.1 TRÊS PROPRIEDADES DA MÉDIA AMOSTRAL

Uma vez entendidas essas ideias, podemos dar mais um passo. Vamos enunciar três propriedades importantes do "conjunto" $\overline{X}$ de possibilidades para a média amostral. Essas propriedades são fundamentais para a construção de intervalos de confiança e testes de hipóteses que envolvem médias.

Vamos supor que estamos conduzindo uma pesquisa que objetiva descrever o estado nutricional de crianças com idade entre 6 e 10 anos, frequentadoras da rede de ensino de um dado município. Nossa variável de interesse é o peso das crianças, medido em quilogramas (kg). Vamos assumir que a população é de tamanho bastante grande. Digamos que, nessa população, a distribuição do peso das crianças se aproxima de uma curva normal, com média μ = 26,4 kg e desvio padrão σ = 2,1 kg. Em uma situação prática, obviamente, esses valores são desconhecidos por nós.

Em nossa pesquisa, decidimos utilizar uma amostra de tamanho n = 25. Utilizando as informações dessa amostra, obtivemos uma média $\overline{x}$ = 25,56 kg. Nossa média amostral é razoavelmente próxima da média populacional, que é μ = 26,4. Vamos agora procurar entender o que aconteceria se retirássemos outras amostras de mesmo tamanho dessa população. Suponha que, ao retirarmos uma segunda amostra de tamanho n = 25 dessa população, encontramos uma média $\bar{x}_2$ = 26,39 kg. Esse valor é bastante próximo da média populacional, e diferente da primeira média amostral. Suponha que retiramos uma terceira, quarta, quinta amostra da população, e assim sucessivamente, como ilustrado na Figura 9.4.

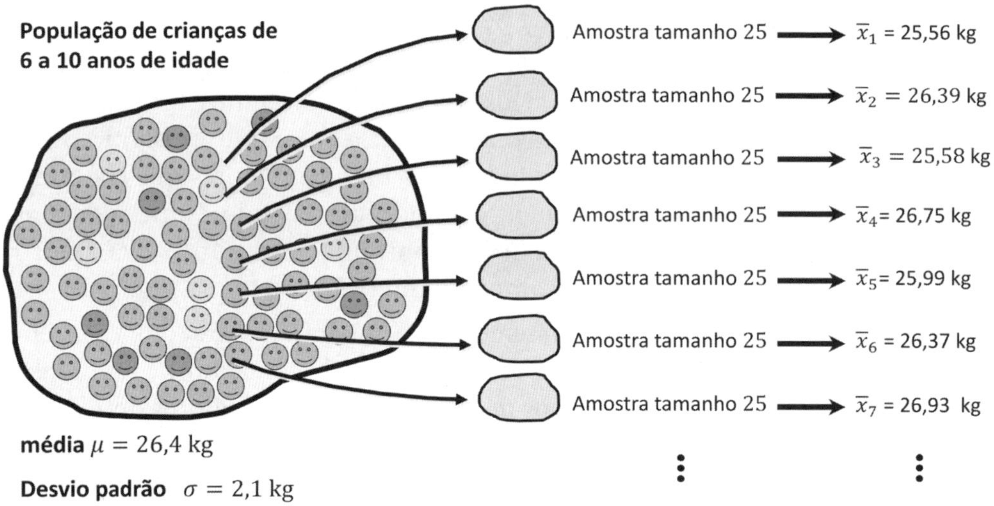

Figura 9.4 De uma população de crianças de 6 a 10 anos de idade, imaginamos a tomada de um grande número de amostras de tamanho n = 25.

O gráfico da Figura 9.5 descreve as médias amostrais encontradas em 50 diferentes amostras de tamanho n = 25 obtidas dessa população. A média dessas 50 médias amostrais é igual a 26,397 kg, um valor muito próximo à média populacional μ = 26,4 kg.

Isso nos mostra que cada diferente amostra aleatória de tamanho n obtida da população de interesse produz uma média amostral diferente, mas essas diferentes médias amostrais oscilam em torno da média populacional μ.

Essa é a primeira propriedade importante do "conjunto" $\bar{X}$: a média de todas as diferentes médias amostrais que compõem esse conjunto é igual à média populacional μ. Na Figura 9.5, observamos que a média das 50 médias amostrais é um valor muito próximo de μ, mas não é um valor idêntico. Isso significa que, quanto maior o número de médias amostrais que considerarmos, mais próxima a média das médias amostrais estará de μ.

A segunda propriedade importante do "conjunto" $\bar{X}$ diz respeito à variabilidade das diferentes médias amostrais.

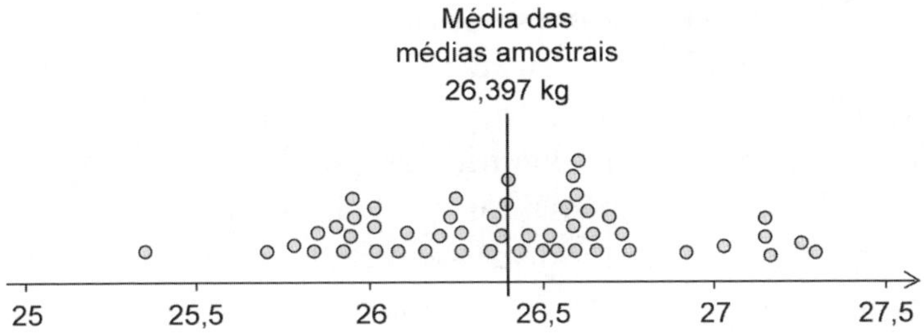

Figura 9.5 Cinquenta valores para as médias amostrais do peso de crianças de 6 a 10 anos de idade, baseadas em amostras de tamanho $n = 25$.

A Figura 9.6 descreve as médias amostrais para 50 amostras de tamanhos iguais a 10, 25 e 100. Observamos que a variabilidade que existe entre as diferentes médias amostrais é menor quando essas médias são baseadas em amostras de tamanho $n = 100$. Isso significa que, para qualquer tamanho amostral, as diferentes médias amostrais oscilam em torno da média populacional μ, mas, quanto maior o tamanho amostral, menor é a dispersão das médias amostrais em torno de μ. Em outras palavras, é mais provável encontrar uma média amostral próxima à populacional ($\mu = 26{,}4$ kg) quando o tamanho amostral é grande.

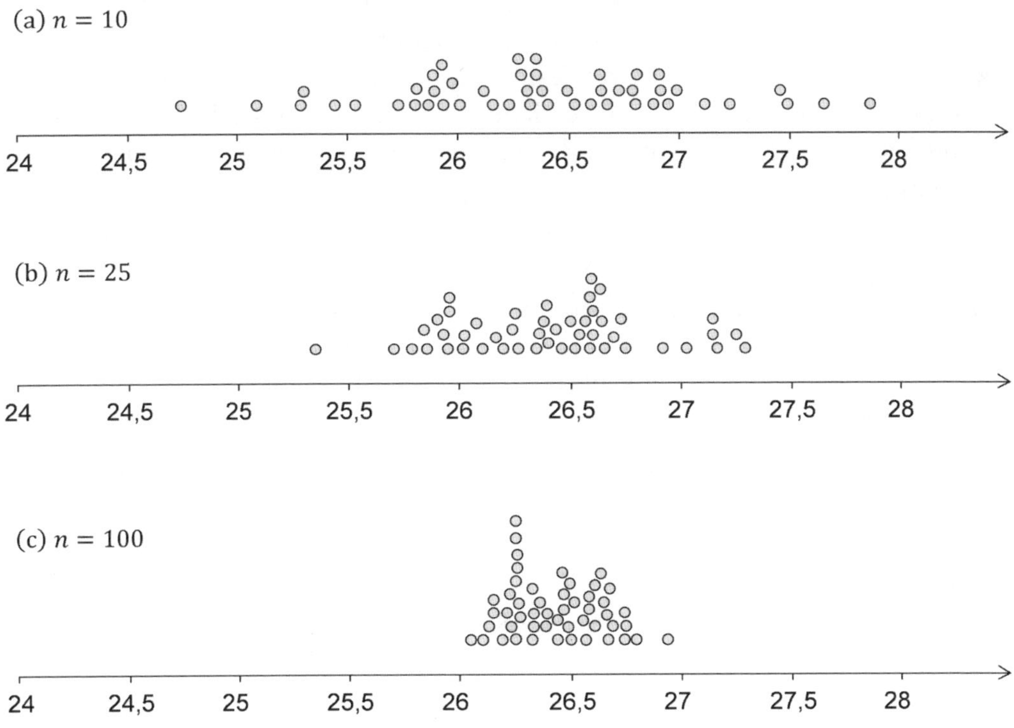

Figura 9.6 Cinquenta valores para as médias amostrais do peso de crianças de 6 a 10 anos de idade, baseadas em amostras de tamanho (a) $n = 10$, (b) $n = 25$ e (c) $n = 100$.

O desvio padrão de todas as possíveis médias amostrais é dado por $\sigma/\sqrt{n}$. Nesse caso, nós não estamos nos referindo ao desvio padrão dos dados de uma amostra, mas ao desvio padrão do conjunto dos valores das médias amostrais. Estamos, portanto, buscando uma quantidade que descreve a variabilidade das diferentes possibilidades para a média amostral. Considerando que o desvio padrão da variável X está no numerador dessa expressão, entendemos que quanto maior é a variabilidade de nossa variável de interesse na população, maior será a dispersão entre as possibilidades para as médias amostrais. Em adição, o tamanho amostral n aparece no denominador da expressão, indicando que, quanto maior o tamanho da amostra, menor é a dispersão entre as possibilidades para as médias amostrais.

Essa quantidade, $\sigma/\sqrt{n}$, é chamada de erro padrão da média. É uma medida da precisão da estimativa de nossa média amostral, mas devemos ter certo cuidado com sua interpretação, dado que, quanto maior o erro padrão, menor é a precisão. É importante destacar que, para que estes conceitos sejam verdadeiros, estamos necessariamente considerando que as nossas amostras são representativas da população em questão (ver Seção 1.4).

Em nosso exemplo, quando $n = 10$, o erro padrão $\sigma/\sqrt{n}$ é igual a $2,1/\sqrt{10} \cong 0,664$ kg, dado que $\sigma = 2,1$ kg. Na Figura 9.6, quando simulamos 50 valores para as médias amostrais do peso de crianças de 6 a 10 anos de idade baseados em amostras de tamanho $n = 10$, encontramos um desvio padrão próximo a 0,666 kg para esses valores. Este é um valor bem próximo ao encontrado para o erro padrão $\sigma/\sqrt{n}$, mas não é idêntico, dado que é baseado em somente 50 possibilidades para a média amostral. Se fosse baseado em um número bem maior de médias amostrais, certamente seria mais próximo a 0,664 kg.

Ainda em nosso exemplo, se considerarmos $n = 25$, o erro padrão $\sigma/\sqrt{n}$ é agora igual a 2,1/5 = 0,42 kg. Voltando à Figura 9.6, quando simulamos 50 valores para as médias amostrais do peso das crianças com base em amostras de tamanho $n = 25$, encontramos um desvio padrão de aproximadamente 0,431 kg para essas médias. Novamente, observamos que esse valor é próximo ao valor encontrado para o erro padrão $\sigma/\sqrt{n}$.

Finalmente, se considerarmos $n = 100$, o erro padrão $\sigma/\sqrt{n}$ é igual a 2,1/10 = 0,21 kg. Na Figura 9.6, quando simulamos 50 valores para as médias amostrais do peso das crianças com base em amostras de tamanho $n = 100$, encontramos um desvio padrão de aproximadamente 0,209 kg para essas médias.

Nesse exemplo, podemos ter uma noção de como o tamanho da amostra tem efeito sobre a precisão de nossa estimativa, e a proximidade entre a média amostral $\bar{x}$ e a média populacional μ (considerando que a nossa amostra é representativa da população). É possível encontrarmos uma média amostral $\bar{x}$ mais próxima de μ em uma amostra de tamanho $n = 10$ do que em uma amostra de tamanho $n = 100$. Entretanto, espera-se que a chance de encontrarmos uma média amostral

$\bar{x}$ mais próxima de μ em uma amostra de tamanho $n = 100$ seja maior do que em uma amostra de tamanho $n = 10$.

A terceira propriedade do "conjunto" $\bar{X}$ diz respeito à forma de sua distribuição. Da primeira propriedade, entendemos que não esperamos que o valor da média $\bar{x}$ encontrada em uma amostra de tamanho n seja igual ao valor da média populacional μ, mas o valor médio das possíveis médias amostrais $\bar{x}$ será igual a μ. Porém, se consideramos uma única amostra de tamanho n, é mais provável que o valor da respectiva média amostral $\bar{x}$ seja próximo ou distante de μ? Felizmente, podemos afirmar que a probabilidade de encontrarmos em uma amostra aleatória de tamanho n uma média amostral próxima à populacional é maior que a probabilidade de encontrarmos uma média amostral distante de μ.

Vamos voltar ao exemplo em que, em uma população, a distribuição do peso das crianças se aproxima de uma curva normal, com média $\mu = 26{,}4$ kg e desvio padrão $\sigma = 2{,}1$ kg. Usando um computador, vamos simular 100 mil amostras de tamanho $n = 25$, retiradas dessa população. Em cada amostra, encontramos o valor da média $\bar{x}$. Temos, portanto, 100 mil valores para as médias amostrais. A média dessas 100 mil médias amostrais é 26,401 kg, um valor bastante próximo à média populacional μ. O desvio padrão dessas 100 mil médias amostrais é 0,419 kg, um valor bastante próximo do erro padrão $\sigma/\sqrt{n}$ dado por $2{,}1/5 = 0{,}42$ kg.

A Figura 9.7 mostra um histograma para essas 100 mil médias amostrais. O histograma descreve que há, entre os valores dessas 100 mil médias amostrais, mais valores próximos a $\mu = 26{,}4$ que valores distantes de μ.

Em adição, ao visualizarmos o histograma da Figura 9.7, observamos que a distribuição das 100 mil médias amostrais é simétrica e sugere uma curva normal.

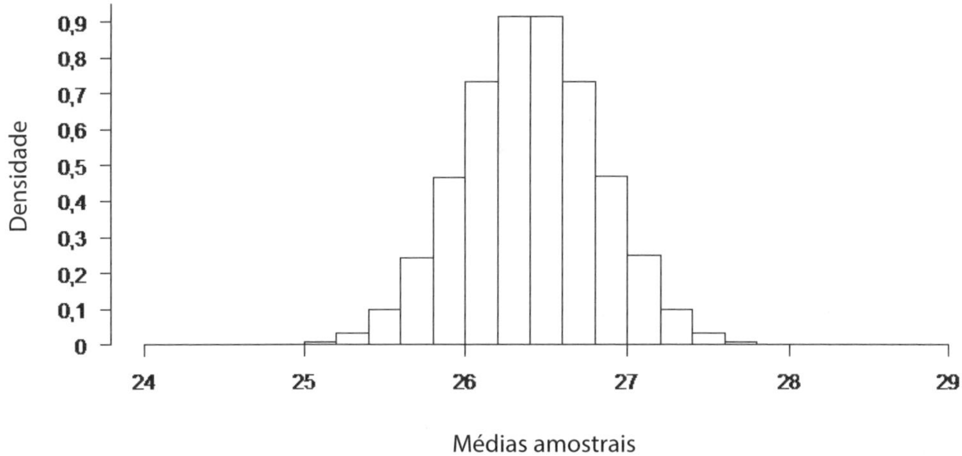

Figura 9.7 Histograma para 100 mil médias amostrais do peso de crianças de 6 a 10 anos, baseadas em amostras de tamanho $n = 25$.

De fato, se desenharmos sobre esse histograma uma curva normal com média μ = 26,4 kg e desvio padrão $\sigma/\sqrt{n}$ dado por 2,1/5 = 0,42 kg (ou seja, o erro padrão), observamos que essa curva acompanha os pontos médios dos intervalos de classe projetados no topo de cada retângulo que compõe a figura (veja a Figura 9.8).

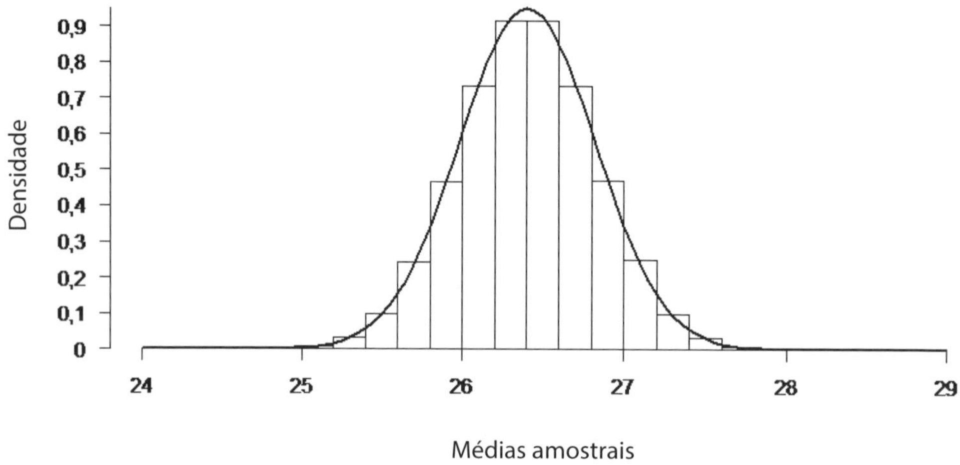

Figura 9.8 Uma curva normal desenhada sobre o histograma para 100 mil médias amostrais do peso de crianças de 6 a 10 anos, baseadas em amostras de tamanho n = 25.

Em síntese, a primeira propriedade diz que a média do "conjunto" $\overline{X}$ é μ. A segunda propriedade diz que seu desvio padrão é $\sigma/\sqrt{n}$ (ou seja, o erro padrão). A terceira propriedade diz que o "conjunto" $\overline{X}$ segue uma distribuição normal. Portanto, usando uma notação matemática, escrevemos:

$$\overline{X} \sim N\left(\mu; \frac{\sigma^2}{n}\right).$$

Lembrando que, por definição, nós inserimos a variância, e não o desvio padrão na notação de uma variável aleatória que segue uma distribuição normal (a variância é sempre o desvio padrão elevado ao quadrado).

9.2 O TEOREMA CENTRAL DO LIMITE

Essas três propriedades, vistas em conjunto, definem o que em estatística é chamado de teorema central do limite. Para facilitar a compreensão dessas ideias, dissemos que $\overline{X}$ é um "conjunto" de possibilidades para a média amostral. Formalmente, devemos entender que a estatística trata $\overline{X}$ como uma variável aleatória, dado que seus possíveis valores modificam-se aleatoriamente de uma amostra para outra. Isso possibilita atribuirmos a $\overline{X}$ uma distribuição normal com média

μ e desvio padrão $\sigma/\sqrt{n}$. Assim, dizemos que a distribuição de probabilidades de $\overline{X}$ é a distribuição amostral das médias das amostras de tamanho n.

É importante questionar se as três propriedades apresentadas são sempre válidas ou não. Entendemos que as duas primeiras propriedades são sempre válidas, mas precisamos de alguma cautela em relação à terceira.

A terceira propriedade diz que a distribuição de $\overline{X}$ é uma curva normal quando, na população, a variável de interesse X também segue uma curva normal. Porém, se a variável X não é normalmente distribuída, a distribuição de $\overline{X}$ não seguirá uma curva normal se as médias amostrais forem de tamanho relativamente pequeno. Uma regra prática diz que a distribuição amostral de médias de amostras de tamanho maior que 30 se aproxima satisfatoriamente de uma curva normal. Por esse motivo, muitos pesquisadores da área da saúde costumam fazer uso de amostras de tamanho mínimo igual a 30 em seus estudos.

9.3 OBSERVAÇÕES SOBRE O ERRO PADRÃO

Vimos que a quantidade $\sigma/\sqrt{n}$ é chamada de erro padrão da média (ver ALTMAN; BLAND, 2005). Da mesma forma que definimos um erro padrão para a média, podemos definir uma medida de erro padrão para uma proporção, para a prevalência de uma doença ou para qualquer outra expressão que tenha a função de estimar um parâmetro.

Podemos notar que a expressão $\sigma/\sqrt{n}$, embora importante, é desconhecida para nós, dado que o desvio padrão σ da variável de interesse é populacional. Consequentemente, é desconhecido quando lidamos com amostras. Em nossas pesquisas, podemos estimar o erro padrão da média substituindo o desvio padrão populacional σ pelo desvio padrão amostral s. Por exemplo, seja uma amostra de n = 10 crianças. Suponha que nós observamos os seguintes valores para o peso, em quilogramas:

29,5 34,4 29,4 34,0 38,9 42,2 29,2 36,6 32,1 36,9

A média amostral é:

$$\bar{x} = \frac{29,5 + 34,4 + \ldots + 36,9}{10} = 34,32 \text{ kg},$$

e o desvio padrão amostral é:

$$s = \sqrt{\sum_{i=1}^{10} \frac{(x_i - 34,32)^2}{n-1}} \cong 4,392 \text{ kg}.$$

Uma estimativa do erro padrão da média é:

$$\frac{s}{\sqrt{n}} = \frac{4,392}{\sqrt{10}} \cong 1,389 \text{ kg}.$$

Lembramos que o erro padrão da média é uma medida da variabilidade das diferentes possibilidades para a média amostral baseadas em uma amostra de tamanho n. O valor encontrado, 1,389 kg, não é exatamente o valor dessa variabilidade, mas uma ideia de sua dimensão, baseada em uma amostra retirada da população de interesse. Certamente, em outra amostra de mesmo tamanho, encontraríamos outro valor para a estimativa do erro padrão da média.

Embora o erro padrão da média seja uma medida importante para entendermos a precisão da nossa estimativa, sua interpretação não é simples, dado que nós podemos ter dificuldades para saber se seu valor é relativamente grande ou pequeno. Por isso, nos estudos conduzidos na área da saúde, é comum o uso de intervalos de confiança para entendermos a precisão de nossa estimativa. O cálculo do intervalo de confiança para a média é baseado na estimativa do erro padrão da média, dada por $s/\sqrt{n}$, e será apresentado no Capítulo 10.

9.4 EXERCÍCIOS

1. O que é erro padrão da média? Qual a diferença entre erro padrão e desvio padrão?

2. O que diz o teorema central do limite?

3. Suponha que, em uma dada população, o nível médio de colesterol total é de 149,2 mg/dl para os homens com 50 anos ou mais, com um desvio padrão de 27,667 mg/dl.

(a) Se você selecionasse uma amostra de tamanho $n = 40$ dessa população, que valor encontraria para a média amostral?

(b) Se você selecionasse um grande número de amostras dessa população, todas de tamanho $n = 40$, e em cada amostra encontrasse uma estimativa da média, qual seria a média das médias amostrais?

(c) Se você selecionasse um grande número de amostras dessa população, todas de tamanho $n = 40$, e em cada amostra encontrasse uma estimativa da média, qual seria o desvio padrão das médias amostrais?

(d) Qual é o valor do erro padrão da média, com base em uma amostra de tamanho $n = 40$?

(e) Se você selecionasse um grande número de amostras dessa população, todas de tamanho $n = 40$, e em cada amostra encontrasse uma estimativa da média, qual seria a forma de um histograma construído com essas médias amostrais?

CAPÍTULO 10

Intervalo de confiança para a média populacional

No Capítulo 8, entendemos que o intervalo de confiança é um intervalo de valores no qual presumimos que esteja contido o parâmetro de interesse, com um determinado grau de confiança. No presente capítulo, descreveremos como encontramos e interpretamos um intervalo de confiança quando o parâmetro em questão é uma média populacional.

Vamos considerar uma população de tamanho grande, de modo que nós não precisamos nos preocupar com sua dimensão. No capítulo anterior, vimos que, se X é uma variável quantitativa contínua que segue uma distribuição normal com média μ e desvio padrão σ, ou seja, $X \sim N(\mu;\sigma^2)$, então o "conjunto" $\overline{X}$ de todas as possibilidades para a média amostral $\overline{x}$ segue uma distribuição normal com média μ e desvio padrão $\sigma/\sqrt{n}$. Por notação,

$$\overline{X} \sim N\left(\mu;\frac{\sigma^2}{n}\right).$$

Sabemos que, se subtrairmos de uma variável aleatória que segue uma distribuição normal sua própria média e dividirmos o resultado por seu desvio padrão, teremos uma nova variável Z que segue uma distribuição normal padrão (com média zero e desvio padrão igual a um). Assim,

$$Z = \frac{\overline{X} - \mu}{\frac{\sigma}{\sqrt{n}}} = \frac{(\overline{X} - \mu)\sqrt{n}}{\sigma}$$

segue uma distribuição normal padrão. A partir desse resultado, encontramos um intervalo de confiança para a média populacional μ de uma variável aleatória X.

Vamos considerar um coeficiente de confiança de 95% para nosso intervalo. Lembramos que esse percentual indica o quanto estamos confiantes de que o valor do parâmetro se encontra inserido no intervalo que obteremos. Da tabela da curva normal padrão, temos que a área sob a curva de -1,96 a 1,96 é igual a 0,95,

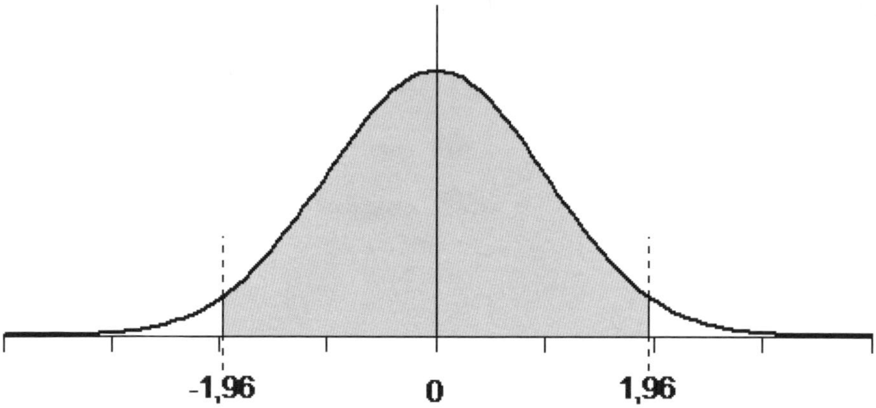

Figura 10.1 Curva normal padrão. A região sombreada corresponde a 95% da área total sob a curva.

conforme a Figura 10.1.

Dessa forma, podemos escrever a probabilidade como:

$$P(-1{,}96 < Z < 1{,}96) = 0{,}95.$$

Vamos então, nessa expressão, substituir Z por

$$Z = \frac{(\overline{X} - \mu)\sqrt{n}}{\sigma},$$

o que resulta em

$$P\left(-1{,}96 < \frac{(\overline{X} - \mu)\sqrt{n}}{\sigma} < 1{,}96\right) = 0{,}95.$$

Precisamos agora desenvolver essa expressão, isolando μ no centro da desigualdade nela contida. Assim,

$$P\left(-1,96\sigma < (\overline{X}-\mu)\sqrt{n} < 1,96\sigma\right) = 0,95,$$

e

$$P\left(-1,96\frac{\sigma}{\sqrt{n}} < \overline{X}-\mu < 1,96\frac{\sigma}{\sqrt{n}}\right) = 0,95.$$

No último passo, encontramos:

$$P\left(\overline{X}-1,96\frac{\sigma}{\sqrt{n}} < \mu < \overline{X}+1,96\frac{\sigma}{\sqrt{n}}\right) = 0,95.$$

Vamos interpretar essa expressão da seguinte forma: de uma população de grande dimensão, a probabilidade de obtermos em uma amostra de tamanho n um intervalo dado por

$$\left(\overline{X}-1,96\frac{\sigma}{\sqrt{n}}\,;\overline{X}+1,96\frac{\sigma}{\sqrt{n}}\right)$$

que contém μ é 0,95. Este é um intervalo de confiança 95% para μ.

Lembrando que não podemos atribuir uma probabilidade senão a um evento, um erro comum de interpretação de um intervalo de confiança 95% é dizer que a probabilidade de μ estar contido nesse intervalo é 0,95. Isso não é verdade. Lembramos que μ é um parâmetro, e não podemos atribuir uma probabilidade a um valor fixo. O que é aleatório nessa expressão é o próprio intervalo. Portanto, estamos atribuindo uma probabilidade ao intervalo, e não ao parâmetro.

Outra questão importante é que o desvio padrão σ, presente na expressão para o intervalo de confiança, é um parâmetro. Não conhecemos seu valor, dado que é uma quantidade populacional.

Por exemplo, vamos supor que em uma amostra de n = 81 adolescentes de baixo nível econômico, encontramos uma média de $\overline{x}$ = 104,31 μg/dl para os níveis séricos de ferro. Desejamos estimar a média populacional μ para essa variável. Na expressão

$$\left(\overline{X}-1,96\frac{\sigma}{\sqrt{n}}\,;\overline{X}+1,96\frac{\sigma}{\sqrt{n}}\right),$$

vamos substituir $\overline{X}$ por $\overline{x}$ = 104,31, nossa média amostral, e n por 81. Assim, o intervalo de confiança 95% é

$$\left(104,31 - 1,96\frac{\sigma}{9}; 104,31 + 1,96\frac{\sigma}{9}\right).$$

Não sabemos quanto vale o desvio padrão σ, dado que ele é populacional. Se nós soubéssemos seu valor (isso nunca vai ocorrer na realidade), poderíamos obter o intervalo de confiança a partir dessa expressão. Arbitrariamente, vamos supor σ = 20,2 µg/dl. Assim, de

$$\left(104,31 - 1,96\frac{20,2}{9}; 104,31 + 1,96\frac{20,2}{9}\right),$$

temos um intervalo de confiança 95% para μ dado por (99,91; 108,71 µg/dl). Vale lembrar que não estamos dizendo que a probabilidade de μ estar contido neste intervalo é 0,95. O valor de μ é fixo e desconhecido, e ele está ou não contido no intervalo obtido. Por outro lado, antes de retirarmos nossa amostra da população, sabíamos que a probabilidade de obter em nossa amostra um intervalo de confiança que conteria μ era 0,95. Assim, para simplificar, dizemos que, com uma confiança de 95% (e não com uma probabilidade de 95%), a média populacional dos níveis séricos de ferro de adolescentes de baixo nível econômico é um valor entre 99,91 e 108,71 µg/dl.

É óbvio, porém, que, em um estudo real em saúde, não podemos arbitrariamente escolher valores para σ. O exemplo aqui apresentado serve apenas para entendermos alguns conceitos importantes sobre intervalos de confiança.

Antes de apresentarmos a estratégia para o cálculo de um intervalo de confiança para μ, evitando o uso do desvio padrão σ desconhecido, vamos estudar mais alguns conceitos.

10.1 AMPLITUDE DO INTERVALO DE CONFIANÇA

Afirmamos que

$$\overline{X} - 1,96\frac{\sigma}{\sqrt{n}}$$

é o limite inferior do intervalo de confiança 95% para μ e

$$\overline{X} + 1,96\frac{\sigma}{\sqrt{n}}$$

é o limite superior do intervalo de confiança. A amplitude do intervalo de confiança é a diferença entre o limite superior e o limite inferior, dada por

$$\bar{X} + 1,96\frac{\sigma}{\sqrt{n}} - \left(\bar{X} - 1,96\frac{\sigma}{\sqrt{n}}\right) = 2 \times 1,96\frac{\sigma}{\sqrt{n}}$$

Isso nos mostra que a amplitude do intervalo de confiança é proporcional ao erro padrão $\sigma/\sqrt{n}$, de forma que, quanto maior o desvio padrão populacional σ, maior é essa amplitude. Por sua vez, quanto maior o tamanho amostral n, menor é a amplitude do intervalo de confiança.

10.2 NOTAÇÃO PARA UM INTERVALO DE CONFIANÇA

Dado que nós não estamos atribuindo uma probabilidade para a média populacional μ, não é adequado escrever um intervalo de confiança na forma

$$P(99,91 < \mu < 108,71) = 0,95.$$

Podemos denotar o intervalo de confiança 95% por IC95%, como aparece em muitas publicações da área da saúde. Assim, podemos escrever

IC95%: (99,91; 108,71),

usando o ponto-e-vírgula para separar os limites inferior e superior. Nas publicações em língua inglesa, esses limites muitas vezes são separados por uma vírgula, mas isso pode trazer alguma confusão, pois já usamos as vírgulas para separar as casas decimais.

Muitas publicações na área da saúde utilizam um traço ("-") para separar os limites inferior e superior. Isso não é propriamente um erro, mas neste livro evitaremos essa notação para não confundirmos o traço com um sinal de menos, que indicaria uma subtração ou um número negativo.

10.3 INTERPRETAÇÃO FREQUENTISTA DE UM INTERVALO DE CONFIANÇA

As linhas horizontais apresentadas na Figura 10.2 ilustram intervalos de confiança de 95% para a média populacional μ, obtidos de diferentes amostras de mesmo tamanho e com base no mesmo procedimento de amostragem. Observamos que a cada amostra de tamanho n obtemos um intervalo de confiança diferente (por isso, dizemos que os intervalos são aleatórios).

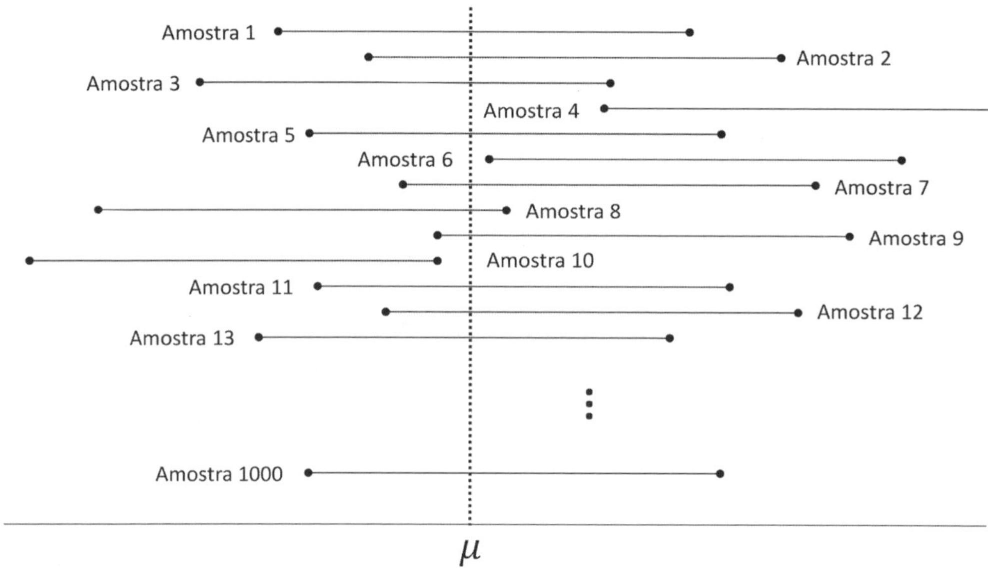

Figura 10.2 Representação de intervalos de confiança 95% para μ, obtidos de diferentes amostras de tamanho n. Se retirarmos da população um grande número de amostras de mesmo tamanho, 95% dessas amostras vão gerar intervalos de confiança que contém μ.

A Figura 10.2 apresenta intervalos de confiança que contêm ou não o valor do parâmetro μ (representado pela linha vertical tracejada). Observamos na figura que os intervalos gerados pelas amostras 1, 2 e 3 contêm o valor de μ, mas o intervalo de confiança gerado pela amostra 4 não contém. A interpretação frequentista diz que, se retirarmos um número bastante grande de amostras de mesmo tamanho, a cada 100 amostras, 95 gerarão intervalos de confiança que contêm a média populacional μ. Obviamente, em um estudo, temos apenas uma amostra aleatória de tamanho n e não sabemos se o intervalo de confiança por ela gerado contém ou não o valor da média populacional. Mas temos uma confiança (e não propriamente uma probabilidade) quantificada em 95% de que μ pertence ao intervalo encontrado.

10.4 INTERVALO DE CONFIANÇA PARA μ BASEADO NA DISTRIBUIÇÃO t DE STUDENT

Neste capítulo, entendemos que um intervalo de confiança 95% para μ baseado em uma amostra de tamanho n é dado por:

$$\left(\overline{X} - 1,96\frac{\sigma}{\sqrt{n}}; \overline{X} + 1,96\frac{\sigma}{\sqrt{n}}\right).$$

Contudo, encontramos um forte obstáculo para o uso dessa expressão, dado que o valor do desvio padrão σ é desconhecido.

A fim de contornar esse problema, lembramos que essa expressão para o intervalo de confiança tem origem no fato de que

$$Z = \frac{(\overline{X} - \mu)\sqrt{n}}{\sigma} \sim N(0; 1).$$

Vamos, então, substituir σ por S, sendo S o "conjunto" de possibilidades para o desvio padrão amostral dado por

$$s = \sqrt{\frac{\sum_{i=1}^{n}(x_i - \bar{x})^2}{n-1}},$$

com base em amostras tamanho n. Como resultado, temos a quantidade

$$T = \frac{(\overline{X} - \mu)\sqrt{n}}{S}$$

Essa nova quantidade aleatória que denotamos por T depende da variabilidade amostral de $\overline{X}$ e de S e segue uma distribuição chamada t de Student com $n - 1$ graus de liberdade. Essa quantificação de graus de liberdade tem efeito sobre a forma da curva densidade de probabilidade da distribuição t de Student, e o entendimento exato de seu significado requer um conhecimento matemático que extrapolaria os objetivos do presente livro. Entretanto, podemos observar que essa quantificação de graus de liberdade tem relação com o denominador $n - 1$ da expressão para o desvio padrão amostral.

A Figura 10.3 ilustra que a curva densidade de probabilidade da distribuição t de Student tem forma semelhante à da distribuição normal padrão, sendo também simétrica ao redor de sua média 0. Entretanto, enquanto a curva normal padrão é bastante próxima do eixo das abscissas do gráfico para valores maiores que 3,5 ou menores que –3,5 (ver Capítulo 7), notamos que as caudas da distribuição t de Student aproximam-se mais lentamente do eixo à medida que x cresce ou decresce.

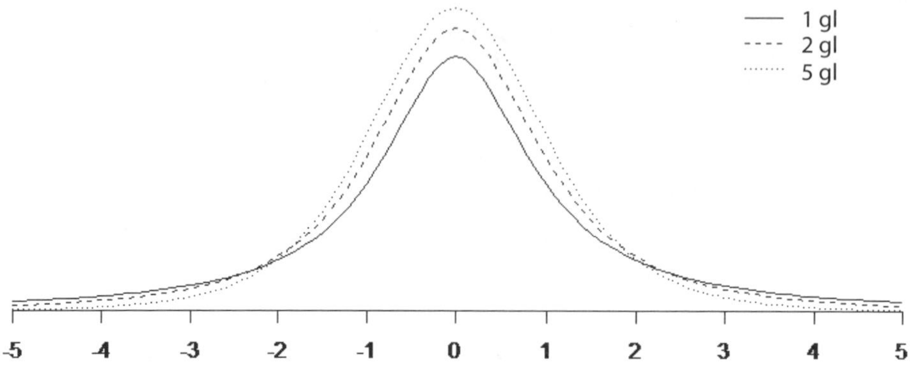

Figura 10.3 Curvas *t* de Student, com 1, 2 e 5 graus de liberdade (gl).

Uma distribuição *t* de Student com 1 grau de liberdade é chamada distribuição de Cauchy, em homenagem ao matemático francês Augustin-Louis Cauchy (1789-1857).

A Figura 10.4 compara curvas *t* de Student com 5, 10 e 400 graus de liberdade. À medida que o número de graus de liberdade cresce, observamos que a curva *t* de Student se aproxima de uma curva normal padrão. Se incluíssemos no gráfico da Figura 10.4 uma curva normal padrão, ela estaria sobreposta à curva *t* de Student com 400 graus de liberdade. Observe que essa curva se encontra bem próxima ao eixo das abscissas para valores de x maiores que 3,5 ou menores que –3,5.

Assim, um intervalo de confiança 95% para μ baseado em uma amostra de tamanho n e na distribuição *t* de Student é dado por

$$\left(\overline{X} - t_{(n-1;0,95)}\frac{S}{\sqrt{n}}; \overline{X} + t_{(n-1;0,95)}\frac{S}{\sqrt{n}}\right),$$

em que $t_{(n-1;0,95)}$ é um valor tal que a área sob a curva *t* de Student com $n-1$ graus de liberdade de $-t_{(n-1;0,95)}$ a $t_{(n-1;0,95)}$ é igual a 0,95 (ou 95% da área total da curva). Esse valor de $t_{(n-1;0,95)}$ é obtido na tabela da distribuição *t* de Student, que se encontra no Anexo C.

Observe nessa expressão que a amplitude do intervalo de confiança depende da estimativa amostral para o erro padrão da média, dada por $s/\sqrt{n}$, em que s é o desvio padrão amostral para nossa variável de interesse.

10.5 UM EXEMPLO

Em um estudo sobre a deficiência de zinco em crianças, foi utilizada uma amostra de $n = 35$ crianças. Em amostras de sangue dessas crianças, obtidas por

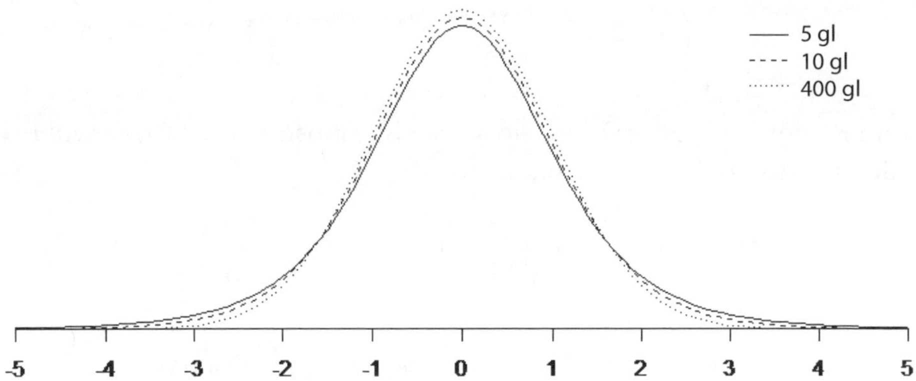

Figura 10.4 Curvas *t* de Student, com 5, 10 e 400 graus de liberdade (gl).

punção venosa, foi encontrada uma média de $\overline{x}$ = 118,7 μg/dl para os níveis séricos de zinco, com um desvio padrão de s = 23,1 μg/dl.

Da tabela da distribuição *t* de Student (Anexo C), temos que:

$$t_{(n-1;0,95)} = t_{(34;0,95)} = 2{,}032.$$

Note que esse valor é encontrado na linha $n - 1$ e na coluna 0,95 da tabela.

O gráfico da Figura 10.5 ilustra que de –2,032 a 2,032 temos uma área de 0,95 sob a curva *t* de Student com 34 graus de liberdade.

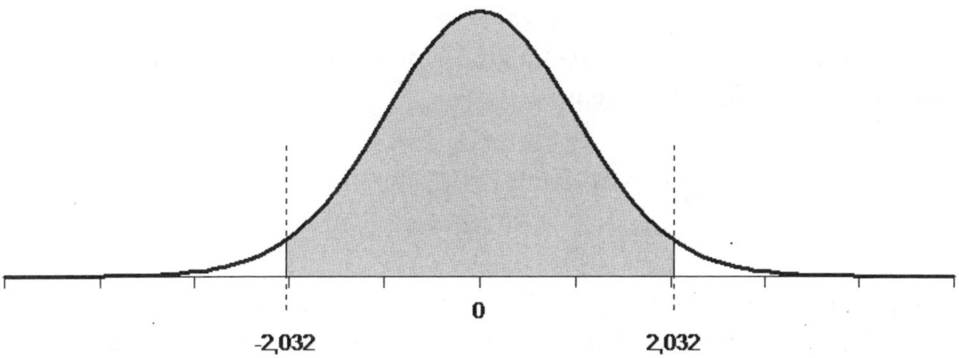

Figura 10.5 Curva *t* de Student com 34 graus de liberdade. A área sombreada corresponde a 95% da área total sob a curva.

Assim, o intervalo de confiança 95% para a média populacional dos níveis séricos de zinco é:

$$\left(\overline{X} - 2,032\frac{S}{\sqrt{35}}; \overline{X} + 2,032\frac{S}{\sqrt{35}}\right).$$

Vamos agora substituir $\overline{X}$ por nossa média amostral $\overline{x}$ = 118,7 µg/dl e S por nosso desvio padrão de s = 23,1 µg/dl. Assim,

$$\left(118,7 - 2,031\frac{23,1}{\sqrt{35}}; 118,7 + 2,032\frac{23,1}{\sqrt{35}}\right),$$

ou seja, o intervalo de confiança 95% para μ é (106,97; 129,03).

Assim, concluímos que, com base nas informações de nossa amostra, estamos 95% confiantes de que a média populacional μ dos níveis séricos de zinco é um valor entre 106,97 e 129,03 µg/dl.

Para obtermos um intervalo de confiança de 99% para a média populacional μ, buscamos na tabela da distribuição t de Student (Anexo C) o valor

$$t_{(n-1;0,99)} = t_{(34;0,99)} = 2,728.$$

Este valor é encontrado na linha $n - 1 = 34$ e na coluna 0,99 da tabela. Assim, o intervalo de confiança 99% é dado por

$$\left(\overline{X} - 2,728\frac{S}{\sqrt{35}}; \overline{X} + 2,728\frac{S}{\sqrt{35}}\right).$$

Substituindo $\overline{X}$ por nossa média amostral $\overline{x}$ = 118,7 µg/dl e S por nosso desvio padrão de s = 23,1 µg/dl, temos

$$\left(118,7 - 2,031\frac{23,1}{\sqrt{35}}; 118,7 + 2,032\frac{23,1}{\sqrt{35}}\right),$$

ou seja, o intervalo de confiança 99% para μ é (103,2; 132,8). Com uma confiança de 99%, concluímos que a média populacional μ dos níveis séricos de zinco é um valor entre 103,2 e 132,8 µg/dl.

A partir desse exemplo, notamos que, quanto maior o coeficiente de confiança, maior é a amplitude do intervalo de confiança obtido para nossos dados.

10.6 O DESENVOLVIMENTO DA DISTRIBUIÇÃO *t* DE STUDENT

O desenvolvimento da distribuição *t* de Student se deve ao químico e matemático britânico William Sealy Gosset (1876-1937). Gosset trabalhava em uma cervejaria irlandesa e seus conhecimentos estatísticos eram importantes para a estimação da quantidade de células de levedura necessária para garantir que o processo de fermentação da cerveja produzisse uma bebida cujo sabor não fosse demasiadamente amargo. Nesse processo, eram examinadas amostras de culturas em um microscópio, onde era estimada quanta levedura deveria ser utilizada. A ideia central da inferência estatística fazia-se presente, dado que era preciso então extrapolar para todo o lote de cerveja produzido o que era observado naquela amostra. Intervalos de confiança de 95% com a forma

$$\left(\overline{X} - 1,96\frac{\sigma}{\sqrt{n}}\,;\overline{X} + 1,96\frac{\sigma}{\sqrt{n}}\right),$$

em que σ é substituído pelo desvio padrão amostral, podem ser adequados quando fazemos uso de grandes amostras. Entretanto, nos experimentos industriais, nem sempre é possível fazer uso de amostras razoavelmente grandes. Como as amostras utilizadas na cervejaria eram geralmente pequenas, Gosset usou seus conhecimentos matemáticos para "corrigir" essa expressão para o intervalo de confiança, de modo que a estimação da média populacional fosse adequada em situações em que não podemos utilizar grandes amostras. Essa "correção" consistiu em obter o intervalo com base em uma nova distribuição de probabilidade, que não fosse a normal.

Entretanto, temendo que seus segredos de produção de cerveja fossem revelados ao público, a fábrica proibia que seus empregados publicassem quaisquer trabalhos. Isso incluiu o desenvolvimento daquela nova distribuição de probabilidade. Para contornar essa proibição, Gosset publicou um artigo científico apresentando suas ideias sem que seu nome aparecesse no trabalho. No lugar do nome de um autor, o artigo científico informava apenas que se tratava de um trabalho de um estudante (*student*, em inglês). Assim, *Student* tornou-se um pseudônimo de Gosset, e a nova distribuição de probabilidade ficou conhecida como distribuição *t* de Student.

No desenvolvimento dessa distribuição de probabilidade, Gosset contou com algum auxílio de Karl Pearson (1857-1936). No final de seu artigo publicado em 1908, sob o pseudônimo de Student, Gosset escreveu uma nota de agradecimento a Pearson, por suas importantes sugestões.

Informações mais detalhadas sobre o desenvolvimento da distribuição *t* de Student podem ser encontradas em Salsburg (2009).

10.7 EXERCÍCIOS

1. O que é um intervalo de confiança?

2. De que depende a amplitude do intervalo de confiança da média?

3. O estudo transversal de Carvalho et al. (2003) objetivou determinar os níveis de chumbo no sangue de crianças que moravam próximo a uma fundição de chumbo desativada na cidade de Santo Amaro da Purificação, Estado da Bahia, em setembro de 1998. A concentração de chumbo no sangue foi determinada por espectrofotometria de absorção atômica. Em uma amostra de 47 crianças, o nível médio de chumbo foi de 17,1 μg/dl e o desvio padrão foi de 7,3 μg/dl. Considere que os níveis de chumbo seguem uma distribuição aproximadamente normal na população.

   a. Encontre um intervalo de confiança de 95% para o nível médio de chumbo no sangue da população de crianças em questão.
   b. Encontre um intervalo de confiança de 99% para o nível médio de chumbo no sangue da população de crianças em questão.
   c. Interprete os intervalos de confiança encontrados nos itens (a) e (b) e explicite as diferenças que você observou entre os dois intervalos.

4. Foi verificado que a altura de 60 estudantes, em média, é igual a 175 cm, com um desvio padrão de 7 cm. Considere que esses 60 estudantes representam uma amostra aleatória de uma determinada população de estudantes. Construa um intervalo de confiança 95% para a altura média populacional.

5. Para estudar o efeito da merenda escolar introduzida nas escolas de um grande município, foi acompanhada uma amostra de 100 crianças que estão entrando na rede municipal de ensino. Dentre diversas características de interesse, pretende-se avaliar o parâmetro μ, o ganho médio de peso entre todas as crianças da rede municipal de ensino durante o primeiro ano letivo. A partir da amostra, observou-se que o ganho médio de peso das crianças da amostra é $\bar{x} = 6$ kg e o desvio padrão dos pesos das crianças na amostra é $s = 2$ kg. Encontre um IC 95% para o parâmetro μ.

6. Em uma amostra de 300 crianças com idade de 4 a 5 anos residentes em um município, a dosagem de hemoglobina em sangue periférico tem média 11,3 g/dl e desvio padrão 2,8 g/dl. Encontre um intervalo de confiança 95% para a média populacional dessa variável.

CAPÍTULO 11

Testes de hipóteses

O uso dos intervalos de confiança representa uma forma bastante informativa de apresentar os achados principais de um estudo que faz uso de amostras, em que esses resultados são extrapolados para a população que originou os dados. Em alguns estudos, pode haver o objetivo de testar hipóteses formuladas sobre parâmetros de interesse. O teste de hipótese é um procedimento de inferência estatística usual nesses casos. Intervalos de confiança e testes de hipóteses estão intimamente relacionados, dado que seus fundamentos teóricos são os mesmos. Entretanto, os testes de hipóteses têm algumas características importantes quanto à interpretação de seus resultados.

Uma hipótese estatística é uma suposição sobre um parâmetro de interesse. Uma nutricionista, por exemplo, pode ter por hipótese que o nível sérico médio de ferro em uma determinada população de crianças é menor que 50 mg/dl.

Um teste estatístico de hipóteses é uma regra utilizada para decidir quando rejeitar uma hipótese, sendo essa regra sempre baseada em uma amostra aleatória.

Assim, em um teste estatístico de hipóteses, é importante definirmos quem é pertencente à população, qual a variável de interesse, o parâmetro e a hipótese a ser verificada.

11.1 HIPÓTESE NULA E HIPÓTESE ALTERNATIVA

Em um teste estatístico de hipóteses, consideramos duas hipóteses:

- **Hipótese alternativa:** denotada por H_A, é a "hipótese do pesquisador", aquilo que ele deseja verificar.
- **Hipótese nula:** denotada por H_0, é o complemento da hipótese alternativa.

Em 1860, após analisar a temperatura da região axilar de aproximadamente 25 mil pessoas, o médico alemão Carl Reinhold August Wunderlich (1815-1877) identificou a temperatura média de adultos saudáveis como 37 °C ou 98,6 °F. Como esse número de pessoas é bastante grande, foi então assumido que o valor populacional da média de adultos saudáveis é $\mu = 37$ °C. Consequentemente, em muitos termômetros caseiros o número "37" é destacado na escala como um valor de referência para auxiliar a classificação do estado de uma pessoa como febril ou não.

Em 1992, o médico norte-americano Philip Mackowiak e seus colaboradores estabeleceram como hipótese que essa média populacional não é $\mu = 37$ °C (MACKOWIAK; WASSERMAN; LEVINE, 1992). Perceba que essa é uma hipótese estatística, dado que é formulada em relação a um parâmetro.

Considerando que Mackowiak et al. acreditavam que a média μ das temperaturas de adultos saudáveis é diferente de 37 °C, as hipóteses nula H_0 e alternativa H_A de um possível teste de hipóteses são:

$$H_0: \mu = 37\ °C$$

$$H_A: \mu \neq 37\ °C$$

A hipótese alternativa leva esse nome uma vez que em muitas aplicações ela expressa uma alternativa ao que já se acredita a respeito do parâmetro. Após o estudo de Wunderlich, estabeleceu-se como teoria que μ é igual a 37 °C. Mas Mackowiak et al., alternativamente, propuseram $\mu \neq 37$ °C. A hipótese nula, por sua vez, "torna nula" a crença do pesquisador. A hipótese nula é relacionada ao que é conhecido, tradicional, conservador.

As hipóteses nula e alternativa devem ser complementares, de modo que todos os possíveis valores para o parâmetro sejam contemplados pela união de H_0 e H_A e não seja possível uma situação que satisfaça tanto a H_0 quanto a H_A.

11.2 ERROS TIPO I E TIPO II

Com base nos resultados de uma amostra aleatória de tamanho n, tomamos a decisão de rejeitar ou não rejeitar a hipótese nula H_0. O teste de hipóteses, a princípio, considera a hipótese nula como verdadeira. Essa hipótese é confrontada com uma amostra, e se observarmos uma compatibilidade entre os resultados da amostra e aquilo que a hipótese nula afirma, assumimos que há algum sentido em H_0 e não a rejeitamos. Entretanto, se entendermos que os resultados da amostra são pouco prováveis em relação à crença de que H_0 é verdadeira, rejeitamos a hipótese nula.

Se rejeitarmos a hipótese nula, concluímos que nosso estudo nos forneceu evidências favoráveis à hipótese alternativa. Se não rejeitarmos a hipótese nula, concluímos que nosso estudo não trouxe evidências suficientes para considerar H_0 falsa (mas isso não quer dizer que necessariamente aceitamos H_0 como verdadeira).

Estaremos, assim, sujeitos a dois tipos de erros:

- **Erro tipo I**: se rejeitamos H_0, mas H_0 é verdadeira, cometemos um erro tipo I.
- **Erro tipo II**: se não rejeitamos H_0, mas H_0 é falsa, cometemos um erro tipo II.

A Tabela 11.1 sintetiza esses erros. O teste estatístico de hipóteses nos leva a decidir entre rejeitar ou não rejeitar a hipótese nula, mas não sabemos se H_0 é realmente verdadeira ou falsa. A verdade sobre H_0, descrita nas colunas da Tabela 11.1, é por nós desconhecida. Isso significa que, em uma pesquisa, estamos conscientes da possibilidade de cometermos um erro tipo I ou tipo II, mas não há como saber com certeza se nossa decisão foi correta ou não.

Tabela 11.1 Erros tipo I e tipo II.

		A verdade sobre H_0	
		H_0 é verdadeira	**H_0 é falsa**
Decisão	Rejeitamos H_0	Erro tipo I	Não há erro
	Não rejeitamos H_0	Não há erro	Erro tipo II

Considere um exemplo em que um biomédico sintetiza uma nova droga para o tratamento de uma doença específica. Há uma droga conhecida, que chamaremos aqui de "droga 1", que é rotineiramente utilizada no tratamento da doença em questão. Vamos chamar a nova droga de "droga 2". O biomédico decide conduzir um estudo em que uma amostra de portadores da doença será aleatoriamente dividida em dois grupos. Os indivíduos do primeiro grupo receberão a droga 1, e os indivíduos do segundo grupo receberão a droga 2. O biomédico propõe que, se a droga 2 produzir melhores resultados, deverá substituir a droga 1. Sejam θ_1 e θ_2 as proporções de respostas às drogas 1 e 2, respectivamente, em uma população de pessoas portadoras da doença. As hipóteses nula e alternativa são, respectivamente,

$$H_0 : \theta_1 \geq \theta_2$$

$$H_A : \theta_1 < \theta_2$$

A hipótese alternativa, conforme a crença do pesquisador, postula que a droga 2 é superior à droga 1, dado que uma proporção maior de indivíduos responde à nova droga. A hipótese nula postula que a proporção de indivíduos que responde à droga 1 é maior ou igual à proporção que responde à droga 2.

Um erro tipo I consiste em concluir que a droga 2 é superior à droga 1 sem que isso seja verdade. Um erro tipo II consiste em não descartar a possibilidade de a droga 1 ser igual ou superior à droga 2, ao passo que a droga 2 é realmente superior.

Nesse exemplo, qual erro é o mais grave? O erro tipo I ou o erro tipo II? Para julgarmos qual erro é o mais grave, vamos entender as consequências de cada um. Se cometermos um erro tipo I, vamos acreditar que a droga 2 é superior, e substituir uma droga já conhecida por outra é bastante prejudicial ao tratamento dos pacientes. Se cometermos um erro tipo II, não teremos argumentos para substituir a droga 1 pela 2, e tudo continuará como estava antes. Como prejuízo, perderemos a chance de ter evidências de que há uma droga melhor que aquela rotineiramente utilizada. Assim, entendemos que nesse exemplo o erro tipo I é mais grave.

Substituir um conhecimento tradicional por um alternativo, sendo o alternativo falso, é mais prejudicial que deixar de substituir um conhecimento tradicional por um alternativo, sendo o alternativo verdadeiro. Por isso, em muitas ocasiões, o erro tipo I é mais grave que o erro tipo II.

11.3 NÍVEL DE SIGNIFICÂNCIA E PODER DO TESTE

A probabilidade de se cometer um erro tipo I é chamada **nível de significância do teste** e é denotada pela letra grega α (alfa). Assim,

$$P(erro\ tipo\ I) = P(rejeitar\ H_0|H_0\ é\ verdadeira) = \alpha.$$

Na construção de um teste de hipóteses, procuramos controlar o erro tipo I fixando o valor de α. Entendemos, então, que o nível de significância não é um valor que calculamos a partir da amostra, mas é escolhido quando nosso estudo está sendo planejado. Nas publicações científicas da área da saúde, na grande maioria das vezes, α é fixado em 0,05.

A probabilidade de se cometer um erro tipo II é denotada pela letra grega β (beta). Assim,

$$P(\textit{não rejeitar } H_0 | H_0 \textit{ é falsa}) = \beta.$$

No exemplo das temperaturas de adultos saudáveis, as hipóteses nula (H_0) e alternativa (H_A) de um possível teste de hipóteses eram:

$$H_0: \mu = 37 \text{ °C}$$

$$H_A: \mu \neq 37 \text{ °C}$$

Se fixamos o nível de significância em 0,05, buscamos construir uma regra de decisão baseada em uma amostra de tamanho n tal que a seguinte expressão seja verdadeira:

$$\alpha = P(\textit{erro tipo I}) = P(\textit{rejeitar } H_0 | \mu = 37\text{°C}) = 0{,}05.$$

Em contrapartida, a probabilidade de erro tipo II é dada por:

$$\beta = P(\textit{não rejeitar } H_0 | \mu \neq 37\text{°C}).$$

Contudo, notamos que a probabilidade β não é um número fixo, visto que existem infinitas possibilidades para μ quando H_A é verdadeira (ou seja, quando $\mu \neq 37$ °C). Por exemplo, para $\mu = 36$ °C, temos um valor particular para β; para $\mu = 39$ °C, temos outro valor particular para β. Assim, β é uma função de μ, melhor reescrita na forma $\beta(\mu)$

A função

$$1 - \beta(\mu) = P(\textit{rejeitar } H_0 | \mu),$$

ou seja, a probabilidade de rejeitar a hipótese nula para um valor particular de μ é chamada **função poder** do teste de hipóteses.

Observe que, se a hipótese nula é verdadeira, ou seja, $\mu = 37$ °C, a função poder se iguala ao nível de significância:

$$1 - \beta(37 \text{ °C}) = P(\textit{rejeitar } H_0 | \mu = 37 \text{ °C}) = 0{,}05 = \alpha.$$

A função poder é muito utilizada na pesquisa em saúde para a determinação do tamanho amostral necessário ao estudo. Para isto, primeiro fixamos o nível de significância α em um valor relativamente pequeno (tradicionalmente 0,05). Em seguida, fixamos a função poder $1 - \beta(\mu)$ para um valor particular de μ, de acordo com a hipótese alternativa. Opções comuns para $\beta(\mu)$ são são 0,05, 0,1 ou 0,2. Nas publicações em saúde, a escolha de $\beta(\mu)$ não costuma ultrapassar 0,2. A partir destas escolhas de α e $\beta(\mu)$, o tamanho amostral é determinado. Para maiores detalhes, ver Luiz e Magnanini (2000).

O poder é uma característica do teste de hipóteses, e não da amostra ou de nossos dados. Portanto, não é correto falarmos em "poder da amostra".

11.4 TESTE DE HIPÓTESES PARA UMA MÉDIA POPULACIONAL

Retomemos o exemplo das temperaturas de adultos saudáveis, sendo as hipóteses nula e alternativa dadas por:

$$H_0: \mu = 37\ °C$$

$$H_A: \mu \neq 37\ °C$$

Antes mesmo de retirarmos uma amostra de tamanho n da população, vamos escolher o nível de significância do teste. Assim, fixamos $\alpha = 0{,}05$ e procuraremos construir uma regra de decisão para rejeitarmos ou não a hipótese nula, obedecendo a essa igualdade:

$$\alpha = P(erro\ tipo\ I) = P(rejeitar\ H_0|\mu = 37\ °C) = 0{,}05.$$

No Capítulo 9, entendemos que, se a variável de interesse denotada por X segue uma distribuição normal com média μ e desvio padrão σ, a distribuição amostral da média é

$$\overline{X} \sim N\left(\mu; \frac{\sigma^2}{n}\right),$$

e, consequentemente,

$$Z = \frac{(\overline{X} - \mu)\sqrt{n}}{\sigma} \sim N(0; 1).$$

No Capítulo 10, entendemos que, se substituirmos nessa expressão o desvio padrão populacional σ pelo desvio padrão amostral S, a quantidade

$$T = \frac{(\overline{X} - \mu)\sqrt{n}}{S}$$

segue uma distribuição t de Student com $n - 1$ graus de liberdade (por simplicidade, vamos abreviar "graus de liberdade" por "gl"). Essa é a fundamentação teórica do teste de hipóteses para uma média populacional.

Em um teste estatístico de hipóteses, inicialmente consideramos verdadeira a hipótese nula (H_0). Nesse caso, a hipótese nula é

$$H_0: \mu = 37\ °\text{C}.$$

Vamos então substituir μ por 37 °C na expressão para T. Assim, encontramos a quantidade T_0, em que μ = 37 °C:

$$T_0 = \frac{(\overline{X} - 37)\sqrt{n}}{S}.$$

Já dissemos que T segue uma distribuição t de Student com $n - 1$ gl. E o que podemos dizer sobre a distribuição de T_0? Se a hipótese nula for realmente verdadeira, T_0 se iguala a T, seguindo também uma distribuição t de Student com $n - 1$ gl.

Vamos encontrar um valor t_0 da quantidade T_0, com base em uma amostra aleatória tamanho n. Para isso, na expressão para T_0 substituiremos $\overline{X}$ pela média amostral $\overline{x}$ encontrada em nossa amostra e S pelo desvio padrão amostral s, também encontrado em nossa amostra. Portanto,

$$t_0 = \frac{(\bar{x} - 37)\sqrt{n}}{s}.$$

Chamamos t_0 de estatística do teste de hipóteses. Se a hipótese nula for verdadeira, esse valor de t_0 calculado da amostra será o resultado de uma distribuição t de Student com $n - 1$ gl.

Consequentemente, esperamos que t_0 se localize na "região central" de uma curva t de Student com $n - 1$ gl, conforme a Figura 11.1, dado que essa é a região de maior probabilidade de ocorrência para algum valor (lembre-se que a "altura" da curva é relacionada a probabilidades). Se isso ocorrer, não rejeitamos a hipótese nula.

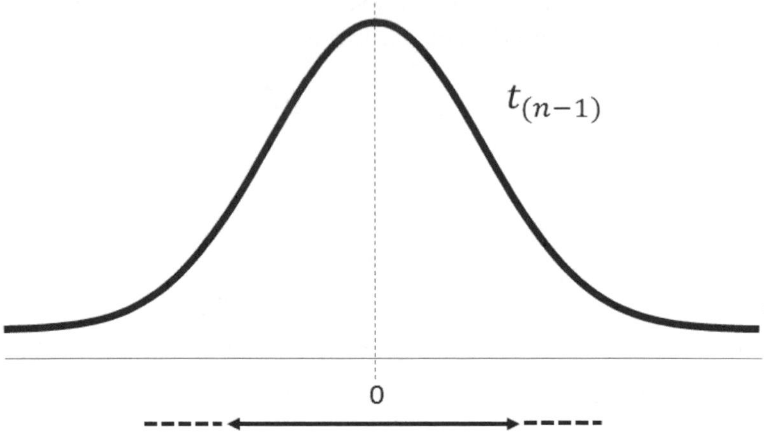

Figura 11.1 Comparação entre o valor encontrado para t_0 e uma curva t de Student com $n - 1$ graus de liberdade.

Porém, se o valor de t_0 não se encontra nessa "região central" da curva, inferimos que t_0 não deve ser o resultado de uma distribuição t de Student, dado que ele se encontra em uma região pouco provável para sua ocorrência. Isso soa como uma contradição à suposição inicial que H_0, e daí rejeitamos a hipótese nula.

Em um próximo passo, precisamos formalizar o que é essa "região central" da curva. Vamos então definir um valor t^*, tal que a hipótese nula será rejeitada se t_0 for maior que t^* ou menor que $-t^*$. Essa "região central" da curva é, portanto, o intervalo de $-t^*$ a t^*, como ilustrado na Figura 11.2. O valor de t^* é obtido na tabela da distribuição t de Student (Anexo C), conforme o valor escolhido para o nível de significância α.

Dado que fixamos o nível de significância α em 0,05, temos que

$$\alpha = P(\textit{erro tipo I}) = P(\textit{rejeitar } H_0 | H_0 \textit{ é verdadeira}) = 0{,}05,$$

ou, lembrando que a probabilidade de um evento ocorrer é 1 menos a probabilidade de ele não ocorrer,

$$P(\textit{não rejeitar } H_0 | H_0 \textit{ é verdadeira}) = 0{,}95.$$

Decidimos não rejeitar H_0 quando t_0 estiver entre $-t^*$ e t^*. Portanto, $t^* = t_{(n-1;1-\alpha)}$ é um número tal que a área sob a curva t de Student (com $n - 1$ graus de liberdade) entre $-t^*$ e t^* é igual a $1 - \alpha = 0{,}95$, conforme a Figura 11.3.

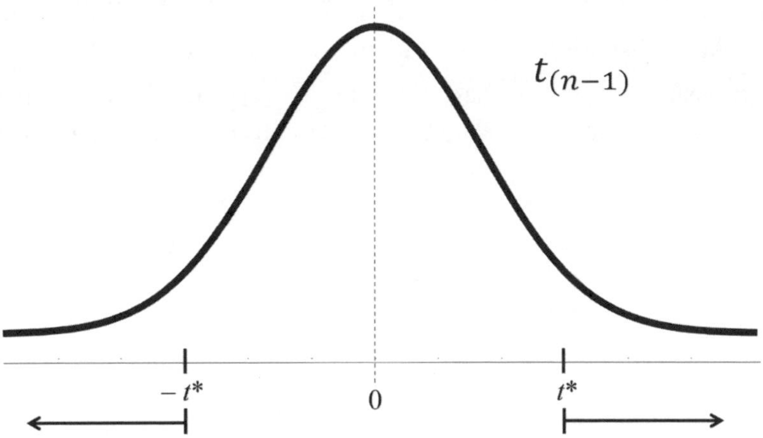

Figura 11.2 Decisão de rejeitar H_0 com base em um valor de t^*.

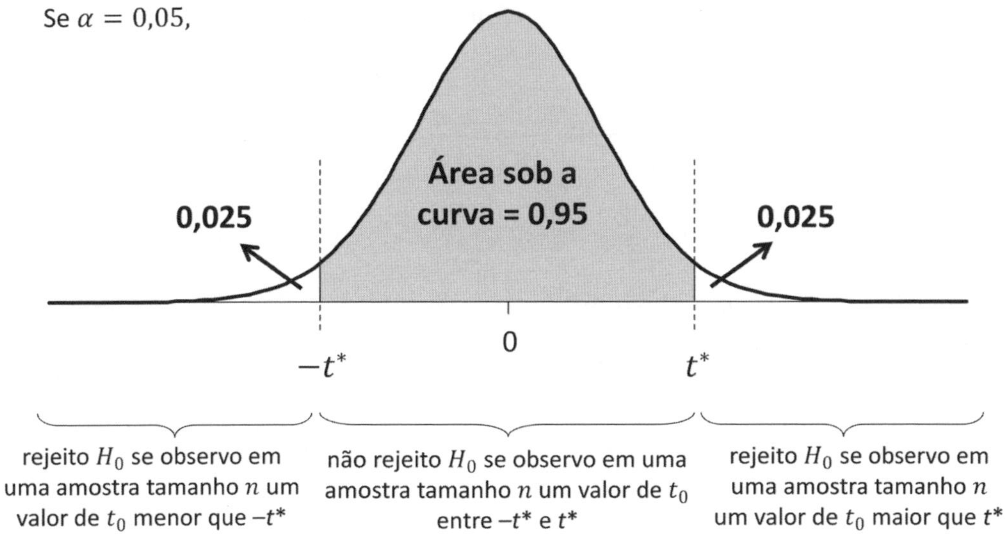

Figura 11.3 Decisão de rejeitar ou não H_0 com base em um valor de t^* e um nível de significância α igual a 0,05.

No exemplo das temperaturas de adultos saudáveis, as hipóteses nula e alternativa são dadas por H_0: $\mu = 37$ °C e H_A: $\mu \neq 37$ °C, e o nível de significância foi fixado em $\alpha = 0{,}05$. Vamos supor que planejamos obter da população de interesse uma amostra de tamanho $n = 12$. Se a hipótese nula estiver correta,

$$t_0 = \frac{(\bar{x} - 37)\sqrt{12}}{s}$$

é resultado de uma distribuição t de Student com $n - 1 = 12 - 1 = 11$ graus de liberdade. Da tabela da distribuição t de Student (Anexo C), temos $t^* = t_{(11;0,95)} = 2{,}201$.

Assim, nossa regra de decisão consiste em rejeitar H_0 se encontrarmos em uma amostra de tamanho $n = 12$ um valor de t_0 maior que 2,201 ou menor que –2,201, como ilustrado na Figura 11.4.

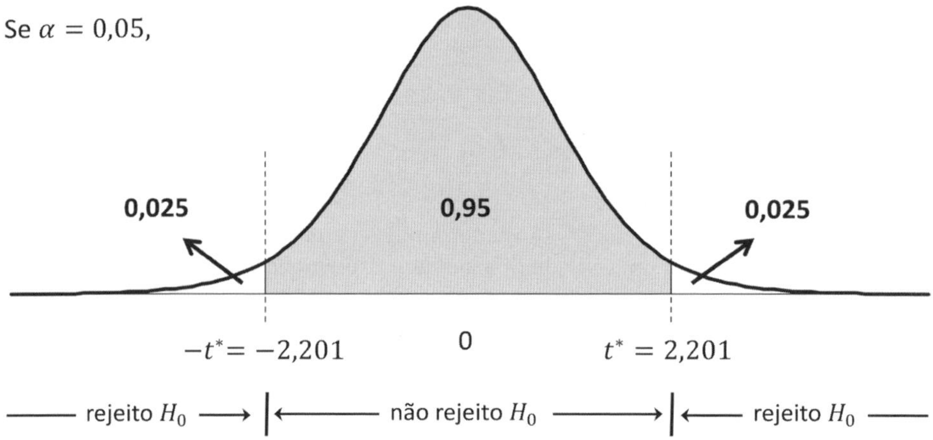

Figura 11.4 Decisão de rejeitar ou não H_0 com base em uma amostra de tamanho $n = 12$ e um nível de significância α igual a 0,05.

Vamos supor que, em uma amostra de tamanho $n = 12$ adultos saudáveis, encontramos os seguintes valores para as temperaturas:

35,6 °C	35,8 °C	36,3 °C	35,5 °C	35,9 °C	36,9 °C
37,1 °C	36,2 °C	37,2 °C	36,1 °C	37,6 °C	37,7 °C

A média amostral é

$$\bar{x} = \frac{35{,}6 + 35{,}8 + \ldots + 37{,}7}{12} = 36{,}5\ °C,$$

O desvio padrão amostral é

$$s = \sqrt{\frac{\sum_{i=1}^{12}(x_i - 36{,}5)^2}{11}} = 0{,}775\ °C.$$

A estatística t_0 do teste de hipóteses é

$$t_0 = \frac{(\bar{x} - 37)\sqrt{12}}{s} = \frac{(36,5 - 37)\sqrt{12}}{0,775} = -2,23.$$

Dado que o valor de t_0 é menor que $-t^*$, rejeitamos a hipótese nula H_0 (ver Figura 11.4) para um nível de significância de $\alpha = 0,05$. Portanto, nossa amostra nos fornece evidências de que a média da temperatura na região axilar para indivíduos adultos saudáveis é diferente de 37,0 °C.

11.5 NÍVEL DESCRITIVO OU VALOR *p*

Observamos que o resultado de um teste estatístico de hipóteses é a decisão de rejeitar ou não a hipótese nula. Notamos que de acordo com essa regra de decisão, comparamos o valor t_0 de uma estatística de teste com um valor t^*, sendo t_0 obtido das informações de nossa amostra e t^* depende do nível de significância α e do tamanho amostral n. A decisão de rejeitar ou não a hipótese nula depende, portanto, do valor escolhido para α. No exemplo anterior, rejeitamos H_0 para um nível de significância de $\alpha = 0,05$. Mas será que rejeitaríamos H_0 se o valor escolhido para α fosse diferente de 0,05?

Se o nível de significância tivesse sido escolhido em, por exemplo, $\alpha = 0,025$, o valor de t^* seria 2,593 (tabela do Anexo C e Figura 11.5). O valor de t_0, por sua vez, independe do nível de significância preestabelecido e continua sendo igual a –2,23. O valor de t_0 é agora maior que $-t^*$, e consequentemente não rejeitamos H_0.

Ainda considerando o exemplo das temperaturas corpóreas, a Tabela 11.2 mostra valores de t^* para algumas possíveis escolhas de α. Observe que, para escolhas de um valor para α menor ou igual a 0,047, não rejeitamos H_0. Em adição, para escolhas de um valor de α maior ou igual a 0,047, rejeitamos H_0.

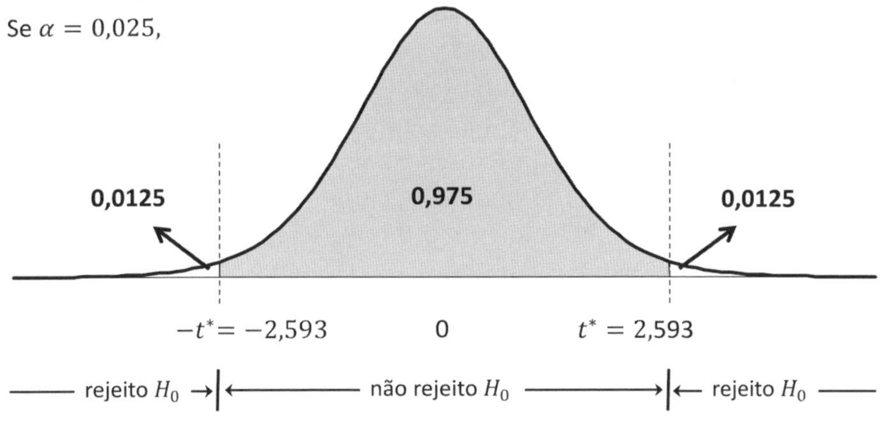

Figura 11.5 Decisão de rejeitar ou não H_0 com base em uma amostra de tamanho $n = 12$ e um nível de significância α igual a 0,025.

Tabela 11.2 Decisão (rejeitamos ou não H_0) de acordo com possíveis escolhas para o nível de significância α. Lembrar que t_0 independe de α e é igual a -2,23.

Possível escolha para α	$-t^*$	t^*	Decisão
0,05	−2,201	2,201	Rejeitamos H_0
0,048	−2,224	2,224	Rejeitamos H_0
0,047	−2,236	2,236	Não rejeitamos H_0
0,04	−2,328	2,328	Não rejeitamos H_0
0,03	−2,491	2,491	Não rejeitamos H_0
0,025	−2,593	2,593	Não rejeitamos H_0
0,02	−2,718	2,718	Não rejeitamos H_0
0,01	−3,106	3,106	Não rejeitamos H_0

Alguns valores de t^* mostrados na Tabela 11.2 podem ser encontrados na tabela da distribuição t de Student presente no Anexo C, enquanto outros valores foram encontrados com a ajuda de um programa de computador específico.

A menor possível escolha de α para a qual rejeitamos H_0 a partir da presente amostra equivale ao nível descritivo do teste ou valor p (muitas vezes abreviada somente pela letra p).

Em nosso exemplo, temos $p = 0{,}048$. Isso significa que rejeitamos H_0 para escolhas de α maiores ou igual a 0,048 (inclusive para $\alpha = 0{,}05$).

Isso nos leva a uma regra prática segundo a qual rejeitamos H_0 se o valor p é menor que o nível de significância escolhido, e não rejeitamos H_0 caso contrário.

Observe que em nenhum instante estamos modificando o nível de significância previamente estabelecido. Se previamente estabelecemos α em, por exemplo, 0,05, esse valor não se modifica na análise dos dados. A obtenção do valor p consiste somente em entender qual seria o menor valor que precisaríamos ter atribuído a α para que a hipótese nula fosse rejeitada a partir de nossa amostra. Se em um teste de hipóteses encontramos, por exemplo, um valor p igual a 0,78, entendemos que, para que a hipótese nula fosse rejeitada, precisaríamos ter estabelecido previamente um nível de significância maior ou igual a 0,78. Porém, se o nível de significância foi estabelecido em 0,05 (ou seja, menor que 0,78), entendemos que a hipótese nula não é rejeitada.

É importante observar que o resultado de um teste de hipóteses não é o valor p em si, mas a decisão de rejeitar ou não uma hipótese nula de interesse. Em adição, observamos que enquanto o nível de significância é determinado pelo pesquisador, o valor p é obtido dos resultados de uma amostra. Portanto, o valor p é uma quantidade que se modifica de uma amostra para outra.

11.6 PARA SABER MAIS

Embora os valores *p* sejam bastante utilizados nas publicações da área da saúde, eles são alvo de críticas de muitos estatísticos (GRIMES; SCHULZ, 2002; LESAFFRE, 2008; NUZZO, 2014). Em primeiro lugar, não são uma medida de fácil entendimento. Uma definição formal diz que um valor *p* é a probabilidade de se obter uma estatística de teste (como t_0) igual ou mais extrema quanto aquela observada em uma amostra, assumindo como verdadeira a hipótese nula. Precisaríamos previamente entender com alguma profundidade os conceitos de probabilidade que fundamentam os testes de hipóteses para uma melhor compreensão dessa definição. Na Seção 11.5, descrevemos uma consequência dessa definição, que nos traz alguma compreensão do significado do valor *p* em um teste de hipóteses. Vimos que o valor *p* pode ser entendido como o menor valor que poderíamos atribuir ao nível de significância tal que a hipótese nula é rejeitada.

Em segundo lugar, os valores *p* são facilmente influenciados pelo tamanho da amostra. Amostras grandes tendem a gerar valores *p* pequenos, enquanto amostras relativamente pequenas tendem a gerar valores *p* maiores.

Interpretações equivocadas dos valores *p* são frequentes. Muitas vezes, os valores *p* são confundidos com o nível de significância. Como exemplo, encontramos em algumas publicações da área da saúde frases como: "*o nível de significância foi estabelecido em* $p < 0{,}05$". Essa frase não está correta. Seria mais adequado escrever: "*o nível de significância foi estabelecido em* $\alpha = 0{,}05$". Outro conceito errôneo diz que o valor *p* mede a probabilidade de a hipótese nula de um teste ser verdadeira. Nos testes de hipóteses, podemos estabelecer a probabilidade de erros tipo I e II, mas não podemos atribuir probabilidades às hipóteses nula ou alternativa (GOODMAN, 2008; GREENLAND et al., 2016).

11.7 EXERCÍCIOS

1. O que é uma hipótese estatística?

2. O que é um teste estatístico de hipóteses?

3. O que é uma hipótese nula e uma hipótese alternativa?

4. O que é erro tipo I e erro tipo II?

5. O que é nível de significância?

6. O que é o poder de um teste de hipóteses?

7. O que é um nível descritivo ou valor *p*?

8. Alguns conceitos abaixo são verdadeiros, outros são falsos. Assinale cada um como verdadeiro (V) ou falso (F).

a. O nível de significância é a probabilidade máxima de rejeitar H_0.
b. O valor p é a probabilidade de a hipótese nula de um teste ser verdadeira.
c. O valor p é a probabilidade de cometermos o erro tipo I.
d. O valor da estatística t_0 do teste de hipóteses para uma média populacional depende do nível de significância estabelecido.
e. O nível de significância é comumente estabelecido pelo pesquisador, antes da coleta dos dados.
f. Só utilizamos testes de hipóteses quando nosso estudo é baseado em uma amostra.

9. Um fabricante de sabão líquido utilizado para fins hospitalares disse que, em média, o conteúdo de cada embalagem comercializada é de 10 litros. O responsável pela seção de compras de um hospital selecionou aleatoriamente sete embalagens de um lote, encontrando os seguintes conteúdos:

10,2 9,8 10,4 9,8 10,0 10,2 e 9,6 litros.

Sendo μ o conteúdo médio de sabão de todo o lote (a população), testar a hipótese nula H_0: $\mu = 10$ litros contra H_A: $\mu \neq 10$ litros, considerando uma chance de erro tipo I de 0,05. De acordo com o resultado do teste, o fabricante está dizendo a verdade quando afirma que o conteúdo de cada embalagem comercializada é de 10 litros, em média?

10. Foi medida a pressão diastólica de 30 crianças com idade entre 5 e 6 anos, escolhidas aleatoriamente em uma determinada comunidade. A média da pressão diastólica obtida com base nessa amostra foi de 56 mmHg, com desvio padrão de 17,9 mmHg. Sabendo que os valores obtidos nacionalmente dizem que a média da pressão diastólica é de 64 mmHg para as crianças com idade entre 5 e 6 anos, diga se há alguma evidência de que a pressão diastólica das crianças da comunidade em estudo seja diferente da média nacional, considerando um nível de significância de 0,05.

11. Foi verificado que a altura de 60 estudantes, em média, é igual a 175 cm, com um desvio padrão de 7 cm. Considere que esses 60 estudantes representam uma amostra aleatória de uma determinada população de estudantes. Sendo μ a altura média populacional dos estudantes, teste a hipótese nula H_0: $\mu = 170$ cm contra H_A: $\mu \neq 170$ cm, considerando uma chance de erro tipo I de 5%. Interprete o resultado.

CAPÍTULO 12

Comparações entre médias populacionais

Considere duas populações distintas, que denominaremos arbitrariamente população 1 e população 2. Seja X uma variável aleatória contínua de interesse. Essa variável tem média μ_1 na população 1 e μ_2 na população 2. Nosso objetivo é comparar as médias populacionais μ_1 e μ_2. Assim, as hipóteses nula (H_0) e alternativa (H_A) do respectivo teste de hipóteses são:

$$H_0: \mu_1 = \mu_2$$

$$H_A: \mu_1 \neq \mu_2$$

Se rejeitamos H_0, temos evidências de que as médias da variável X nas populações 1 e 2 são diferentes. Se não rejeitamos H_0, não estamos concluindo que as médias populacionais são iguais, mas entendemos que o teste de hipóteses não conseguiu encontrar diferenças entre μ_1 e μ_2 (o que não quer dizer que a diferença não exista).

Esse teste de hipóteses de comparação de médias é uma regra de decisão que se baseia nos resultados de duas amostras aleatórias de tamanhos n_1 e n_2, retiradas respectivamente das populações 1 e 2, como ilustrado na Figura 12.1.

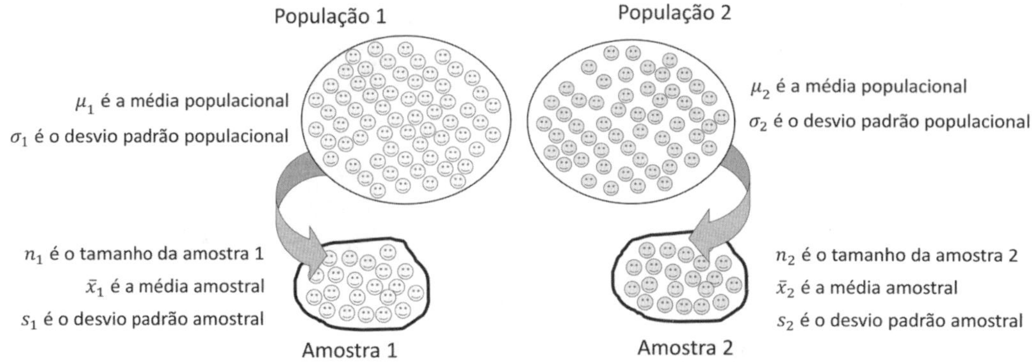

Figura 12.1 Duas amostras de tamanhos n_1 e n_2 são retiradas de populações distintas.

O desvio padrão da variável X na população 1 é σ_1 e na população 2 é σ_2. As quantidades μ_1, μ_2, σ_1 e σ_2 são parâmetros, dado que elas são características de X em suas respectivas populações. Essas quantidades assumem valores fixos que são desconhecidos para nós, uma vez que não temos acesso a todas as informações das populações 1 e 2. Temos acesso a apenas uma parte das populações, que são nossas amostras. Dentro do processo de inferência estatística, procuraremos então tirar conclusões a respeito da comparação entre μ_1 e μ_2 com base em nossos achados amostrais.

A partir da amostra de tamanho n_1, retirada da população 1, podemos encontrar a média amostral $\bar{x}_1$ e o desvio padrão amostral s_1. Da amostra retirada da população 2, encontramos a média amostral $\bar{x}_2$ e o desvio padrão amostral s_2. Lembre-se que $\bar{x}_1$, s_1, $\bar{x}_2$ e s_2 são estimativas (e não parâmetros), dado que são medidas obtidas das amostras. Enquanto as quantidades $\bar{x}_1$, s_1, $\bar{x}_2$ e s_2 são conhecidas desde que tenhamos as amostras, μ_1, σ_1, μ_2 e σ_2 são quantidades desconhecidas.

Para o teste de comparações de médias, não é preciso que os tamanhos amostrais n_1 e n_2 sejam iguais. Essa questão depende do desenho de nosso estudo, mas essa discussão extrapolaria os propósitos deste capítulo.

Apresentaremos a seguir a fundamentação teórica do teste de comparação de médias populacionais. Essa teoria não se estende além daquela apresentada no Capítulo 9, no qual abordamos a distribuição amostral da média.

12.1 OS FUNDAMENTOS DO TESTE DE COMPARAÇÃO DE MÉDIAS

Vamos supor que a variável X segue uma distribuição aproximadamente normal na população 1, com média μ_1 e desvio padrão σ_1. $\bar{X}_1$ é a variável aleatória que representa todas as possibilidades para a média amostral de X encontradas em amostras tamanho n_1, tomadas dessa mesma população utilizando o mesmo procedimento de amostragem. Com base no Capítulo 9, temos que $\overline{X}_1$ segue uma curva normal, e as diferentes medidas de $\overline{X}_1$ variam em torno de μ_1 com uma variância σ_1^2/n_1. Assim,

$$\overline{X}_1 \sim N\left(\mu_1; \frac{\sigma_1^2}{n_1}\right).$$

Vamos supor ainda que essa mesma variável X também segue uma distribuição aproximadamente normal na população 2, com média μ_2 e desvio padrão σ_2.

De modo análogo, $\overline{X}_2$ é a variável aleatória que representa todas as possibilidades para a média amostral de X encontradas em amostras de tamanho n_2, tomadas da população 2 utilizando o mesmo procedimento de amostragem. Temos que $\overline{X}_2$ também segue uma curva normal, sendo que as diferentes medidas de $\overline{X}_2$ variam em torno de μ_2 com uma variância σ_2^2/n_2. Assim,

$$\overline{X}_2 \sim N\left(\mu_2; \frac{\sigma_2^2}{n_2}\right).$$

Lembre-se de que se σ_1 e σ_2 são os desvios padrão de X nas populações 1 e 2, então σ_1^2 e σ_2^2 são as respectivas variâncias populacionais.

Um importante resultado em estatística nos diz que a soma ou a subtração entre duas variáveis aleatórias que seguem uma distribuição normal também segue uma distribuição normal. Assim, a diferença $\overline{X}_1 - \overline{X}_2$ segue uma distribuição normal. Outro resultado diz que a média da diferença entre duas variáveis aleatórias é a diferença entre as médias individuais dessas variáveis. E um terceiro resultado diz que a variância da diferença entre duas variáveis aleatórias é a soma das variâncias de cada uma dessas variáveis, desde que elas sejam entre si independentes. Assim,

$$\overline{X}_1 - \overline{X}_2 \sim N\left(\mu_1 - \mu_2; \frac{\sigma_1^2}{n_1} + \frac{\sigma_2^2}{n_2}\right).$$

Ao transformarmos essa distribuição normal em uma curva normal padrão (com média 0 e variância 1), temos:

$$\frac{(\overline{X}_1 - \overline{X}_2) - (\mu_1 - \mu_2)}{\sqrt{\dfrac{\sigma_1^2}{n_1} + \dfrac{\sigma_2^2}{n_2}}} \sim N(0; 1).$$

Vamos então definir a quantidade Z, dada por:

$$Z = \frac{(\bar{X}_1 - \bar{X}_2) - (\mu_1 - \mu_2)}{\sqrt{\frac{\sigma_1^2}{n_1} + \frac{\sigma_2^2}{n_2}}}.$$

Essa quantidade será fundamental para o teste de comparação de médias, que descreveremos a seguir.

12.2 TESTE DE COMPARAÇÃO DE MÉDIAS, AMOSTRAS INDEPENDENTES E VARIÂNCIAS IGUAIS

Lembramos que nosso objetivo é comparar as médias populacionais μ_1 e μ_2. As hipóteses nula e alternativa são dadas por:

$$H_0: \mu_1 = \mu_2$$

$$H_A: \mu_1 \neq \mu_2$$

Essas hipóteses poderiam ser assim reescritas:

$$H_0: \mu_1 - \mu_2 = 0$$

$$H_A: \mu_1 - \mu_2 \neq 0$$

Se a hipótese nula é verdadeira, temos $\mu_1 - \mu_2 = 0$, e a quantidade Z se resume a

$$Z_0 = \frac{\bar{X}_1 - \bar{X}_2}{\sqrt{\frac{\sigma_1^2}{n_1} + \frac{\sigma_2^2}{n_2}}}.$$

Assim, se a hipótese nula é verdadeira, um valor de Z_0 é resultado de uma distribuição normal com média 0 e variância 1. Essa quantidade Z_0 poderia, então, ser utilizada para testar nossa hipótese nula, mas ela apresenta um problema: não sabemos quanto valem as quantidades σ_1 e σ_2, dado que elas são populacionais e, portanto, desconhecidas.

Para solucionarmos essa questão, vamos primeiro supor que nossa variável X possui a mesma variabilidade nas populações 1 e 2. Estamos, assim, supondo que $\sigma_1 = \sigma_2$, ou $\sigma_1^2 = \sigma_2^2$. Vamos então denotar por σ o desvio padrão comum às duas populações, ou seja, $\sigma = \sigma_1 = \sigma_2$ e $\sigma^2 = \sigma_1^2 = \sigma_2^2$. Dessa forma, reescreveremos Z_0 na forma:

$$Z_0 = \frac{\overline{X}_1 - \overline{X}_2}{\sqrt{\sigma^2\left(\frac{1}{n_1} + \frac{1}{n_2}\right)}}.$$

Em seguida, substituiremos σ^2 por s_p^2 nessa expressão. A quantidade s_p^2 é uma estimativa da variância σ^2 da variável X em ambas as populações. Como resultado, temos que, se a hipótese nula for verdadeira, a quantidade

$$t_0 = \frac{\bar{x}_1 - \bar{x}_2}{\sqrt{s_p^2\left(\frac{1}{n_1} + \frac{1}{n_2}\right)}}$$

é uma observação amostral de uma distribuição t de Student com $n_1 + n_2 - 2$ graus de liberdade. Dado que estamos considerando duas amostras independentes, entendemos que essa distribuição t de Student carrega $n_1 - 1$ graus de liberdade devidos à primeira amostra e outros $n_2 - 1$ graus de liberdade devidos à segunda amostra. Assim, $(n_1 - 1) + (n_2 - 1) = n_1 + n_2 - 2$ graus de liberdade.

A quantidade s_p^2 é uma média entre as variâncias amostrais s_1^2 e s_2^2. Logo, ela combina informações das duas amostras para obtermos uma estimativa de σ^2. Considerando que nossas amostras podem ser de tamanhos diferentes, é conveniente que s_p^2 seja uma média ponderada pelos graus de liberdade $n_1 - 1$ e $n_2 - 1$, respectivamente devidos às amostras 1 e 2. Assim,

$$s_p^2 = \frac{(n_1 - 1)s_1^2 + (n_2 - 1)s_2^2}{n_1 + n_2 - 2}.$$

A letra "p" que aparece na notação s_p^2 vem do inglês *pooled*, que podemos entender como "agrupada". Assim, é como se s_p^2 agrupasse as variâncias das duas amostras em uma única estimativa para a variância populacional σ^2, comum às duas populações.

Dado que t_0 só depende de valores encontrados em nossa amostra, podemos utilizar essa quantidade para compor uma regra de decisão. Calculamos, então, um valor de t_0 e observamos onde ela se localiza em uma curva t de Student com $n_1 + n_2 - 2$ graus de liberdade. Se esse valor de t_0 estiver em uma região da curva de maior probabilidade de ocorrência, não temos então evidências para rejeitarmos a hipótese nula. Caso contrário, rejeitamos H_0.

Considerando um nível de significância α, buscamos, então, na tabela do Anexo C o valor

$$t^* = t_{(n_1+n_2-2;1-\alpha)},$$

tal que a área entre $-t^*$ e t^* sob a curva t de Student com $n_1 + n_2 - 2$ graus de liberdade é igual a $1 - \alpha$.

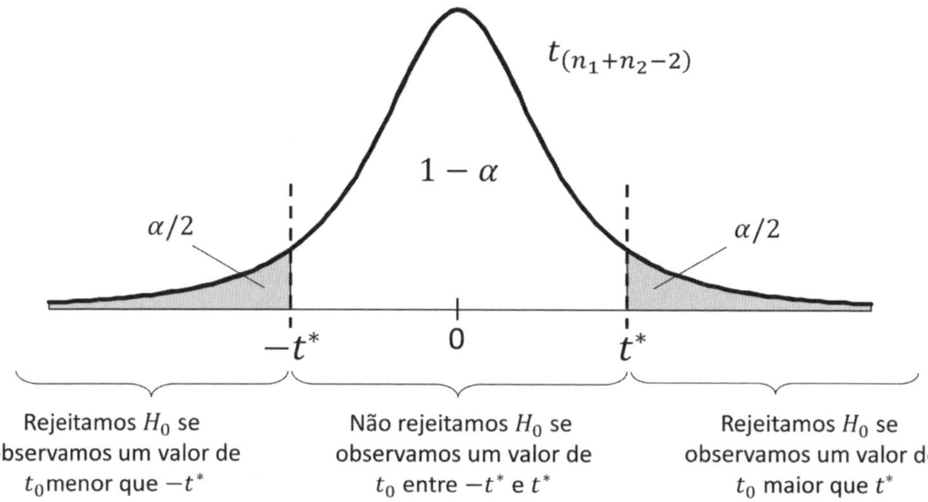

Figura 12.2 Curva t de Student com $n_1 + n_2 - 2$ graus de liberdade e a regra de decisão utilizada em um teste de comparação de médias populacionais.

Assim, se o valor de t_0 encontrado na amostra for maior que t^* ou menor que $-t^*$, rejeitamos a hipótese nula. Caso contrário, não rejeitamos H_0 (ver Figura 12.2).

Esse teste de hipóteses é conhecido como teste t de Student de comparação de médias, considerando amostras independentes e variâncias iguais.

Como exemplo, consideremos um estudo fictício que objetivou analisar a associação entre diversas variáveis com a síndrome metabólica (SM) em indivíduos de origem japonesa, com 30 anos de idade ou mais, residentes em um município do interior de São Paulo. A Tabela 12.1 mostra estatísticas descritivas para a pressão arterial sistólica (PAS, aferida em mmHg) encontradas em amostras de indivíduos dessa população, portadores e não portadores de SM.

Tabela 12.1 Estatísticas descritivas para a pressão arterial sistólica, de acordo com a presença ou não de síndrome metabólica (SM).

Grupo	*n*	Média (mmHg)	Desvio padrão (mmHg)
Portadores de SM	50	142,1	23,0
Não portadores de SM	50	121,6	21,3

Seja μ_1 a média da PAS na população de indivíduos de origem japonesa residentes naquele município, portadores de SM, com idade de 30 anos ou mais, e seja μ_2 a média na população de indivíduos com essas mesmas características, mas não portadores de SM. Desejamos testar as hipóteses H_0: $\mu_1 = \mu_2$ *versus* H_A: $\mu_1 \neq \mu_2$.

A Figura 12.3 mostra *box plots* para a PAS, considerando ambos os grupos.

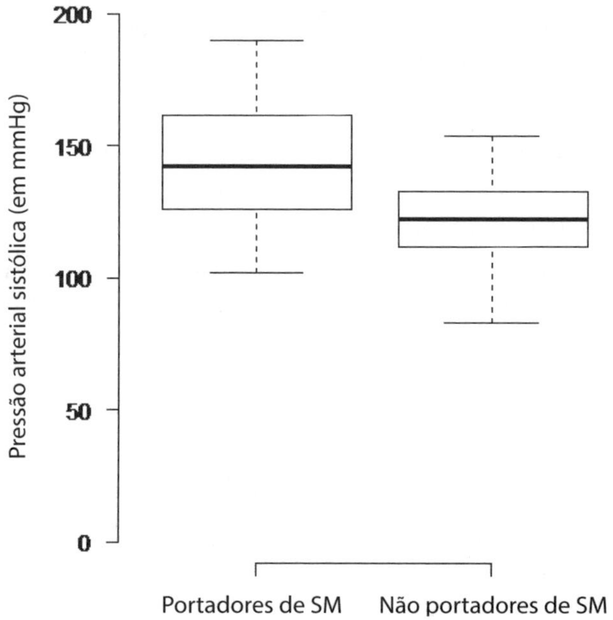

Figura 12.3 *Box plots* para a pressão arterial sistólica, de acordo com a presença ou não de síndrome metabólica (SM).

A construção de *box plots* antes da aplicação de um teste *t* de Student é importante por vários motivos. Em primeiro lugar, os *box plots* são úteis para verificarmos se há valores atípicos em nossos dados. Valores atípicos podem comprometer bastante os resultados de um teste *t* de Student. Em segundo lugar, a distribuição de nossa variável em cada grupo deve ser aproximadamente simétrica, de modo que a média seja uma medida que de fato represente nosso conjunto de observações. Em terceiro lugar, podemos usar os *box plots* para verificar se há algum sentido em assumirmos igualdade entre as variâncias populacionais. Os *box plots*, obviamente, não descrevem as variâncias populacionais, mas, se a variabilidade dos dados descrita nos *box plots* é bastante discrepante entre os grupos, não há sentido em imaginarmos que a variabilidade dos dados nas populações são iguais.

Para compor nossa regra de decisão considerando um nível de significância de $\alpha = 0{,}05$, buscamos na tabela do Anexo C o valor de t^* tal que a área entre $-t^*$ e t^* sob a curva t de Student com $n_1 + n_2 - 2 = 50 + 50 - 2 = 98$ graus de liberdade é igual a $1 - \alpha = 0{,}95$. Encontramos, dessa forma, um valor de t^* próximo a 1,98. Vamos então calcular t_0 com base em nossa amostra. Se t_0 for maior que 1,98 ou menor que $-1{,}98$, rejeitamos a hipótese nula H_0: $\mu_1 = \mu_2$.

Antes de encontrarmos um valor para t_0, devemos calcular a variância ponderada s_p^2 dada por:

$$s_p^2 = \frac{(50-1)23{,}0^2 + (50-1)21{,}3^2}{50+50-2} = 491{,}345 \text{ mmHg}^2,$$

dado que os desvios padrão amostrais são $s_1 = 23{,}0$ mmHg e $s_2 = 21{,}3$ mmHg. Quando fazemos esses cálculos manualmente, uma maneira de verificarmos se calculamos corretamente s_p^2 consiste em tomar sua raiz quadrada e comparar o resultado obtido com s_1 e s_2. Se o valor encontrado da raiz quadrada de s_p^2 for superior ao maior valor entre s_1 e s_2, ou inferior ao menor valor entre s_1 e s_2, certamente erramos em nossos cálculos.

Sendo as médias amostrais dadas por $\bar{x}_1 = 142{,}1$ mmHg e $\bar{x}_2 = 121{,}6$ mmHg, o valor da estatística t_0 é

$$t_0 = \frac{\bar{x}_1 - \bar{x}_2}{\sqrt{s_p^2\left(\frac{1}{n_1} + \frac{1}{n_2}\right)}} = \frac{142{,}1 - 121{,}6}{\sqrt{491{,}345\left(\frac{1}{50} + \frac{1}{50}\right)}} = 4{,}624.$$

Considerando um nível de significância de 0,05, rejeitamos, então, a hipótese nula H_0: $\mu_1 = \mu_2$, dado que t_0 é maior que o valor de t^* próximo a 1,98.

Assim, temos evidências de que portadores e não portadores de SM com as características descritas possuem médias populacionais diferentes de PAS.

É importante notar que, se invertermos a sequência das populações na condução desse teste de hipóteses, de forma que μ_1 seja então a média da PAS na população de indivíduos não portadores de SM e μ_2 seja então a média na população de indivíduos portadores de SM, o resultado do teste não se altera. A única diferença é que t_0 agora será dado por $-4{,}624$, mas continuaremos rejeitando H_0: $\mu_1 = \mu_2$ para um nível de significância de 0,05.

12.3 TESTE DE COMPARAÇÃO DE MÉDIAS, AMOSTRAS INDEPENDENTES E VARIÂNCIAS DESIGUAIS

Se consideramos desiguais as variâncias populacionais σ_1^2 e σ_2^2, substituímos, então, σ_1^2 pela variância amostral s_1^2 e σ_2^2 pela variância amostral s_2^2 na expressão

$$Z_0 = \frac{\overline{X}_1 - \overline{X}_2}{\sqrt{\frac{\sigma_1^2}{n_1} + \frac{\sigma_2^2}{n_2}}}.$$

Assim, temos que, se a hipótese nula for verdadeira, uma observação da nova expressão

$$t_0 = \frac{\bar{x}_1 - \bar{x}_2}{\sqrt{\frac{s_1^2}{n_1} + \frac{s_2^2}{n_2}}},$$

é um resultado aproximado de uma distribuição t de Student com v graus de liberdade. Nesse caso, o número v de graus de liberdade não é simples de ser obtido. Usamos para obtê-lo a chamada aproximação de Satterthwaite, em que:

$$v^* = \frac{\left(\frac{s_1^2}{n_1} + \frac{s_2^2}{n_2}\right)^2}{\frac{\left(\frac{s_1^2}{n_1}\right)^2}{n_1 - 1} + \frac{\left(\frac{s_2^2}{n_2}\right)^2}{n_2 - 1}}.$$

O número v de graus de liberdade é obtido arredondando para baixo o valor encontrado para v^*, considerando o número inteiro mais próximo.

Como no teste de hipóteses anterior, calculamos um valor de t_0 e observamos onde ele se localiza em uma curva t de Student com v graus de liberdade. Considerando um nível de significância α, buscamos na tabela da distribuição t de Student (Anexo C) o respectivo valor t^*, tal que a área sob a curva entre $-t^*$ e t^* é igual a $1 - \alpha$. Se o valor obtido para t_0 for maior que t^*, ou menor que $-t^*$ rejeitamos H_0: $\mu_1 = \mu_2$.

Como um exemplo de uso desse teste de hipóteses, considere que a avaliação do equilíbrio nas pesquisas em Fisioterapia pode ser feita pelo teste *Timed Up & Go* (TUG). O teste TUG proporciona uma monitoração capaz de detectar problemas de equilíbrio que podem afetar as atividades da vida diária entre idosos. Quanto menor o tempo para a realização do teste, melhor o equilíbrio. Um estudo teve como objetivo avaliar a propensão a quedas em idosos que praticam atividade física e idosos sedentários por meio do teste TUG, mensurando o tempo de realização do teste em ambos os grupos. A amostra do estudo consistiu de n_1 = 20 idosos que praticam atividades físicas (o grupo 1) e n_2 = 20 idosos sedentários (o grupo 2), com idade entre 65 a 75 anos. Os tempos de realização (em segundos) do teste são listados na Tabela 12.2, para os dois grupos.

Tabela 12.2 Tempo de realização do teste TUG (em segundos) para dois grupos de idosos de 65 a 75 anos.

Grupo 1	7,4	9,3	8,7	8,1	7,5	7,1	8,0	6,1	8,4	7,7
	5,0	8,3	9,3	9,1	10,2	6,0	7,6	6,0	10,0	8,6
Grupo 2	9,9	9,7	7,6	15,1	8,2	21,2	11,8	16,0	10,8	12,8
	16,9	9,6	15,3	17,5	15,6	16,6	14,6	5,9	16,4	18,2

Considere μ_1 e μ_2 as médias populacionais para os tempos de realização do teste nas populações de idosos que praticam e não praticam atividades físicas (sedentários), respectivamente. Com base nesses dados amostrais, testaremos H_0: $\mu_1 = \mu_2$ *versus* H_A: $\mu_1 \neq \mu_2$, considerando um nível de significância de 0,05.

Apresentamos na Figura 12.4 os *box plots* comparando as distribuições dos tempos para a realização do teste TUG nos grupos 1 e 2.

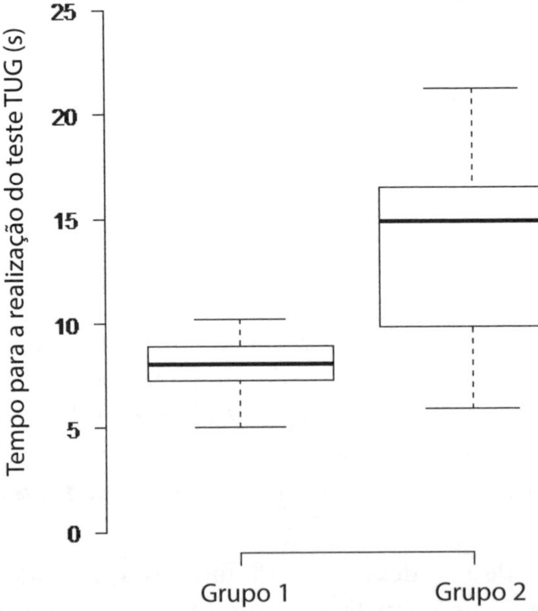

Figura 12.4 *Box plots* para o tempo de realização do teste TUG, de acordo com os grupos.

Observe nessa figura que os dados amostrais possuem uma dispersão menor no grupo 1 que no grupo 2. Assim, não temos evidências de que as variâncias populacionais sejam próximas, o que nos motiva a usar o teste *t* de Student para variâncias desiguais.

As médias amostrais são $\bar{x}_1 = 7{,}92$ *s* e $\bar{x}_2 = 13{,}485$ *s* para os grupos 1 e 2, respectivamente. Os respectivos desvios padrão amostrais são $s_1 = 1{,}39$ *s* e $s_2 = 4{,}10$ *s*.

A quantidade v^* é dada por:

$$v^* = \frac{\left(\frac{1,339^2}{20} + \frac{4,10^2}{20}\right)^2}{\frac{\left(\frac{1,39^2}{20}\right)^2}{19} + \frac{\left(\frac{4,10^2}{20}\right)^2}{19}} = \frac{0,8781}{0,0377} = 23,291.$$

Considerando um nível de significância $\alpha = 0{,}05$, buscaremos então na tabela do Anexo C o valor t^*, tal que a área sob a curva *t* de Student com 23 graus de liberdade entre $-t^*$ e t^* é igual a 0,95. Da tabela, temos $t^* = 2{,}069$. Se o valor obtido para t_0 for maior que 2,069 ou menor que –2,069, devemos rejeitar a hipótese nula.

Com base em nossas amostras, o valor da estatística t_0 é

$$t_0 = \frac{\bar{x}_1 - \bar{x}_2}{\sqrt{\frac{s_1^2}{n_1} + \frac{s_2^2}{n_2}}} = \frac{7,92 - 13,485}{\sqrt{\frac{1,39^2}{20} + \frac{4,10^2}{20}}} = -5,75.$$

Dado que t_0 é menor que $-t^*$, rejeitamos H_0 para um nível de significância $\alpha = 0{,}05$. Portanto, temos evidências de que idosos que praticam atividades físicas e idosos sedentários têm, em média, desempenhos diferentes no teste TUG.

12.4 INTERVALOS DE CONFIANÇA PARA $\mu_1 - \mu_2$

Nos exemplos anteriores da aplicação do teste *t* de Student para comparações entre médias populacionais, observamos que, quando rejeitamos a hipótese nula H_0: $\mu_1 = \mu_2$, temos evidências de que existe uma diferença entre as médias populacionais para um dado nível de significância. No entanto, o teste *t* de Student não nos oferece informações sobre o tamanho dessa diferença.

Em muitos estudos, não estamos necessariamente interessados em saber se as médias populacionais de dois grupos são diferentes, mas precisamos de uma estimativa do tamanho dessa diferença para tomarmos decisões. Como um exemplo, suponha que estamos conduzindo um estudo que compara as médias de pressão arterial de uma população de usuários de um medicamento anti-hipertensivo e de uma população de hipertensos que não usam esse medicamento. Ao aplicarmos um teste de comparação de médias, baseado em amostras tomadas dessas duas populações, podemos rejeitar a hipótese nula H_0: $\mu_1 = \mu_2$, mas esse resultado não é suficiente para entendermos se, de fato, o medicamento é eficaz no tratamento da hipertensão. Precisamos entender se a redução que ele proporciona nas medidas de pressão arterial, em média, são grandes o suficiente para alterar o estado de saúde de seus usuários, dentro de referências clínicas.

Os intervalos de confiança para $\mu_1 - \mu_2$, por sua vez, são capazes de estimar o tamanho dessas diferenças entre médias populacionais. Dado que esses intervalos de confiança são construídos a partir da mesma base teórica usada para o teste t de Student, há alguns pontos em comum entre a interpretação dos intervalos e dos resultados dos testes t, como veremos ao longo deste capítulo.

Da mesma maneira que há expressões diferentes para a estatística do teste t de Student considerando variâncias populacionais iguais ou desiguais, há duas formas básicas de encontrarmos um intervalo de confiança para $\mu_1 - \mu_2$.

12.4.1 Considerando variâncias populacionais iguais

A primeira forma pressupõe $\sigma_1^2 = \sigma_2^2$, e o intervalo de confiança $\gamma \times 100\%$ para $\mu_1 - \mu_2$ é encontrado pela expressão

$$\left(\bar{x}_1 - \bar{x}_2 - t^* \sqrt{s_p^2\left(\frac{1}{n_1} + \frac{1}{n_2}\right)}; \bar{x}_1 - \bar{x}_2 + t^* \sqrt{s_p^2\left(\frac{1}{n_1} + \frac{1}{n_2}\right)}\right),$$

na qual $t^* = t_{(n_1+n_2-2;\gamma)}$ e s_p^2 é novamente a estimativa amostral da variância σ^2 comum às duas populações, dada pela média ponderada entre s_1^2 e s_2^2:

$$s_p^2 = \frac{(n_1 - 1)s_1^2 + (n_2 - 1)s_2^2}{n_1 + n_2 - 2}.$$

Em adição, γ é nosso coeficiente de confiança (geralmente igual a 0,95 nos estudos em saúde) e t^* é o valor obtido na tabela do Anexo C, tal que a área entre $-t^*$ e t^* sob a curva t de Student com $n_1 + n_2 - 2$ graus de liberdade é igual a γ.

Retomemos o exemplo do estudo sobre a síndrome metabólica (SM) em indivíduos de origem japonesa, com 30 anos de idade ou mais, residentes em um município do interior de São Paulo. Nesse estudo, foi utilizada uma amostra de

n_1 = 50 indivíduos portadores de SM e outra amostra de n_2 = 50 indivíduos não portadores de SM. Foi encontrada uma média de $\bar{x}_1$ = 142,1 mmHg para a pressão arterial sistólica entre os portadores de SM, com um desvio padrão de s_1 = 23,0 mmHg. Na amostra de não portadores de SM, foi encontrada uma média de $\bar{x}_2$ = 121,6 mmHg e um desvio padrão de s_1 = 21,3 mmHg. O valor de s_p^2 é 447,345. Da tabela do Anexo C, temos que:

$$t^* = t_{(n_1+n_2-2;\gamma)} = t_{(98;0,95)} = 1,98,$$

e os limites inferior e superior do intervalo de confiança 95% para $\mu_1 - \mu_2$ são, respectivamente,

$$142,1 - 121,6 - 1,98\sqrt{491,345\left(\frac{1}{50}+\frac{1}{50}\right)} \cong 11,72$$

e

$$142,1 - 121,6 + 1,98\sqrt{491,345\left(\frac{1}{50}+\frac{1}{50}\right)} \cong 29,28.$$

Portanto, com uma confiança de 95%, estimamos que a diferença $\mu_1 - \mu_2$ é um valor entre 12,12 e 28,88 mmHg, como representado a seguir.

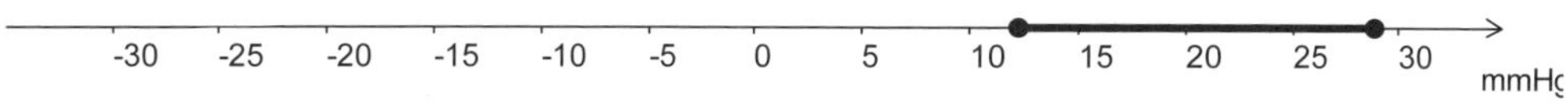

Observe que esse intervalo de confiança para $\mu_1 - \mu_2$ abrange apenas valores maiores que zero, o que nos sugere que μ_1 é maior que μ_2. Assim, temos evidências de que a pressão arterial sistólica é, em média, maior na população de portadores de SM.

É possível usar o intervalo de confiança em substituição ao teste de hipóteses para a diferença entre as médias populacionais. Se estamos 95% confiantes de que a diferença $\mu_1 - \mu_2$ pertence ao intervalo (12,12; 28,88), observamos que esse intervalo não inclui a possibilidade de $\mu_1 - \mu_2$ ser igual a zero. Isso equivale a rejeitarmos a hipótese nula H_0: $\mu_1 = \mu_2$ (ou H_0: $\mu_1 - \mu_2 = 0$) para um nível de significância de 0,05.

12.4.2 Considerando variâncias populacionais desiguais

O intervalo de confiança $\gamma \times 100\%$ para $\mu_1 - \mu_2$ é agora obtido por meio da seguinte expressão:

$$\left(\bar{x}_1 - \bar{x}_2 - t^* \sqrt{\frac{s_1^2}{n_1} + \frac{s_2^2}{n_2}}; \bar{x}_1 - \bar{x}_2 + t^* \sqrt{\frac{s_1^2}{n_1} + \frac{s_2^2}{n_2}}\right),$$

sendo γ o coeficiente de confiança e $t^* = t_{(v;\,\gamma)}$ o valor obtido na tabela do Anexo C, tal que a área entre $-t^*$ e t^* sob a curva t de Student com v graus de liberdade é igual a γ. O número v de graus de liberdade é obtido novamente da aproximação de Satterthwaite, arredondando para baixo o valor encontrado para:

$$v^* = \frac{\left(\frac{s_1^2}{n_1} + \frac{s_2^2}{n_2}\right)^2}{\frac{\left(\frac{s_1^2}{n_1}\right)^2}{n_1 - 1} + \frac{\left(\frac{s_2^2}{n_2}\right)^2}{n_2 - 1}}.$$

Vamos considerar novamente o exemplo em que a avaliação do equilíbrio pelo teste *Timed Up & Go* (TUG) foi comparada entre idosos que praticavam atividades físicas (grupo 1) e idosos sedentários (grupo 2). O estudo incluiu n_1 = 20 praticantes de atividades físicas e n_2 = 20 idosos sedentários. As médias amostrais do tempo de realização do teste TUG são $\overline{x}_1$ = 7,92 *s* e $\overline{x}_2$ = 13,485 *s* para os grupos 1 e 2, respectivamente. Os respectivos desvios padrão amostrais são s_1 = 1,39 *s* e s_2 = 4,10 *s*. A quantidade v^* é dada por 23,291 e $t^* = t_{(23;0,95)}$ = 2,069 para γ = 0,95 (ver tabela da distribuição *t* de Student, Anexo C).

Os limites inferior e superior do intervalo de confiança de 95% para $\mu_1 - \mu_2$ são, respectivamente,

$$7,92 - 13,485 - 2,069\sqrt{\frac{1,39^2}{20} + \frac{4,10^2}{20}} = -7,57$$

e

$$7,92 - 13,485 + 2,069\sqrt{\frac{1,39^2}{20} + \frac{4,10^2}{20}} = -3,56.$$

O intervalo de confiança de 95% dado por (–7,57 ; –3,56) abrange apenas valores negativos, como representado a seguir.

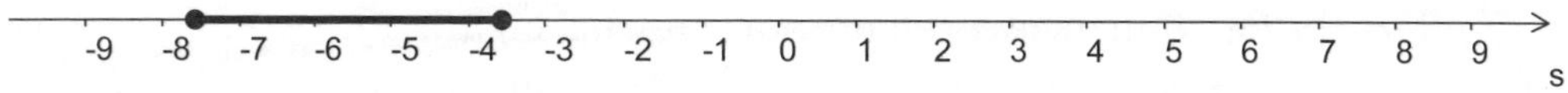

Assim, temos evidências que μ_2 é maior que μ_1, ou seja, a média populacional do tempo de realização do teste TUG é menor entre idosos praticantes de atividades físicas, quando comparados com idosos sedentários. Além disso, observamos que o intervalo de confiança encontrado não inclui o valor zero, o que equivale a rejeitarmos a hipótese nula H_0: $\mu_1 = \mu_2$ (ou H_0: $\mu_1 - \mu_2 = 0$) para um nível de significância de 0,05.

12.5 RELAÇÃO ENTRE INTERVALOS DE CONFIANÇA E TESTES DE HIPÓTESES PARA $\mu_1 - \mu_2$

A Figura 12.5 representa seis diferentes intervalos de confiança 95% para $\mu_1 - \mu_2$, e o valor *p* de um respectivo teste *t* de Student para comparação entre médias populacionais.

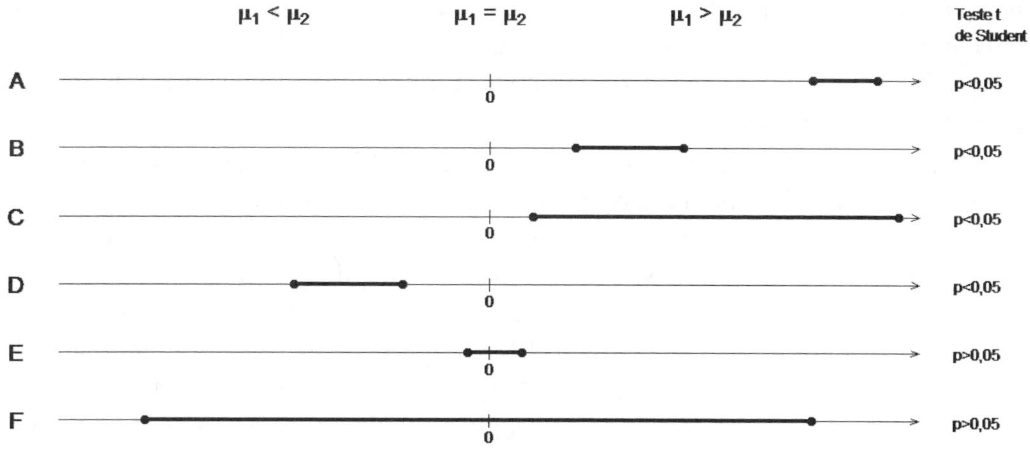

Figura 12.5 Representação de seis diferentes intervalos de confiança 95% para $\mu_1 - \mu_2$.

Aparecem na figura seis retas reais, e os intervalos de confiança são representados por segmentos de retas posicionados sobre essas linhas. A diferença $\mu_1 - \mu_2$ assume valores negativos quando $\mu_1 < \mu_2$, valores positivos quando $\mu_1 > \mu_2$, ou zero quando $\mu_1 = \mu_2$. Todas essas possibilidades estão representadas nas retas da Figura 12.5.

O intervalo de confiança rotulado por "A" na Figura 12.5 contém apenas valores em que $\mu_1 > \mu_2$. Como esse intervalo de confiança não contém o valor zero, um respectivo teste *t* de Student para comparação de médias populacionais, aplicado aos mesmos dados que geraram o intervalo, rejeitaria H_0: $\mu_1 - \mu_2 = 0$ (o valor *p* seria menor do que o nível de significância 0,05).

O intervalo de confiança rotulado por "B" também contém apenas valores em que $\mu_1 > \mu_2$, e um respectivo teste *t* de Student também rejeitaria H_0: $\mu_1 - \mu_2 = 0$. A diferença entre os intervalos "A" a "B" é que o primeiro posiciona-se mais distante do valor 0, abrangendo valores de maior magnitude do que aqueles contidos no segundo. Isso nos mostra como o intervalo de confiança é capaz de expressar o tamanho da diferença entre as médias populacionais. O teste de hipóteses, por sua vez, limita-se a rejeitar H_0, não nos trazendo informações sobre o tamanho da diferença entre as médias.

O intervalo de confiança "C" também contém apenas valores em que $\mu_1 > \mu_2$, mas sua amplitude é maior quando comparada à amplitude dos intervalos anteriores. Nesse caso, imaginamos que o tamanho amostral que gerou tal intervalo de confiança é menor que aquele que gerou os intervalos "A" a "B". Com base no intervalo "C", também rejeitamos H_0: $\mu_1 - \mu_2 = 0$, mas temos agora uma menor precisão para estimar a diferença entre as médias populacionais. É como se o intervalo de confiança nos dissesse que há evidências de que as médias populacionais são diferentes, mas nós não conseguimos informações precisas sobre o tamanho dessa diferença.

Nas situações que geraram os intervalos "A", "B" e "C", os valores *p* de um respectivo teste *t* de Student seriam menores que 0,05. Uma crítica frequente ao uso dos testes de hipóteses e dos valores *p* é que eles evidenciam uma diferença entre as médias populacionais, mas não trazem informações sobre o tamanho da diferença. As três situações apresentadas são bastante diferentes, e os testes de hipóteses não são capazes de distingui-las adequadamente. Rejeitar a hipótese H_0: $\mu_1 - \mu_2 = 0$ não significa necessariamente que temos evidências de que existe uma diferença importante entre as médias populacionais. Uma possibilidade é que o teste de hipóteses tenha detectado uma diferença pequena entre as médias populacionais, ainda que não expressiva do ponto de vista prático. Isso demonstra que os intervalos de confiança podem ser mais informativos do que os testes de hipóteses quando desejamos fazer comparações entre grupos.

O intervalo de confiança "D" contém apenas valores em que $\mu_1 < \mu_2$, e o respectivo teste *t* de Student rejeitaria H_0: $\mu_1 - \mu_2 = 0$. Quando rejeitamos H_0: $\mu_1 - \mu_2 = 0$ em um teste de hipóteses, não temos informações sobre a direção da diferença, ou seja, se μ_1 é maior ou menor que μ_2. Esse intervalo de confiança, em conjunto com os anteriores, exemplifica que os intervalos são capazes de nos informar a direção da diferença, o que é outra vantagem em relação aos testes de hipóteses.

Os intervalos de confiança "E" e "F" contêm o valor 0, e os respectivos testes t de Student não rejeitariam H_0: $\mu_1 - \mu_2 = 0$. Os valores p para esses testes seriam, portanto, maiores que o nível de significância 0,05. O intervalo "E" possui uma amplitude relativamente pequena quando comparado ao intervalo "F". As possibilidades para $\mu_1 - \mu_2$, abrangidas no intervalo "E", são valores relativamente próximos a zero, evidenciando que a possível diferença entre as médias populacionais é um valor pequeno, e provavelmente não importante do ponto de vista prático.

O intervalo de confiança "F", por sua vez, tem uma amplitude bastante grande em comparação aos demais, e foi evidentemente gerado a partir de uma amostra de tamanho menor. Esse intervalo contém tanto valores de μ_1 menores que μ_2 quanto valores de μ_1 maiores que μ_2. Em adição, o intervalo contém o valor 0, o que não levaria à rejeição de H_0: $\mu_1 - \mu_2 = 0$. Quando encontramos um intervalo como este, nós pouco podemos concluir a respeito da diferença entre as médias populacionais.

Os intervalos de confiança "E" e "F" ilustram situações bastante distintas, embora em ambos os casos não rejeitaríamos H_0: $\mu_1 - \mu_2 = 0$. Com base no intervalo "E", temos mais "segurança" em imaginar que não há uma diferença importante entre μ_1 e μ_2. É como se pudéssemos, exclusivamente nesse caso, concluir que "aceitamos H_0". Por outro lado, com base no intervalo "F", limitamo-nos a dizer que "não rejeitamos H_0", ou seja, não desprezamos a possibilidade de μ_1 ser igual a μ_2, mas sabemos que há também a possibilidade de haver uma importante diferença entre as médias, que o teste não conseguiu detectar por causa do tamanho amostral insuficiente. Isso mostra por que, de forma geral, é mais adequado escrever "não rejeitamos H_0" para o resultado de um teste de hipóteses.

12.6 AMOSTRAS PAREADAS

As amostras pareadas (ou emparelhadas) são comumente obtidas em duas situações distintas:

a. temos duas observações da variável de interesse para cada indivíduo, uma antes e outra depois de um certo tratamento ser aplicado; ou
b. uma vez constituída uma das amostras, a cada um dos indivíduos selecionados é atribuído um par, semelhante a ele em relação a algumas características como sexo ou idade. Essa situação é comum em estudos caso-controle.

Nosso objetivo é comparar médias populacionais. Entretanto, o teste t de Student anteriormente apresentado é inadequado, por não considerar que os dados apresentam-se em estrutura de pares.

Como exemplo, vamos considerar um estudo em que se acredita que certo fármaco tem por efeito adverso mudanças na pressão arterial sistólica (PAS) de suas usuárias. Sendo a média populacional da PAS em mulheres que não fazem uso do fármaco denotada por μ_1 e a média populacional da PAS em usuárias do fármaco denotada por μ_2, as hipóteses nula e alternativa são

$$H_0: \mu_1 = \mu_2$$

$$H_A: \mu_1 \neq \mu_2$$

A hipótese nula considera que o fármaco, em média, não tem efeito sobre a PAS, enquanto a hipótese alternativa supõe que o fármaco tem algum efeito sobre a PAS.

As medidas de PAS (em mmHg) foram tomadas antes e após a administração de um fármaco em um grupo de n = 12 mulheres com idade entre 20 e 35 anos. Antes da administração do fármaco, esse grupo de mulheres constituía uma amostra de não usuárias do fármaco. Após a administração do fármaco, esse mesmo grupo de mulheres passou a constituir uma amostra de usuárias do fármaco. Assim, as amostras são constituídas por um mesmo grupo de pessoas, observadas em dois momentos distintos.

A Tabela 12.3 mostra as medidas de PAS antes e após a administração do fármaco, para as 12 mulheres.

Tabela 12.3 Medidas de PAS antes e após a administração do fármaco.

	Pressão arterial sistólica (mmHg)		
Sujeito	**Antes**	**Depois**	**Diferença**
1	139	141	2
2	116	113	−3
3	136	134	−2
4	133	136	3
5	132	133	1
6	131	133	2
7	124	128	4
8	135	134	−1
9	133	137	4
10	144	148	4
11	121	128	7
12	115	118	3
Média	129,92	131,92	2
Desvio padrão	9,04	9,42	2,86

A tabela apresenta também as diferenças das medidas de PAS em relação a seus valores iniciais. A primeira mulher, por exemplo, exibe uma diferença de 141 – 139 = 2 mmHg entre as medidas de PAS. Diferenças positivas representam um aumento das medidas de mmHg, enquanto diferenças negativas representam uma redução. A Figura 12.6 ilustra as modificações dos valores individuais de PAS, antes e após a administração do fármaco.

Vamos denotar os valores observados para as diferenças por d_i, em que i é um índice que varia de 1 a n. Assim, a média amostral das diferenças é

$$\bar{d} = \frac{\sum_{i=1}^{n} d_i}{n},$$

e o desvio padrão amostral para as diferenças é

$$s_d = \sqrt{\frac{\sum_{i=1}^{n} (d_i - \bar{d})^2}{n-1}}.$$

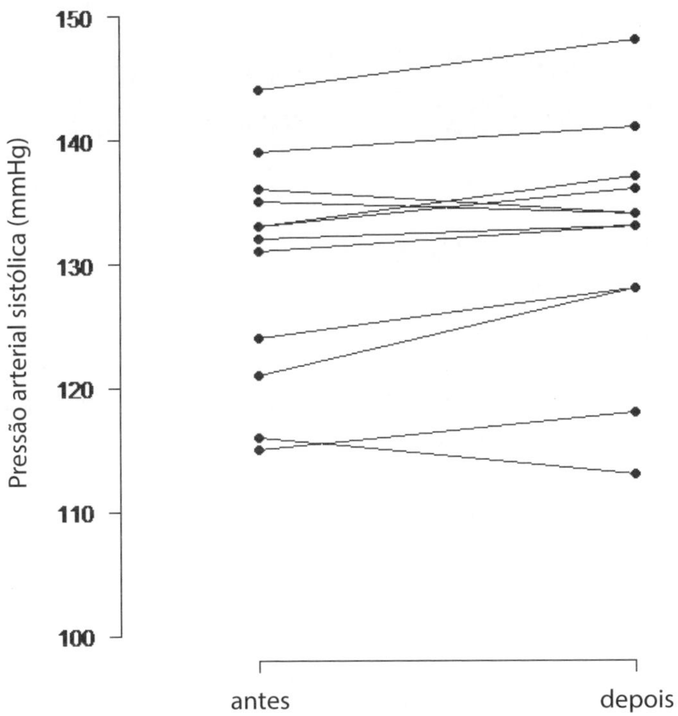

Figura 12.6 Valores de pressão arterial sistólica antes e após a administração de um fármaco.

A média amostral das diferenças, $\bar{d}$, é uma estimativa da média populacional das diferenças, denotada por μ_D. Por sua vez, s_d é a estimativa do desvio padrão populacional das diferenças, denotado por σ_D.

Assim, a média amostral das diferenças é dada por

$$\bar{d} = \frac{2 - 3 - 2 + 3 + 1 + 2 + 4 - 1 + 4 + 4 + 7 + 3}{12} = \frac{24}{12} = 2\ mmHg,$$

e o respectivo desvio padrão é

$$s_d = \sqrt{\frac{\sum_{i=1}^{n}(d_i - 2)^2}{11}} = 2,86\ \text{mmHg}.$$

As médias amostrais da PAS antes e após a administração do fármaco são dadas por $\bar{x}_1$ = 129,92 mmHg e $\bar{x}_2$ = 131,92 mmHg. Observe que $\bar{d} = \bar{x}_2 - \bar{x}_1$, ou seja, a diferença entre as médias é igual à média das diferenças. Por extensão, temos que $\mu_D = \mu_2 - \mu_1$, o que indica que qualquer afirmação sobre $\mu_2 - \mu_1$ corresponde a uma afirmação sobre μ_D. Assim, testar as hipóteses

$$H_0: \mu_1 = \mu_2 \qquad \qquad H_0: \mu_2 - \mu_1 = 0$$
$$\text{ou}$$
$$H_A: \mu_1 \neq \mu_2 \qquad \qquad H_A: \mu_2 - \mu_1 \neq 0$$

equivale a testar

$$H_0: \mu_D = 0$$

$$H_A: \mu_D \neq 0$$

Como consequência, para o teste t de Student para amostras pareadas, precisamos somente dos valores amostrais de $\bar{d}$ e s_d.

Se a hipótese nula H_0: $\mu_D = 0$ é verdadeira, um valor de

$$t_0 = \frac{\bar{d}\sqrt{n}}{s_d}$$

é resultado de uma distribuição t de Student com n – 1 graus de liberdade. Para um nível de significância α, rejeitamos H_0 se o valor de t_0 encontrado em uma amostra aleatória de tamanho n é maior que t^* ou menor que $-t^*$, em que

$$t^* = t_{(n-1;1-\alpha)}$$

é um valor tal que a área entre $-t^*$ e t^* sob a curva t de Student com $n - 1$ graus de liberdade é igual a $1 - \alpha$.

Com base nas observações da Tabela 12.3, temos $n = 12$, e, da tabela da distribuição t de Student (Anexo C), para um nível de significância de $\alpha = 0{,}05$, temos $t^* = t_{(11;0{,}95)} = 2{,}201$. Assim, se encontramos em uma amostra de tamanho $n = 12$ um valor de t_0 maior que 2,201 ou menor que −2,201, rejeitamos a hipótese nula, como ilustrado na Figura 12.7.

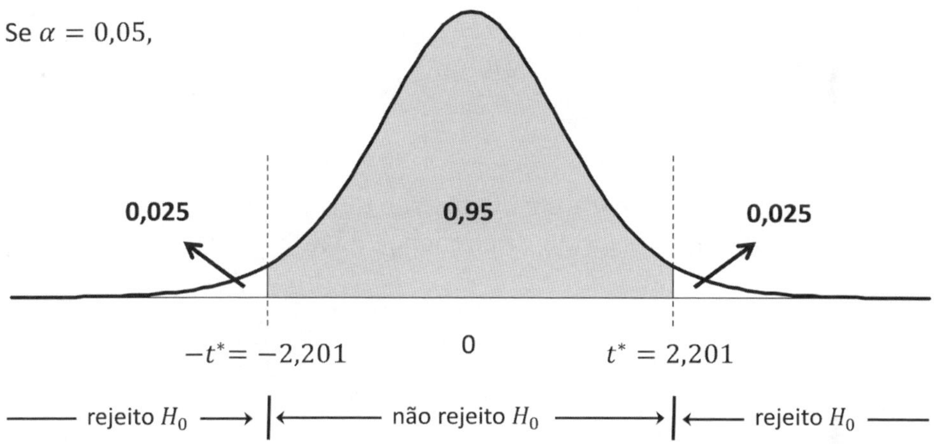

Figura 12.7 Curva *t* de Student com 11graus de liberdade e a regra de decisão utilizada em um teste de comparação de médias populacionais.

Considerando $\bar{d} = 2$ mmHg e $s_d = 2{,}86$ mmHg, temos

$$t_0 = \frac{\bar{d}\sqrt{n}}{s_d} = \frac{2\sqrt{12}}{2{,}86} = 2{,}42.$$

Dado que t_0 é maior que $t^* = 2{,}201$, rejeitamos H_0 para um nível de significância de 0,05.

Portanto, temos evidências de que, em média, a pressão arterial sistólica (PAS) modifica-se após a administração do fármaco.

12.6.1 Intervalo de confiança para a diferença entre as médias populacionais, amostras pareadas

No exemplo anterior, o teste t de Student para amostras pareadas nos trouxe evidências de que o uso do fármaco pode promover alguma modificação nos níveis médios de pressão arterial sistólica. No entanto, o teste de hipóteses não traz nenhuma informação sobre o tamanho dessa modificação, o que permitiria julgar se, do ponto de vista clínico, a diferença entre as médias populacionais é ou não relevante. Portanto, o uso de intervalos de confiança para μ_D pode trazer informações importantes para uma tomada de decisão.

O intervalo de confiança $\gamma \times 100\%$ para μ_D é encontrado pela expressão

$$\left(\bar{d} - t^* \frac{s_d}{\sqrt{n}} ; \bar{d} + t^* \frac{s_d}{\sqrt{n}}\right),$$

em que $t^* = t_{(n-1;\gamma)}$.

No exemplo anterior, para um coeficiente de confiança de 95%, temos $t^* = t_{(11;0,95)} = 2{,}201$. Assim, o intervalo de confiança 95% para μ_D é

$$\left(2 - 2{,}201 \frac{2{,}86}{\sqrt{12}} ; 2 + 2{,}201 \frac{2{,}86}{\sqrt{12}}\right),$$

ou (0,183 ; 3,817), conforme representado a seguir.

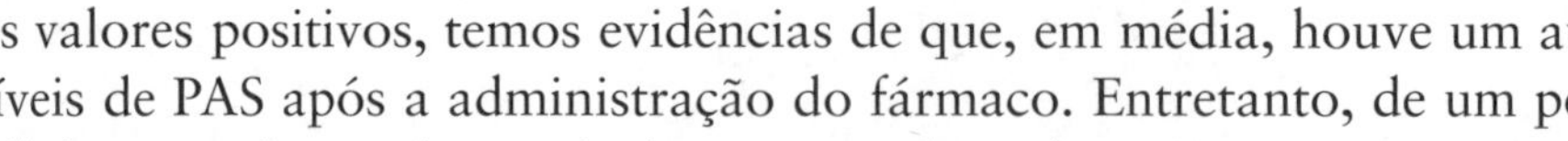

Desse modo, estamos 95% confiantes de que a diferença entre as médias populacionais é um valor entre 0,183 e 3,817 mmHg. Dado que esse intervalo contém apenas valores positivos, temos evidências de que, em média, houve um aumento dos níveis de PAS após a administração do fármaco. Entretanto, de um ponto de vista clínico, esse intervalo possivelmente contém valores que não representam um acréscimo importante nos valores de PAS, o que nos mostra que nem sempre a diferença entre médias populacionais detectada pelos procedimentos de inferência estatística é clinicamente relevante.

12.7 PARA SABER MAIS

Ao utilizar um teste de comparação entre médias populacionais, muitos pesquisadores costumam dizer que o resultado é "estatisticamente significante" se a hipótese nula é rejeitada. No entanto, essa expressão pode trazer muita confusão, dado que a chamada "significância estatística" não indica que a diferença entre os grupos é clinicamente importante. A popularização do rótulo "estatisticamente significante" acompanha o uso abusivo dos valores p, muitas vezes supervalorizado nas pesquisas científicas (NUZZO, 2014; AMRHEIN et al., 2019). Valores p menores que o nível de significância (geralmente fixado em 0,05) nem sempre demonstram que há uma diferença relevante entre os grupos, dado que sua magnitude pode ser um efeito do tamanho amostral e da baixa variabilidade da variável de interesse. A profunda diferença que há entre a "significância estatística" e a significância clínica de um resultado de um procedimento de inferência estatística é discutida por autores como Turk (2000) e Houle e Stump (2008).

Em um teste de comparação entre médias populacionais, um valor p maior que 0,05 não evidencia que μ_1 e μ_2 são iguais, ou que as populações são homogêneas entre si em algum sentido. Um valor p maior que o nível de significância estabelecido simplesmente indica que não rejeitamos a possibilidade de a hipótese nula ser verdadeira (ALTMAN; BLAND, 1995).

Para evitar os problemas de interpretação dos valores p, autores como Braitman (1991) e Altman e Bland (2004) sugerem que as comparações entre grupos devem basear-se em intervalos de confiança. Retornando à Figura 12.5, observamos que os intervalos de confiança para $\mu_1 - \mu_2$ são capazes de trazer informações objetivas quanto ao tamanho da diferença entre as médias populacionais, quando há evidências de que são diferentes. O tamanho da diferença nos auxilia a julgar se há de fato alguma relevância no resultado encontrado, do ponto de vista clínico, como discutido na Seção 12.5.

12.8 EXERCÍCIOS

1. Verifique que, se os tamanhos amostrais n_1 e n_2 são iguais, a estimativa s_p^2 da variância populacional $\sigma^2 = \sigma_1^2 = \sigma_2^2$ é dada por:

$$s_p^2 = \frac{s_1^2 + s_2^2}{2}.$$

2. Com o intuito de comparar as dimensões do palato duro de crianças respiradoras nasais e respiradoras orais, uma fonoaudióloga usou um paquímetro para tomar algumas medidas de interesse. Em uma amostra de 10 crianças res-

piradoras nasais, ela encontrou as seguintes observações da distância transversal (em milímetros) entre os pontos da região dos caninos superiores:

25,0 25,6 26,3 28,9 29,4 26,5 24,9 27,7 29,8 29,9

Em outra amostra de 10 crianças respiradoras orais, ela encontrou essas observações para a mesma variável:

28,1 27,9 26,2 23,9 26,1 27,5 29,2 25,1 23,0 26,3

a. Use o teste de hipóteses adequado para comparar, com base nesses dados, as médias populacionais da distância transversal entre os pontos da região dos caninos superiores de crianças respiradoras nasais e orais. Use um nível de significância de 5%.
b. Escreva quando seriam cometidos os erros tipos I e II para o teste de hipóteses proposto no item (a), no contexto do problema enunciado.
c. Encontre um intervalo de confiança 95% para a diferença entre as médias populacionais da distância transversal entre os pontos da região dos caninos superiores entre crianças respiradoras nasais e orais, e escreva uma interpretação para o intervalo encontrado.

3. A reabilitação pulmonar pode melhorar a qualidade de vida de pacientes portadores de doença pulmonar obstrutiva crônica (DPOC). Um estudo clínico foi conduzido com o objetivo de avaliar a influência da reabilitação pulmonar sobre algumas características de pacientes portadores de DPOC. Participaram do estudo 11 pacientes, que foram submetidos a exames antes e depois de seis semanas de reabilitação pulmonar. A seguir são mostrados valores da pressão parcial de dióxido de carbono no sangue arterial ($PaCO_2$) desses pacientes (em mmHg), antes e depois da reabilitação pulmonar.

Pressão parcial de dióxido de carbono no sangue arterial antes e depois da reabilitação pulmonar para 11 pacientes.

Paciente	1	2	3	4	5	6	7	8	9	10	11
Antes	45,3	35,9	39,0	39,9	33,6	43,7	33,5	29,2	42,8	41,4	46,6
Depois	40,3	34,4	35,9	38,8	36,9	36,2	36,3	31,0	38,6	37,4	43,2

a. Esse estudo utiliza amostras pareadas ou independentes?
b. Teste a hipótese (nula) de igualdade de médias populacionais da $PaCO_2$

antes e depois da reabilitação pulmonar, considerando um nível de significância de 5%.

c. Escreva, dentro do contexto do problema, o que seria um erro tipo I e um erro tipo II.

4. Uma pesquisadora investigou o estado nutricional de 23 pessoas portadoras de síndrome metabólica (SM) e 77 pessoas sem síndrome metabólica, todas do sexo masculino. Ao comparar algumas variáveis antropométricas entre os dois grupos, a pesquisadora observou uma média de 83 cm para a circunferência da cintura (CC) dos portadores de SM, com um desvio padrão de 2,5 cm, e uma média de 75 cm para a CC dos não portadores de SM, com um desvio padrão de 3,0 cm.

a. Utilize esses dados amostrais para testar a hipótese nula de que portadores e não portadores de SM possuem médias populacionais iguais de CC. Considere um nível de significância de 5%. Escreva uma interpretação para o resultado encontrado no contexto do estudo apresentado.

b. Construa um intervalo de confiança de 95% para a diferença entre as médias populacionais da CC de portadores e não portadores de SM. Escreva uma interpretação para o intervalo obtido no contexto do estudo apresentado.

5. Realizou-se um estudo com o objetivo de avaliar a efetividade de uma dieta combinada com um programa de exercícios físicos na redução do nível de colesterol. A tabela seguinte mostra os níveis séricos de colesterol (em mg/dl) de 12 participantes no início e no final do programa, quando se encontrou s_d = 23,13 mg/dl.

Níveis séricos de colesterol de 12 indivíduos antes e depois de um programa de dieta e exercícios físicos.

Sujeito	1	2	3	4	5	6	7	8	9	10	11	12
Início	201	231	221	260	228	237	326	235	240	267	284	201
Final	200	236	216	233	224	216	296	195	207	247	210	209

a. As amostras são pareadas ou independentes?

b. Sejam μ_1 e μ_2 respectivamente as médias populacionais dos níveis de colesterol antes e depois do programa, teste a hipótese de que o programa não altera os níveis médios de colesterol (H_0: $\mu_1 = \mu_2$) contra a hipótese de que o programa altera esses níveis. Escreva qual foi o nível de significância adotado e uma conclusão para o resultado do teste.

c. Considerando o teste de hipóteses do item anterior, escreva o que seria um erro tipo I e um erro tipo II no contexto do problema apresentado.

6. Um estudo objetivou comparar o consumo de nutrientes e alimentos em mulheres atendidas em um centro municipal de saúde do Rio de Janeiro no período gestacional e no pós-parto. É listado a seguir o consumo de carboidrato (g por 1.000 kcal) de 10 mulheres que compuseram a amostra, no período gestacional e no pós-parto.

Consumo de carboidrato (g por 1.000 kcal) de 10 mulheres no período gestacional e no pós-parto.

Período	Mulheres									
	1	2	3	4	5	6	7	8	9	10
Gestacional	154	155	173	159	163	153	156	183	167	173
Pós-parto	148	149	168	151	157	146	153	178	164	167

a. Teste a hipótese de igualdade de médias populacionais do consumo de carboidratos gestacional e pós-parto em um nível de significância de 5%.
b. Encontre um intervalo de confiança de 95% para a diferença entre as médias populacionais.

7. Um estudo avaliou 12 pacientes de sexo masculino com idades entre 20 e 59 anos submetidos a cirurgia bariátrica. O estado nutricional dos pacientes foi avaliado pelas dosagens bioquímicas de hemoglobina (Hb), albumina, proteínas totais e outras variáveis de interesse. São listados a seguir os níveis séricos de Hb (em g/dL) observados para esses pacientes, no pré-operatório e seis meses após a cirurgia.

Níveis séricos de hemoglobina (g/dl) para 12 pacientes submetidos a cirurgia bariátrica.

Paciente	1	2	3	4	5	6	7	8	9	10	11	12
Pré-operatório	11,5	12,0	14,7	12,0	16,5	14,1	13,3	14,2	14,6	13,2	13,6	13,9
Seis meses após	10,6	12,4	15,7	12,9	15,8	15,7	13,9	16,9	16,3	13,8	15,0	15,2

Utilize esses dados e o teste de hipóteses adequado para testar se as médias populacionais de Hb de indivíduos observadas no pré-operatório e seis meses após a cirurgia bariátrica são iguais. Considere um nível de significância de 5%. Escreva uma interpretação para o resultado encontrado no contexto do estudo apresentado.

8. Um estudo incluiu mulheres com câncer da mama e indicação de linfadenectomia axilar. Após a cirurgia, as pacientes foram divididas em dois grupos e subme-

tidas a um exercício supervisionado. No grupo 1 foram incluídas 30 mulheres que fizeram os exercícios do ombro com movimentação livre até o limite possível, desde o primeiro dia após a cirurgia. No grupo 2 foram incluídas 29 mulheres que realizaram os exercícios do ombro com movimentação limitada a 90° nos primeiros 15 dias após a cirurgia, sendo a amplitude do movimento livre após esse período. Quarenta e dois dias após a cirurgia, as mulheres do grupo 1 apresentaram um déficit médio de amplitude de abdução do ombro de 21,6°, com um desvio padrão de 26,0°. Por outro lado, as mulheres do grupo 2 apresentaram um déficit médio de amplitude de abdução do ombro de 26,6°, com um desvio padrão de 31,7°.

a. Considerando um nível de significância de 0,05, utilize um teste de hipóteses adequado para comparação entre médias populacionais do déficit de amplitude de abdução do ombro de mulheres submetidas a linfadenectomia axilar que fizeram exercício livre e exercício limitado, conforme descrito.
b. Encontre um intervalo de confiança de 95% para a diferença entre as médias populacionais.

CAPÍTULO 13

Inferências para proporções

Vamos denotar por θ a proporção de ocorrência de um evento em uma população, sendo $0 \leq \theta \leq 1$. Podemos considerar, como exemplo, a proporção de pessoas portadoras de uma doença em uma população específica. Assim, θ é um parâmetro, pois caracteriza uma população de acordo com uma quantidade numérica.

Se tomarmos uma amostra de tamanho n dessa população, podemos encontrar a proporção p da ocorrência desse evento pela expressão:

$$p = \frac{\textit{número de ocorrências do evento}}{n}.$$

Nessa notação, usamos a letra p (minúscula) para a proporção encontrada na amostra. Por exemplo, se estamos interessados em conhecer a proporção de pessoas portadoras de uma doença em uma população, mas não temos a nossa disposição as informações de todas as pessoas, tomamos uma amostra de tamanho n e a partir dela encontramos a proporção amostral p. Essa proporção obtida da amostra é uma estimativa da proporção populacional θ.

Se nosso tamanho amostral é $n = 100$ e nessa amostra encontramos 35 pessoas portadoras da doença investigada, temos:

$$p = \frac{35}{100} = 0,35.$$

Em nossa amostra, 35% das pessoas são portadoras da doença. Observamos, portanto, que p não é a proporção θ que seria encontrada considerando toda a população, mas sim uma estimativa de θ. A proporção θ é um parâmetro e é desconhecida, dado que lidamos com uma pesquisa baseada em uma amostra.

Se retirássemos uma nova amostra de tamanho n dessa mesma população, muito provavelmente encontraríamos um valor diferente para a estimativa p. Mas será que encontraríamos nessa segunda amostra um valor para p ao menos próximo daquele encontrado na primeira amostra? Será que nossa estimativa p, encontrada em nossa amostra, é razoavelmente próxima da proporção θ que seria obtida considerando toda a população? Essas perguntas nos motivam a buscar inferências estatísticas para a nossa proporção de interesse.

Considerando uma população de tamanho bastante grande, imagine que tomamos muitas amostras aleatórias de tamanho n dessa população, como ilustrado na Figura 13.1. Em cada uma dessas amostras, encontramos uma estimativa da proporção de ocorrências do evento de interesse, que denotaremos por p_1, p_2, p_3, ..., e assim sucessivamente. Vamos denotar por P (maiúsculo) o "conjunto" de todas essas possibilidades p_1, p_2, p_3, ... para a proporção obtida da amostra. Novamente, lembramos que P não é um conjunto em sua definição matemática, mas uma variável aleatória que considera que a proporção amostral se modifica de uma amostra para outra.

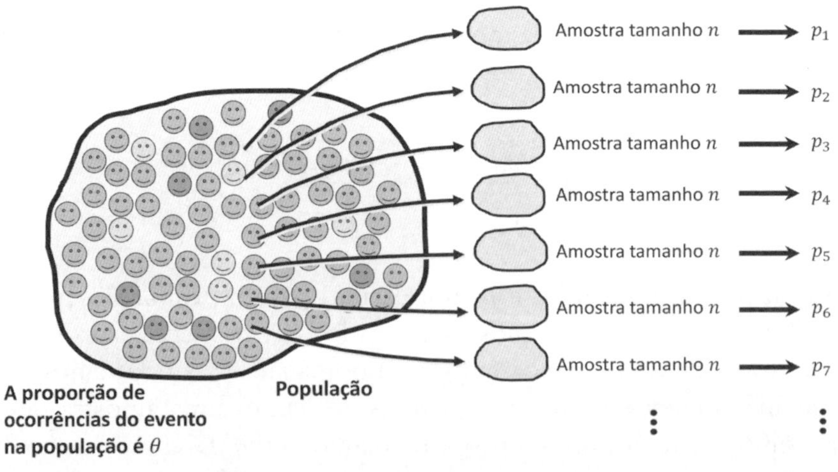

Figura 13.1 Retiramos um grande número de amostras de tamanho n de uma população, e em cada amostra encontramos uma estimativa da proporção θ de um evento de interesse.

A construção de um teste de hipóteses ou de um intervalo de confiança para a proporção populacional θ se baseia em três propriedades importantes desse "conjunto" P de possibilidades para a proporção amostral p.

A primeira propriedade diz que se tomarmos a média de todas as estimativas $p_1, p_2, p_3, \ldots$, teremos a proporção populacional θ. Isso significa que as diferentes possibilidades para p flutuam em torno de θ. A Figura 13.2 exemplifica esse efeito, ilustrando estimativas para p baseadas em 50 amostras de tamanho $n = 25$. Percebemos que diferentes amostras podem trazer diferentes possibilidades para os valores de p, mas essas proporções amostrais flutuam em torno da proporção populacional θ.

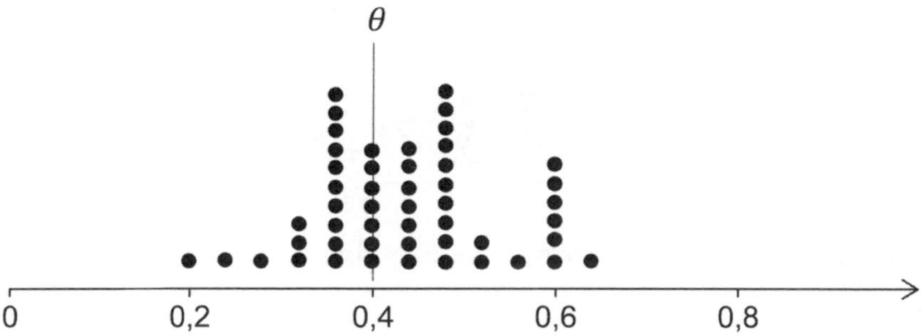

Figura 13.2 Valores para as estimativas de uma proporção, baseadas em 50 amostras de tamanho $n = 25$.

A segunda propriedade diz que a variabilidade das diferentes estimativas em torno de θ é dada por:

$$\sqrt{\frac{\theta(1-\theta)}{n}}.$$

Esse é o erro padrão da proporção. Observe que, dado que n aparece no denominador dessa expressão, quando maior é o tamanho amostral n, menor será o erro padrão. A Figura 13.3 ilustra valores para estimativas de uma proporção baseados em 50 amostras de tamanhos 30, 100 e 200 e retirados de uma população em que a proporção populacional θ é 0,4.

Observe que, conforme a primeira propriedade, as diferentes estimativas amostrais da proporção flutuam em torno da proporção populacional θ. A Figura 13.3 evidencia que as estimativas amostrais têm uma variabilidade menor em torno de θ quando o tamanho das amostras é maior.

Considerando que o valor de θ trata-se de um parâmetro, uma estimativa amostral do erro padrão da proporção é obtida substituindo-se θ por p, ou seja:

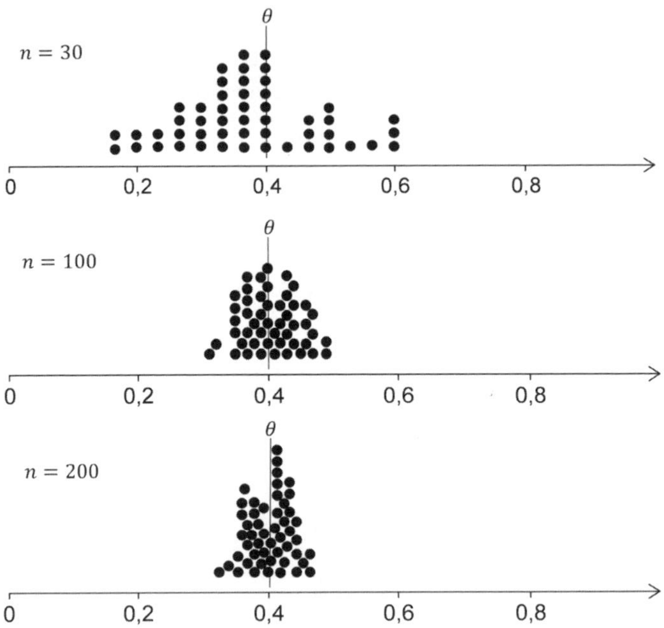

Figura 13.3 Valores para as estimativas de uma proporção baseados em 50 amostras de tamanho (a) $n = 30$, (b) $n = 100$ e (c) $n = 200$.

$$\sqrt{\frac{p(1-p)}{n}}.$$

A terceira propriedade diz que a dispersão de todas as diferentes possibilidades da proporção obtidas de amostras de mesmo tamanho n tendem a seguir uma curva normal, quando a amostra é suficientemente grande. Alguns autores, como Fleiss et al. (2003), estabelecem que quando $n\theta \geq 5$ e $n(1 - \theta) \geq 5$, essa aproximação a uma curva normal torna-se razoável.

De acordo com essas três propriedades, podemos escrever

$$P \sim N\left(\theta; \frac{\theta(1-\theta)}{n}\right),$$

ou seja, o "conjunto" P pode ser entendido como uma variável aleatória que segue uma distribuição normal com média θ e variância $\theta(1 - \theta)/n$ (ou desvio padrão $\sqrt{\theta(1-\theta)/n}$), quando o tamanho da amostra n é razoavelmente grande).

Além disso,

$$Z = \frac{P-\theta}{\sqrt{\frac{\theta(1-\theta)}{n}}} = \frac{(P-\theta)\sqrt{n}}{\sqrt{\theta(1-\theta)}}$$

é uma variável aleatória que segue uma distribuição normal padrão, com média zero e variância 1.

Com base nesses resultados, construímos testes de hipóteses e intervalos de confiança para uma proporção θ.

13.1 TESTE DE HIPÓTESE PARA UMA PROPORÇÃO

A quantidade

$$Z = \frac{(P - \theta)\sqrt{n}}{\sqrt{\theta(1-\theta)}}$$

é utilizada para testarmos as hipóteses

$$H_0: \theta = \theta_0$$

$$H_A: \theta \neq \theta_0$$

nas quais θ_0 é um valor estabelecido pelo pesquisador, de acordo com a pergunta do estudo ($0 < \theta_0 < 1$). Se a hipótese nula (H_0) estiver correta, a quantidade

$$Z_0 = \frac{(P - \theta_0)\sqrt{n}}{\sqrt{\theta_0(1-\theta_0)}}$$

segue uma distribuição normal padrão. Assim, o teste de hipóteses para uma proporção consiste em obter um valor z_0 da quantidade Z_0 com base em uma amostra de tamanho n, e a partir daí observar que posição z_0 aparece em uma curva normal padrão. Essa quantidade z_0 é obtida substituindo-se P por p na expressão para Z_0. Assim, se a hipótese nula for verdadeira,

$$z_0 = \frac{(p - \theta_0)\sqrt{n}}{\sqrt{\theta_0(1-\theta_0)}}$$

é resultado de uma curva normal padrão. Portanto, calculamos um valor de z_0 com base em uma amostra aleatória de tamanho n e, se de fato a hipótese H_0 for verdadeira, espera-se que o valor resultante ocorra na "região central" da curva normal, próximo a zero, na região de maior probabilidade de ocorrência. Caso contrário, se z_0 ocorrer nas caudas da curva, distante de zero, não temos evidências de que H_0 é verdadeira.

Portanto, para um nível de significância α de 0,05, rejeitamos H_0 se o valor encontrado para z_0 é maior que 1,96 ou menor que –1,96. Da tabela da curva normal padrão (Anexo B), temos que a área sob a curva compreendida no intervalo

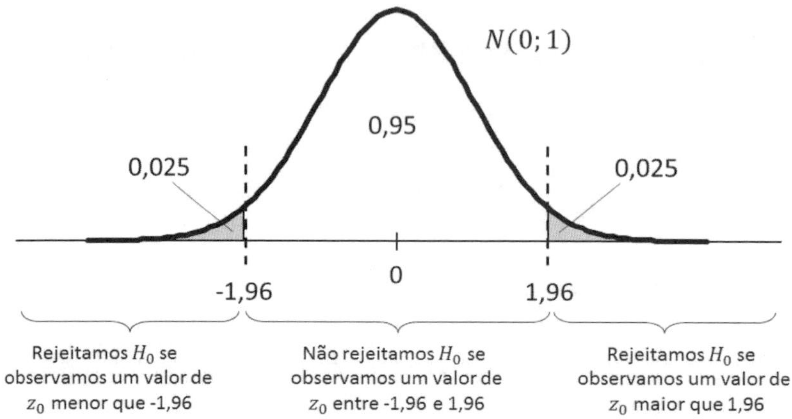

Figura 13.4 A área sob a curva normal de –1,96 a 1,96 é igual a 0,95.

de –1,96 a 1,96 é 0,95.

Por exemplo, seja um país em que é conhecido que a prevalência de diabetes é de 20 casos em cada 100 pessoas com idade superior a 60 anos. Em um município, acredita-se que a prevalência de diabetes seja diferente daquela observada no país, por causa dos hábitos alimentares de seus habitantes. Assim, as hipóteses nula e alternativa são

$$H_0: \theta = 0{,}2$$

$$H_A: \theta \neq 0{,}2$$

Nesse exemplo, $\theta_0 = 0{,}2$. Nós rejeitamos H_0 para um nível de significância de 0,05 se encontramos, com base em uma amostra de tamanho n, um valor

$$z_0 = \frac{(p - \theta_0)\sqrt{n}}{\sqrt{\theta_0(1 - \theta_0)}} = \frac{(p - 0{,}2)\sqrt{n}}{\sqrt{0{,}2 \times 0{,}8}}$$

superior a 1,96 ou inferior a –1,96, para um nível de significância de $\alpha = 0{,}05$.

Vamos supor que em uma amostra de tamanho n = 625 indivíduos com idade superior a 60 anos, habitantes daquele município, encontramos 188 portadores de diabetes. Assim, a proporção de portadores de diabetes na amostra é:

$$p = \frac{188}{625} = 0,3008.$$

O valor de z_0 é dado por:

$$z_0 = \frac{(0,3008 - 0,2)\sqrt{625}}{\sqrt{0,2 \times 0,8}} = \frac{2,52}{0,4} = 6,3.$$

Como z_0 é maior que 1,96, rejeitamos a hipótese nula H_0:θ = 0,2. Portanto, temos evidências de que a prevalência de portadores de diabetes naquele município é diferente da prevalência encontrada no país, para um nível de significância de 0,05.

13.2 INTERVALO DE CONFIANÇA PARA UMA PROPORÇÃO

Se o "conjunto" P de possibilidades para a proporção p obtida da amostra segue uma distribuição normal com média θ e variância $\theta(1 - \theta)/n$, temos que

$$Z = \frac{(P - \theta)\sqrt{n}}{\sqrt{\theta(1 - \theta)}}$$

segue uma distribuição normal padrão (com média 0 e variância 1). Portanto, um intervalo de confiança 95% para θ é obtido da expressão:

$$P\left(-1,96 < \frac{(P - \theta)\sqrt{n}}{\sqrt{\theta(1 - \theta)}} < 1,96\right) = 0,95.$$

Quando a proporção p obtida da amostra é um valor entre 0,3 e 0,7, e o tamanho amostral é relativamente grande (digamos, quando $n\theta \geq 5$ e $n(1 - \theta) \geq 5$), uma estratégia usual para a obtenção de um intervalo de confiança de 95% para θ consiste em substituir θ por p no denominador da expressão para Z:

$$Z = \frac{(P - \theta)\sqrt{n}}{\sqrt{p(1 - p)}}.$$

Temos, então:

$$P\left(-1,96 < \frac{(P-\theta)\sqrt{n}}{\sqrt{p(1-p)}} < 1,96\right) \cong 0,95.$$

A partir dessa expressão, temos:

$$P\left(-1,96\sqrt{\frac{p(1-p)}{n}} < P-\theta < 1,96\sqrt{\frac{p(1-p)}{n}}\right) \cong 0,95,$$

e

$$P\left(P-1,96\sqrt{\frac{p(1-p)}{n}} < \theta < P+1,96\sqrt{\frac{p(1-p)}{n}}\right) \cong 0,95.$$

Considerando um valor p de P obtido de uma amostra de tamanho n, temos que um intervalo de confiança de 95% para o parâmetro θ é dado por:

$$\left(p-1,96\sqrt{\frac{p(1-p)}{n}}; p+1,96\sqrt{\frac{p(1-p)}{n}}\right).$$

No exemplo anterior, consideramos uma amostra de tamanho n = 625 e uma proporção amostral de portadores de diabetes dada por:

$$p = \frac{188}{625} = 0,3008.$$

Sendo p um valor entre 0,3 e 0,7, podemos utilizar essa estratégia para a obtenção do intervalo de confiança, dado por:

$$\left(0,3008-1,96\sqrt{\frac{0,3008 \times 0,6992}{625}}; 0,3008+1,96\sqrt{\frac{0,3008 \times 0,6992}{625}}\right),$$

ou (0,2648 ; 0,3368).

Portanto, com uma confiança de 95%, a proporção populacional θ de indivíduos portadores de diabetes entre os habitantes com idade superior a 60 anos daquele município é um valor entre 0,2648 e 0,3368.

13.3 TESTE DE COMPARAÇÃO ENTRE DUAS PROPORÇÕES

Sejam θ_1 e θ_2 as proporções de ocorrência de um evento em duas populações distintas, sendo $0 \leq \theta_1 \leq 1$ e $0 \leq \theta_2 \leq 1$. Assumimos que essas populações são mutuamente excludentes, de forma que um indivíduo não pode pertencer às duas populações simultaneamente. Vamos considerar um teste estatístico que compara essas proporções populacionais, tendo por hipóteses nula e alternativa:

$$H_0: \theta_1 = \theta_2$$

$$H_A: \theta_1 \neq \theta_2$$

Com base em amostras aleatórias de tamanho n_1 e n_2, retiradas das duas populações, respectivamente encontramos p_1 e p_2, as estimativas amostrais das proporções. Para esse teste, não é preciso que os tamanhos amostrais n_1 e n_2 sejam iguais.

Consideremos um estudo sobre os fatores de risco para baixo peso ao nascer, em que $n_1 = 240$ parturientes fumaram durante a gestação e $n_2 = 500$ não fumaram. Dentre aquelas mães que fumaram, 30 tiveram uma criança com baixo peso ao nascer, e dentre as mães que não fumaram, 45 tiveram uma criança com baixo peso ao nascer. A proporção de crianças que nasceram com baixo peso, sendo que a mãe fumou durante a gestação é

$$p_1 = \frac{30}{240} = 0,125,$$

e a proporção de crianças que nasceram com baixo peso, sendo que a mãe não fumou durante a gestação é

$$p_2 = \frac{45}{500} = 0,09.$$

A proporção "geral" de crianças que nasceram com baixo peso, considerando as duas amostras, é

$$\bar{p} = \frac{30+45}{240+500} = \frac{75}{740} \cong 0,101.$$

Se a hipótese nula H_0: $\theta_1 = \theta_2$ for verdadeira,

$$z_0 = \frac{p_1 - p_2}{\sqrt{\bar{p}(1-\bar{p})\left(\frac{1}{n_1}+\frac{1}{n2}\right)}}$$

é resultado de uma distribuição normal padrão. Assim, se encontrarmos a partir de duas amostras de tamanhos n_1 e n_2 um valor de z_0 maior que 1,96 ou menor que –1,96 (ver Figura 13.4), rejeitamos a hipótese nula para um nível de significância $\alpha = 0{,}05$.

Em nosso exemplo,

$$z_0 = \frac{0,125 - 0,09}{\sqrt{0,101 \times 0,899\left(\frac{1}{240}+\frac{1}{500}\right)}} \cong 1,46.$$

Como $-1{,}96 < z_0 < 1{,}96$, não rejeitamos H_0 para $\alpha = 0{,}05$. Assim, nossas amostras não trazem evidências de que a proporção de crianças que nascem com baixo peso é diferente entre mães que fumaram durante a gravidez e entre mães que não fumaram.

13.4 PARA SABER MAIS

Vimos que se a proporção p obtida da amostra é um valor entre 0,3 e 0,7 e o tamanho amostral n é relativamente grande, um intervalo de confiança de 95% para uma proporção θ é dado pela expressão:

$$\left(p - 1,96\sqrt{\frac{p(1-p)}{n}}; p + 1,96\sqrt{\frac{p(1-p)}{n}}\right).$$

Considere uma amostra de tamanho $n = 40$, na qual encontramos duas ocorrências do evento de interesse. Assim,

$$p = \frac{2}{40} = 0,05$$

e o intervalo de confiança de 95% para θ obtido dessa expressão é

$$\left(0,05-1,96\sqrt{\frac{0,05\times 0,95}{40}};0,05+1,96\sqrt{\frac{0,05\times 0,95}{40}}\right),$$

ou (–0,01; 0,12). Observe que o limite inferior desse intervalo de confiança é um número negativo, enquanto a proporção θ é um valor sempre maior que zero. Isso evidencia que o uso dessa expressão para a obtenção de intervalos de confiança quando p é menor que 0,3 ou maior que 0,7 pode não ser adequado.

Nesses casos, uma alternativa é descrita por Fleiss et al. (2003), em que o intervalo de confiança 95% para θ tem seus limites inferior (L_I) e superior (L_S) respectivamente dados por:

$$L_I=\frac{(2np+1,96^2-1)-1,96\sqrt{1,96^2-2-\frac{1}{n}+4p\,[n(1-p)+1]}}{2(n+1,96^2)}$$

e

$$L_S=\frac{(2np+1,96^2+1)+1,96\sqrt{1,96^2+2-\frac{1}{n}+4p\,[n(1-p)-1]}}{2(n+1,96^2)}$$

Os cálculos são agora mais trabalhosos, mas L_I não será um número menor que zero e L_S não será um número maior que 1.

Para uma amostra de tamanho n = 40 e p = 2/40 = 0,05, o intervalo de confiança 95% para a proporção populacional θ é, então, dado por (0,0087; 0,1821). Esse intervalo de confiança é mais adequado que aquele encontrado anteriormente.

13.5 EXERCÍCIOS

1. Suponha que em uma dada população, a proporção de pessoas que nunca foram ao dentista é de 39,7%.

a. Se você selecionasse um grande número de amostras dessa população, todas de tamanho n = 40, e em cada amostra encontrasse uma estimativa da proporção de pessoas que nunca foram ao dentista, qual seria a média das proporções amostrais?
b. E qual seria o desvio padrão das proporções amostrais?

2. Acredita-se que, em uma determinada população, a proporção de pessoas adultas com excesso de peso é 0,40. Em uma amostra aleatória de n = 200

pessoas adultas retirada dessa população, foram encontradas 90 pessoas com excesso de peso. Considerando um nível de significância de 0,05, teste as hipóteses H_0: $\theta = 0{,}40$ contra H_A: $\theta \neq 0{,}40$.

3. Em um estudo sobre o perfil dos portadores de infecções respiratórias, foram encontradas 184 pessoas que tratam infecções respiratórias só com drogas antimicrobianas em uma amostra de tamanho $n = 400$ pessoas. Encontre um intervalo de confiança de 95% para a proporção de pessoas da população de interesse que tratam infecções respiratórias só com drogas antimicrobianas.

4. Em um estudo, foram entrevistadas 100 pessoas que utilizam somente serviços privados de saúde e 100 pessoas que utilizam apenas o sistema público de saúde. Dentre as pessoas que utilizam serviços privados, 58 relataram ter recebido orientações de profissionais sobre cuidados com a saúde. Por sua vez, dentre as pessoas que utilizam o sistema público, 69 relataram ter recebido orientações. Com base em um nível de significância de 0,05, utilize essas informações amostrais para comparar as proporções populacionais de pessoas que recebem orientações de profissionais entre usuários do sistema privado e do sistema público de saúde.

CAPÍTULO 14

Teste qui-quadrado de associação

Sejam duas variáveis qualitativas, que denotaremos arbitrariamente por A e B. O teste qui-quadrado objetiva testar as hipóteses:

- H_0: A e B são independentes (não há associação entre A e B).
- H_A: A e B não são independentes (há algum tipo de associação entre A e B).

Vamos supor que estamos interessados em estudar se a queixa de zumbidos em idosos (presente ou ausente) está associada à participação em um programa de atividade física (participou ou não). A hipótese nula estabelece que não há associação alguma entre as duas variáveis, de modo que a participação ou não do idoso no programa de atividade física não tem nenhuma relação com as queixas de zumbido. A hipótese alternativa estabelece que idosos que participam e não participam do programa de atividades físicas tendem a apresentar frequências diferentes de queixas de zumbido.

É importante lembrar que associação não significa causalidade. Se rejeitamos H_0, não estamos dizendo que há evidências de que o programa de atividade física provoca ou previne zumbidos. Não estamos estabelecendo relações de causa e efeito. Estamos somente investigando se há uma frequência maior ou menor de queixas de zumbidos em quem participa (ou não) do programa de atividades.

O teste qui-quadrado de associação tem esse nome por basear-se em uma regra de decisão em que uma quantidade obtida de nossos dados é um suposto resultado de uma distribuição qui-quadrado quando a hipótese nula é verdadeira. "Qui" representa a letra X do alfabeto grego. Não estamos dizendo que nossas variáveis de interesse seguem uma distribuição qui-quadrado. Lembramos que nossas variáveis de interesse são qualitativas e, portanto, não há sentido em supor que elas vêm de uma curva na população em questão.

14.1 A DISTRIBUIÇÃO QUI-QUADRADO

Acredita-se que a distribuição qui-quadrado tenha sido apresentada pela primeira vez em 1875 pelo matemático alemão Friedrich Robert Helmert (1843-1917). Por volta de 1900, o estatístico britânico Karl Pearson (1857-1936) estudou as propriedades dessa distribuição de probabilidades e propôs seu uso em testes de associação entre variáveis qualitativas.

Seja X uma variável aleatória que segue uma distribuição normal padrão (com média 0 e desvio padrão igual a 1). Se elevarmos X ao quadrado, dizemos que X^2 segue uma distribuição qui-quadrado com 1 grau de liberdade. Enquanto uma variável que segue uma distribuição normal padrão pode assumir valores negativos e positivos, uma variável que segue uma distribuição qui-quadrado com 1 grau de liberdade assume apenas valores maiores que zero, conforme representado na Figura 14.1.

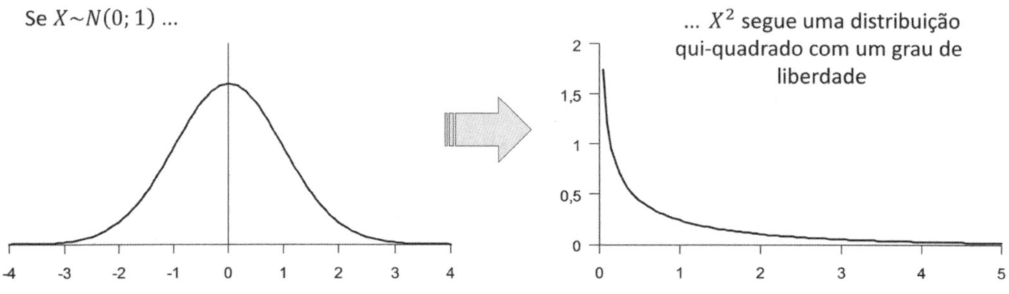

Figura 14.1 Relação entre a distribuição normal padrão e uma distribuição qui-quadrado com 1 grau de liberdade.

Se X_1, X_2, ..., X_m são variáveis aleatórias independentes entre si que seguem distribuição normal padrão, temos que a soma $X_1^2 + X_2^2 + ... + X_m^2$ segue uma distribuição qui-quadrado com m graus de liberdade. As figuras a seguir ilustram curvas qui-quadrado com graus de liberdade quantificados de 1 a 6. Observamos que essas curvas são assimétricas e partem da origem do gráfico quando os graus de liberdade são maiores ou iguais a três.

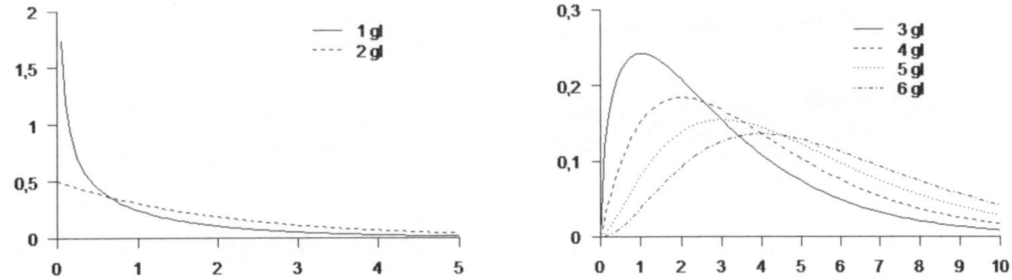

Figura 14.2 Curvas qui-quadrado com 1 a 6 graus de liberdade.

14.2 TESTE QUI-QUADRADO DE PEARSON PARA TABELAS 2X2

Vamos primeiro descrever o teste qui-quadrado em que as variáveis qualitativas de interesse são binárias. Chamamos de binárias as variáveis qualitativas que assumem apenas duas possíveis classificações, como sexo (masculino ou feminino), tabagismo (fumante ou não fumante), doença (portador ou não portador) ou atividade física (pratica ou não pratica).

O primeiro passo é organizar nossos dados em uma tabela chamada "tabela de contingência" ou "tabela 2x2".

Tabela 14.1 Tabela de contingência ou tabela 2x2.

	Variável A		
Variável *B*	**"categoria 1"**	**"categoria 2"**	**Total**
"categoria 1"	*a*	*b*	*a* + *b*
"categoria 2"	*c*	*d*	*c* + *d*
Total	*a* + *c*	*b* + *d*	*n* = *a* + *b* + *c* + *d*

As quantidades *a*, *b*, *c* e *d* que aparecem no corpo da Tabela 14.1 se referem a frequências absolutas tais que $n = a + b + c + d$. Assim, temos *a* indivíduos classificados simultaneamente na categoria 1 da variável A e na categoria 1 da variável B, *b* indivíduos classificados simultaneamente na categoria 2 da variável A e na categoria 1 da variável B, *c* indivíduos classificados simultaneamente na categoria 1 da variável A e na categoria 2 da variável B e *d* indivíduos classificados simultaneamente na categoria 2 da variável A e na categoria 2 da variável B.

A disposição da variável A nas colunas e da variável B nas linhas é arbitrária. Se trocarmos essas variáveis de lugar, o resultado do teste qui-quadrado não se modificará. A linha e a coluna em que aparecem os totais são chamadas "marginais", por estarem dispostas nas margens da tabela.

Para testarmos as hipóteses em questão, calculamos a estatística do teste dada por:

$$x^2 = \frac{n(a \times d - b \times c)^2}{(a+b) \times (c+d) \times (a+c) \times (b+d)}.$$

A base teórica do teste qui-quadrado de Pearson diz que, se tomarmos um número bastante grande de amostras tamanho n da população em questão, todas utilizando o mesmo processo de amostragem, para cada uma dessas amostras podemos calcular um valor de x^2 baseado nessa expressão. Se a hipótese nula for verdadeira, a distribuição desses valores x^2 seguirá uma curva qui-quadrado com 1 grau de liberdade. Assim, devemos calcular um valor de x^2 com base em nossa amostra e observar em que posição ele aparece no gráfico da distribuição qui--quadrado com 1 grau de liberdade, mostrado na Figura 14.3.

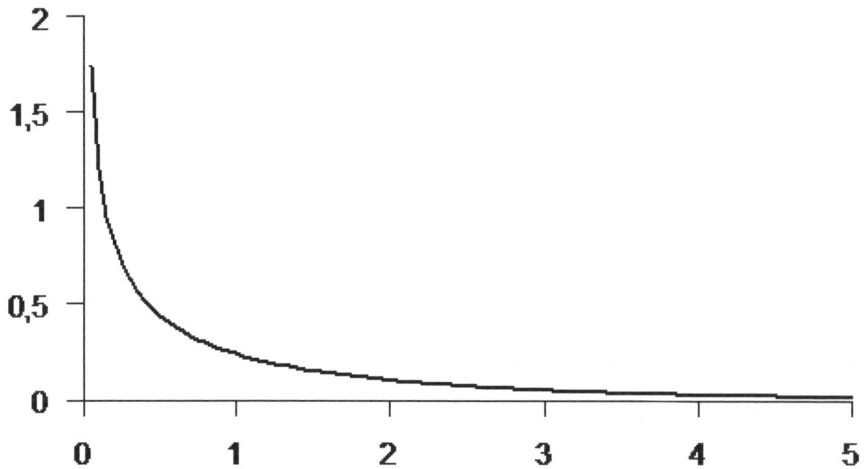

Figura 14.3 Curva qui-quadrado com 1 grau de liberdade.

Se o valor x^2 encontrado originou-se de fato dessa curva (sendo H_0 verdadeira), é de se esperar que ele assuma valores relativamente pequenos, situados na região da curva em que há mais probabilidade de ocorrência. Se ele assumir valores relativamente grandes, posicionados na cauda da curva (na região de menor probabilidade de ocorrência), temos evidências desfavoráveis a H_0.

Para um nível de significância α, rejeitamos H_0 se x^2 for superior a um valor determinado de maneira que a área sob a curva qui-quadrado com 1 grau de liberdade à direita desse valor é α. A Figura 14.4 ilustra que, se α é fixado em 0,05, esse valor é 3,841. Valores baseados em outras escolhas de α podem ser obtidos na tabela do Anexo D.

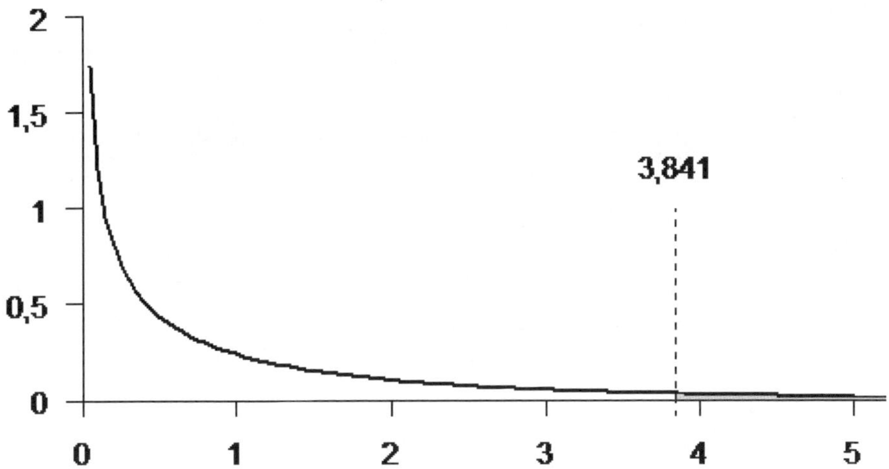

Figura 14.4 A área sob a curva qui-quadrado com 1 grau de liberdade de 3,841 a infinito é 0,05.

Se estamos, por exemplo, interessados em estudar se a queixa de zumbidos em idosos (presente ou ausente) está associada à participação em um programa de atividade física (participou ou não), as hipóteses nula e alternativa são:

- H_0: não há associação entre queixas de zumbidos e participação no programa.
- H_A: há associação entre queixas de zumbidos e participação no programa.

A partir de uma amostra de 150 idosos, construímos a tabela de contingência 14.2.

Tabela 14.2 Tabela de contingência para queixa de zumbido e participação no programa de atividade física.

		Programa de atividade física		Total
		Participou	Não participou	
Queixa de zumbido	Presente	55	21	76
	Ausente	42	32	74
	Total	97	53	150

De acordo com nossa notação, temos $a = 55$, $b = 21$, $c = 42$ e $d = 32$. A estatística do teste é dada por

$$x^2 = \frac{150(55 \times 32 - 21 \times 42)^2}{76 \times 74 \times 97 \times 53} = 4,0.$$

Dado que x^2 é maior que 3,841, rejeitamos H_0 para um nível de significância de 0,05. Dizemos então que temos evidências de que a participação no programa de atividade física tem alguma associação com a queixa de zumbido.

Como uma limitação do teste qui-quadrado, percebemos que o resultado do teste não nos informa a "direção" da associação, ou seja, não sabemos se os idosos que participam do programa são aqueles que tendem a apresentar queixas de zumbido ou se são aqueles que não tendem a apresentar queixas de zumbido. Outra limitação do teste é que ele não quantifica o "tamanho" da associação. O valor de x^2 é bastante influenciado pelo tamanho da amostra, e não nos diz se as variáveis em questão estão forte ou fracamente associadas.

A tabela do Anexo D nos indica que a área sob a curva qui-quadrado com 1 grau de liberdade à direita de 4,2179 é 0,04. Como o valor encontrado para x^2 não é maior que 4,2179, não rejeitaríamos H_0 para um α de 0,04. Isso nos mostra que o valor p para o teste qui-quadrado de Pearson é um número maior que 0,04 e menor que 0,05. Utilizando um computador para seu cálculo, temos que o valor p é 0,046. A interpretação dos valores p para os testes qui-quadrado exige certa cautela, dado que amostras grandes tendem a produzir valores p pequenos ainda que a associação entre as variáveis de interesse não seja importante em um ponto de vista prático.

14.3 TABELAS DE DIMENSÕES MAIORES

Bessa-Santos e Mattos (2011) publicaram um estudo transversal que teve por objetivo descrever as condições de vida e saúde dos idosos do município de Guaramiranga, Ceará. A Tabela 14.3 descreve a distribuição do número de fumantes, pessoas que nunca fumaram e ex-fumantes, de acordo com a autoclassificação do estado de saúde (classificada como excelente/boa e regular/ruim). Chamaremos essa tabela de tabela de frequências observadas, dado que ela apresenta as frequências observadas em nossa amostra de $n = 438$ pessoas.

Tabela 14.3 Tabagismo e saúde autorreferida.

Tabagismo	Saúde autorreferida		Total
	Excelente/Boa	Regular/Ruim	
Fumante	63	48	111
Nunca fumou	58	73	131
Ex-fumante	87	109	196
Total	208	230	438

Fonte: Bessa-Santos e Mattos (2011).

Perceba que o procedimento descrito anteriormente para o teste qui-quadrado não pode ser utilizado neste caso, dado que a tabela não tem dimensão 2 x 2. Temos agora três linhas e duas colunas.

Sejam novamente as hipóteses:

- H_0: não há associação entre tabagismo e a autoclassificação do estado de saúde.
- H_A: há associação entre tabagismo e a autoclassificação do estado de saúde.

Para testarmos essas hipóteses, vamos fixar os totais apresentados na tabela anterior e preenchê-la com os valores que então encontraríamos se a hipótese nula fosse verdadeira. Obteremos assim uma nova tabela, que chamaremos de tabela das frequências esperadas.

Vamos definir os seguintes eventos:

- A: o indivíduo refere uma saúde excelente/boa; e
- B: o indivíduo é fumante.

Da linha e coluna de valores totais da tabela de frequências observadas, a probabilidade associada ao evento A é P(A) = 208/438 e a probabilidade associada ao evento B é P(B) = 111/438 (temos um total de 208 pessoas que referiram saúde excelente/boa, dentre as 438, e um total de 111 fumantes, também dentre as 438 pessoas). Se os eventos A e B são independentes, temos, de acordo com o Capítulo 5, que a probabilidade de os eventos A e B ocorrerem simultaneamente é:

$$P(A \cap B) = P(A) \times P(B).$$

Assim, considerando esses eventos independentes, temos:

$$P(A \cap B) = \frac{208}{438} \times \frac{111}{438}.$$

Se multiplicarmos o resultado dessa expressão por 438, teremos o número esperado de pessoas que simultaneamente referem uma saúde excelente/boa e são fumantes, considerando verdadeira a hipótese nula. Esse número esperado é:

$$\frac{208}{438} \times \frac{111}{438} \times 438 = 52,71.$$

Da mesma maneira, encontramos então o número esperado para as demais células da tabela de contingência, como mostrado na Tabela 14.4. Chamaremos essa nova tabela de tabela de valores esperados, dado que ela é composta pelos valores que esperaríamos encontrar considerando H_0 verdadeira.

Tabela 14.4 Valores esperados, considerando H_0 verdadeira.

Tabagismo	Saúde autorreferida		Total
	Excelente/Boa	Regular/Ruim	
Fumante	52,71	58,29	111
Nunca fumou	62,21	68,79	131
Ex-fumante	93,08	102,92	196
Total	208	230	438

Na construção dessa tabela, temos

$$\frac{230}{438} \times \frac{111}{438} \times 438 = 58,29,$$

$$\frac{208}{438} \times \frac{131}{438} \times 438 = 62,12,$$

e assim sucessivamente. Perceba que os totais das linhas e das colunas encontrados nas tabelas de frequências observadas e esperadas são iguais. Portanto, observe que não precisamos calcular todas essas frequências esperadas utilizando as regras de probabilidade. Basta calcularmos duas frequências esperadas e depois preencher o restante da tabela a partir dos complementos. Por exemplo, considere que encontramos somente os dois valores esperados apresentados na Tabela 14.5 (52,71 e 68,79). Os demais valores são rotulados por (a), (b), (c) e (d).

Tabela 14.5 Obtenção dos valores esperados, considerando H_0 verdadeira.

Tabagismo	Saúde autorreferida		Total
	Excelente/Boa	Regular/Ruim	
Fumante	52,71	(a)	111
Nunca fumou	(b)	68,79	131
Ex-fumante	(c)	(d)	196
Total	208	230	438

Os demais valores são obtidos dos complementos: (a) é 111 – 52,71, (b) é 131 – 68,79, (c) é 208 – 51,71 – (b) e (d) é 196 – (c).

Levando em consideração os seis valores que compõem a tabela das frequências esperadas, entendemos então que apenas duas são independentes. As demais apresentam valores que são condicionados às frequências com valores independentes.

O teste qui-quadrado tem por base a comparação entre os valores observados da amostra e os valores esperados da hipótese de que as variáveis são independentes.

Tabela 14.6 Comparação entre os valores observados e esperados.

Tabagismo	Frequências observadas (o_{ij}) Saúde autorreferida Excelente/Boa	Regular/Ruim	Total	Frequências esperadas (e_{ij}) Saúde autorreferida Excelente/Boa	Regular/Ruim	Total
Fumante	63	48	111	52,71	58,29	111
Nunca fumou	58	73	131	62,21	68,79	131
Ex-fumante	87	109	196	93,08	102,92	196
Total	208	230	438	208	230	438

Da tabela das frequências observadas, vamos denotar cada valor da linha i e coluna j por o_{ij}. Temos, então, $o_{11} = 63$, $o_{12} = 48$, $o_{21} = 58$, $o_{22} = 73$, $o_{31} = 87$ e $o_{32} = 109$, conforme mostrado na Tabela 14.6.

Da tabela das frequências esperadas, vamos denotar cada valor da linha i e coluna j por e_{ij}. Temos, então, $e_{11} = 52{,}71$, $e_{12} = 58{,}29$, $e_{21} = 62{,}21$, $e_{22} = 68{,}79$, $e_{31} = 93{,}08$ e $e_{32} = 102{,}92$.

Considerando que nossa tabela de frequências observadas possui l linhas e c colunas, a estatística do teste qui-quadrado é dada genericamente por

$$x^2 = \sum_{i=1}^{l}\sum_{j=1}^{c}\frac{(o_{ij} - e_{ij})^2}{e_{ij}}.$$

Essa expressão é então a soma de $l \times c$ termos. Em nosso exemplo, temos $l = 3$ linhas e $c = 2$ colunas. Portanto, x^2 é a soma de $3 \times 2 = 6$ termos.

Lembrando que das seis frequências esperadas duas são independentes, temos que, entre os seis termos da soma, apenas dois são independentes. Esse número de termos independentes diz respeito aos graus de liberdade da estatística qui-

-quadrado. De modo geral, se a tabela de frequências observadas possui l linhas e c colunas, a estatística x^2 será uma soma de $(l - 1) \times (c - 1)$ termos independentes (ou seja, esse é o número de graus de liberdade).

Por esse motivo, se a hipótese nula for verdadeira, a distribuição dos valores x^2 baseados em amostras tamanho n retiradas da mesma população pelo mesmo processo de amostragem seguirá uma curva qui-quadrado com 2 graus de liberdade. Assim, devemos calcular um valor de x^2 com base em nossa amostra e observar em que posição ele aparece no gráfico da distribuição qui-quadrado com 2 graus de liberdade, mostrado na Figura 14.5.

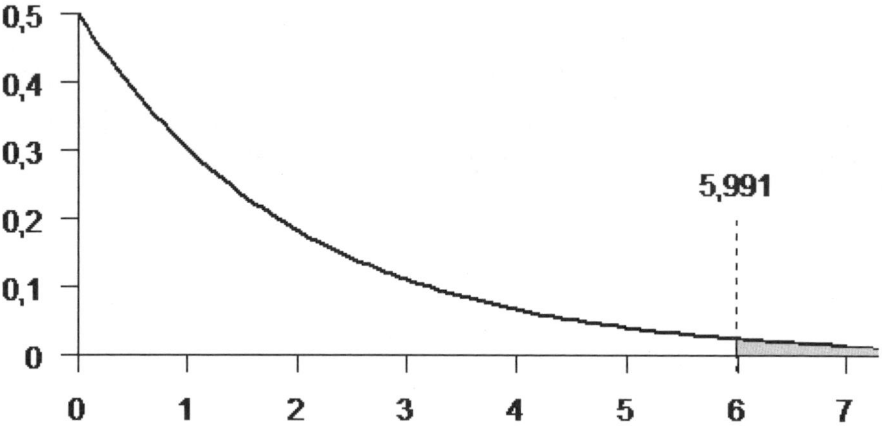

Figura 14.5 A área sob a curva qui-quadrado com 2 graus de liberdade de 5,991 a infinito é 0,05.

O gráfico ilustra que a área sob a curva qui-quadrado com 2 graus de liberdade a partir de 5,991 é 0,05. Esse valor é obtido na tabela do Anexo D. Assim, rejeitamos a hipótese nula se o valor de x^2 obtido com base em nossa amostra for maior que 5,991.

Temos de nossa amostra que:

$$x^2 = \frac{(63-52,71)^2}{52,71} + \frac{(48-58,29)^2}{58,29} + \frac{(58-62,21)^2}{62,21} + \frac{(73-68,79)^2}{68,79} +$$

$$\frac{(87-93,08)^2}{93,08} + \frac{(109-102,92)^2}{102,92} = 5,12.$$

Dado que x^2 não é maior que 5,991, não rejeitamos a hipótese nula para um nível de significância de 0,05. Assim, não temos evidências de que o hábito de tabagismo e a saúde autorreferida tenham alguma associação naquela população.

14.4 PARA SABER MAIS

Um uso inadequado do teste qui-quadrado em tabelas de dimensão maior que 2 x 2 consiste em buscar valores *p* para cada uma das classes de uma das variáveis de interesse. Por exemplo, retornando aos dados da Tabela 14.3, a Tabela 14.7 exibe valores *p* para cada uma das classes da variável tabagismo, sugerindo ao leitor que o estado de saúde é referido de modo diferente entre fumantes (valor *p* menor que 0,05), mas não há evidências de que quem nunca fumou e ex-fumantes classifiquem sua própria saúde de forma diferente das respectivas classes restantes.

Tabela 14.7 Uma análise inadequada para os dados de Bessa-Santos e Mattos (2011).

Tabagismo	Saúde autorreferida		Valor *p*
	Excelente/Boa	Regular/Ruim	
Fumante	63	48	0,02
Nunca fumou	58	73	0,38
Ex-fumante	87	109	0,24

Os valores *p* exibidos na Tabela 14.7 foram obtidos a partir de três diferentes tabelas de contingência 2 x 2 em que cada classe da variável tabagismo é comparada à união das classes restantes. Esse problema é discutido por Dijkers (2005). Se nossa tabela de contingência é de dimensão 3 x 2 (três linhas e duas colunas), o número de graus de liberdade é 2. Isso implica que não é possível um número superior a duas comparações independentes por testes de hipóteses, invalidando a análise apresentada na Tabela 14.7.

Quando utilizamos amostras relativamente pequenas, a aproximação dos possíveis valores de x^2 a uma curva qui-quadrado, considerando válida a hipótese nula, pode não ser satisfatória. De modo prático, quando encontramos na tabela de frequências esperadas valores menores que cinco, o resultado do teste qui-quadrado de Pearson pode não ser adequado. Nessa situação, muitos autores usam como alternativa o teste exato de Fisher. Esse teste de hipóteses tem a mesma utilidade do teste qui-quadrado de Pearson, e seu desenvolvimento se deve principalmente aos estatísticos britânicos Ronald Aylmer Fisher (1890-1962), Joseph Oscar Irwin (1898-1982) e Frank Yates (1902-1994). O termo "exato" se refere ao fato de que esse teste não busca uma estatística cuja distribuição dos valores se aproxima de uma curva densidade de probabilidade conhecida à medida que o tamanho amostral aumenta, mas estabelece uma regra de decisão baseada em distribuições de probabilidade que independem do tamanho da amostra. No princípio, o teste exato de Fisher era válido apenas para tabelas de dimensão 2 x 2. Em 1951, Freeman e Halton estenderam o teste exato de Fisher para a análise de tabelas de dimensões maiores que 2 x 2, e, em 1983, Mehta e Patel propuseram um algoritmo rápido e eficiente para o teste exato de Fisher em programas de computador.

14.5 EXERCÍCIOS

1. Em uma amostra de 64 idosos, 42 participaram de um programa de prevenção de quedas. Seis meses após a implementação do programa, verificou-se que 8 idosos que participaram do programa sofreram uma queda, enquanto 10 idosos que não participaram do programa sofreram uma queda. Há evidências de que a participação no programa tem associação com a incidência de quedas nesse intervalo de seis meses?

2. Uma fonoaudióloga está investigando a possível associação entre o tabagismo e um determinado distúrbio de voz. Os achados desse estudo são apresentados na tabela a seguir:

Tabagismo e distúrbio de voz.

Tabagismo	Distúrbio de voz	
	Portador	Não portador
Presente	8	32
Ausente	5	70
Total	13	102

Há alguma evidência de que o tabagismo esteja associado ao distúrbio de voz?

3. Um estudo objetivou avaliar se profissionais de saúde têm um risco de infarto agudo do miocárdio (IAM) diferente daquele observado em outros profissionais. Em uma amostra de 90 trabalhadores, foi observado que 12 haviam apresentado pelo menos um episódio de IAM. Entre esses 12 indivíduos, 8 eram profissionais de saúde, conforme a tabela a seguir.

Infarto agudo do miocárdio entre profissionais de saúde.

Profissionais de saúde	Infarto agudo do miocárdio	
	Sim	Não
Sim	8	52
Não	4	26
Total	12	78

Há alguma evidência de que o IAM tem alguma associação com o fato de o indivíduo ser ou não um profissional de saúde?

4. Uma pesquisa teve por objetivo investigar a associação entre hábitos de vida e déficit cognitivo em indivíduos com 65 anos ou mais. Em uma amostra de 80 indivíduos, verificou-se que 31 eram praticantes de atividades físicas e 33 possuíam déficit cognitivo. Dentre os praticantes de atividades físicas, 9 possuíam déficit cognitivo. Há alguma evidência de que a prática de atividade física é associada ao déficit cognitivo?

5. Para estudar o estado nutricional e aspectos do estilo de vida de vegetarianos e onívoros residentes em um município, na faixa etária de 35 a 64 anos de idade, uma pesquisa utilizou uma amostra de 70 pessoas. Após uma entrevista, observou-se que entre essas pessoas, 30 eram vegetarianas. Umas das variáveis de interesse do estudo é a razão entre a circunferência da cintura e do quadril (RCQ), sendo a medida das circunferências realizada com o auxílio de uma fita métrica inextensível. A RCQ foi considerada inadequada quando maior que 0,80 em mulheres e maior que 0,95 em homens. Um total de 24 pessoas da amostra teve a RCQ classificada como inadequada. Teste a associação entre o tipo de alimentação (dieta vegetariana ou onívora) e a classificação da RCQ (adequada ou inadequada), considerando que 6 pessoas dessa amostra são vegetarianas e têm a RCQ inadequada. Considere $\alpha = 0{,}05$.

6. Uma fonoaudióloga deseja estudar a relação entre o bruxismo (hábito de ranger os dentes) e perdas auditivas. Em um grupo de 140 pessoas, ela observou que 57 eram portadoras de perdas auditivas e 20 eram portadoras de bruxismo. E, ainda, observou que 5 pessoas eram portadoras de bruxismo mas não portadoras de perdas auditivas. Teste a associação entre o bruxismo e as perdas auditivas considerando um nível de significância de 5%. Escreva uma interpretação para o resultado encontrado.

7. Foi tomada uma amostra aleatória de 100 crianças nascidas no ano de 2010 em um dado município. Observou-se que 20 dessas crianças eram filhas de mães adolescentes e 30 nasceram com peso inferior a 2.500 g (ou seja, baixo peso). Dado que, dessas 100 crianças, 59 tiveram peso ao nascer superior a 2.500 g e eram filhas de mães adultas, use o teste qui-quadrado para testar a associação entre o peso ao nascer (classificado em baixo peso ou não) e a idade materna (classificada em adolescente ou adulta). Considere um nível de significância de 0,05.

8. Para investigar a associação entre perda auditiva e *diabetes mellitus* (DM), foi conduzido um estudo com indivíduos adultos submetidos a uma avaliação audiológica em uma clínica especializada. Com base na anamnese e por meio de audiometria tonal limiar, esses indivíduos foram classificados como portadores ou não de perda auditiva. Foram selecionados 36 indivíduos portadores de DM e 36 indivíduos não portadores de DM. Observou-se que, dentre os indivíduos sem perda auditiva, 11 eram portadores de diabetes e 4 não possuíam a doença. Considere um nível de significância de 0,05 e use o teste qui-quadrado para testar a associação entre perda auditiva e DM. Escreva uma conclusão para o resultado do teste.

9. Uma pesquisa teve por hipótese que idosos portadores de sintomas depressivos tinham mais propensão a quedas. Em uma amostra de 120 pacientes idosos ambulatoriais, 40% relataram ao menos uma queda nos últimos doze meses e 20% apresentavam sintomas depressivos. Observou-se também que 14 desses 120 pacientes simultaneamente apresentavam sintomas depressivos e relataram uma queda ou mais nos últimos doze meses. Utilizando o teste qui-quadrado e um nível de significância de 0,05, avalie se há evidências de associação entre sintomas depressivos e propensão a quedas na respectiva população.

10. A osteoartrite (OA) é uma doença articular crônico-degenerativa que evidencia desgaste da cartilagem articular. Dentre as articulações de sustentação de peso, o joelho é o mais frequentemente afetado. Participaram de um estudo 15 voluntários com diagnóstico clínico e radiográfico de OA bilateral de joelho, e outros 15 voluntários sem OA. Dentre os 15 voluntários com diagnóstico de OA, 7 eram sedentários (e os demais, ativos); e dentre os 15 voluntários sem diagnóstico de OA, 4 eram sedentários. Organize esses dados em uma tabela de contingência "2 x 2", identificando os indivíduos ativos e sedentários e os portadores e não portadores de OA. Com base nessa tabela, utilize o teste qui-quadrado de Pearson para testar a associação entre atividade física (sedentários/ativos) e a osteoartrite (portadores/não portadores). Utilize um nível de significância de 0,05. Não deixe de escrever uma interpretação para o resultado encontrado, no contexto do problema apresentado.

15 CAPÍTULO

Uma introdução à análise de variância

A análise de variância (comumente abreviada por ANOVA, da expressão em inglês *analysis of variance*) é um conjunto de modelos estatísticos utilizados para comparações entre médias de grupos de interesse. Para entendermos seus fundamentos, vamos observar a Figura 15.1 que descreve as idades das pessoas (em anos completos) que pertencem a três grupos distintos.

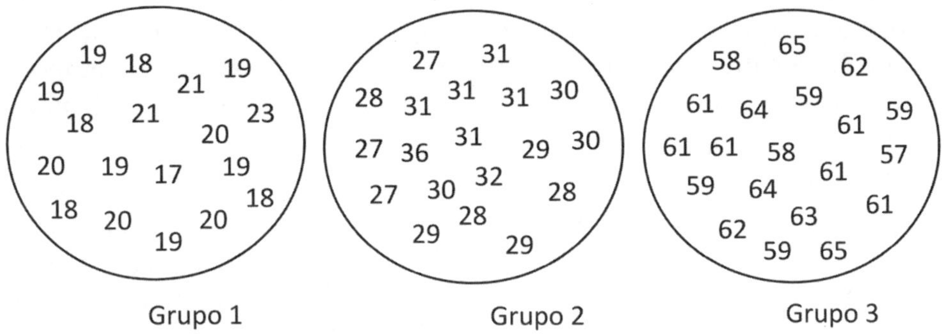

Figura 15.1 Idade das pessoas de três grupos distintos – primeiro caso.

As idades apresentam uma maior variabilidade dentro de cada um dos grupos ou entre os grupos?

Observe agora a Figura 15.2, que também descreve as idades das pessoas pertencentes a três grupos distintos.

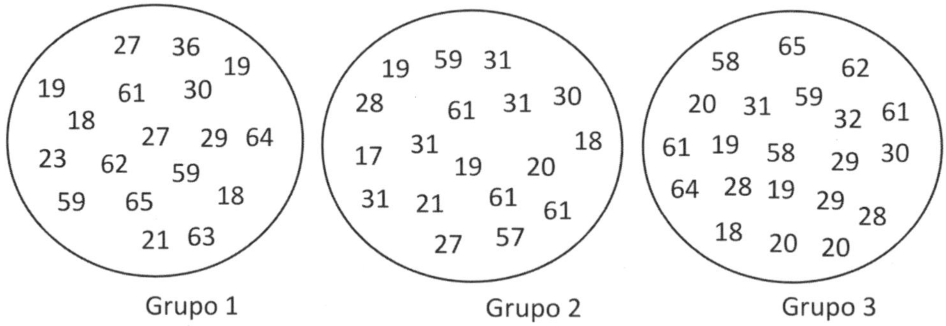

Figura 15.2 Idade das pessoas de três grupos distintos – segundo caso.

Nesse segundo caso, idades apresentam uma maior variabilidade dentro de cada um dos grupos ou entre os grupos?

Na primeira situação, observamos que as idades das pessoas apresentam uma variabilidade relativamente pequena dentro de cada grupo, mas as idades são bastante distintas entre os grupos. Na segunda situação, observamos uma maior dispersão das idades em cada grupo, mas não há uma grande variabilidade entre os grupos.

Isso nos leva ao entendimento de que, se a variabilidade de nossa variável de interesse (nesse caso, a idade) é relativamente maior entre os grupos que dentro dos grupos, temos alguma evidência de que os grupos são diferentes em relação a essa variável. Se utilizamos a variância como medida de variabilidade, lembramos que essa medida diz respeito à variabilidade dos dados em relação à média. Portanto, se a variável apresenta maior variabilidade **em relação à média** entre os grupos que dentro dos grupos, supomos que as médias entre os grupos são diferentes. Isso explica algo que pode soar estranho a quem estuda a técnica pela primeira vez: chamamos de análise de variância um procedimento que é capaz de comparar médias.

O procedimento de ANOVA, em sua forma mais simples, procura "quebrar" a variância amostral de uma variável quantitativa contínua em duas partes. Uma parte diz respeito à variabilidade entre os grupos. A outra parte mensura a variabilidade dentro dos grupos. Se a variabilidade entre os grupos é relativamente grande quando comparada à variabilidade dentro dos grupos, inferimos que há evidências de diferenças entre as médias populacionais relativas aos grupos.

Já aprendemos que na situação em que queremos comparar médias populacionais entre dois grupos de interesse, o teste *t* de Student é uma ferramenta estatística útil. Quando desejamos então comparar médias populacionais entre três ou mais grupos de interesse, a ANOVA torna-se bastante adequada.

15.1 PRIMEIRAS IDEIAS E PRESSUPOSTOS

A Tabela 15.1 mostra observações do índice de massa corporal (IMC) de 53 mulheres portadoras de diabetes tipo 2, de acordo com a escolaridade completada. A tabela mostra ainda a média e o desvio padrão em cada um dos grupos de escolaridade.

Tabela 15.1 Observações sobre o índice de massa corporal de acordo com a escolaridade.

Escolaridade	Observações do IMC (kg/m²)						*n*	Média	Desvio padrão
Fundamental	30,85	30,69	33,17	23,73	24,28	37,86	30	28,98	3,58
	30,34	23,91	30,39	27,63	31,48	31,44			
	24,90	24,07	33,49	26,38	29,59	28,54			
	31,36	25,96	27,78	25,24	25,97	32,49			
	30,14	25,47	30,25	26,25	31,53	34,11			
Médio	31,01	29,66	32,50	26,79	32,11	21,49	13	26,82	3,58
	25,82	26,36	26,27	22,67	26,08	25,29			
	22,59								
Superior	21,67	28,80	27,88	20,01	21,76	31,07	10	24,81	3,78
	20,39	25,78	25,87	24,83					

Como uma etapa anterior ao procedimento de ANOVA, é essencial que estudemos como nossos dados se comportam, pois valores atípicos e distribuições bastante assimétricas podem comprometer o resultado da análise. Para essa finalidade, o *box plot* é uma ferramenta bastante útil. O *box plot* apresentado na Figura 15.3 evidencia que não temos valores atípicos em nosso conjunto de dados, e as distribuições parecem não ter uma assimetria tão marcante a ponto de comprometer nossos resultados.

Vamos denotar por k o número de grupos. Nesse exemplo, temos $k = 3$. Na situação em que temos dois grupos, ou seja, $k = 2$, podemos utilizar o teste *t* de Student para a comparação entre médias populacionais. Portanto, vamos considerar neste capítulo $k > 2$.

O procedimento de ANOVA que descreveremos aqui tem por pressuposto que a variabilidade populacional dentro dos grupos não se modifica de um grupo

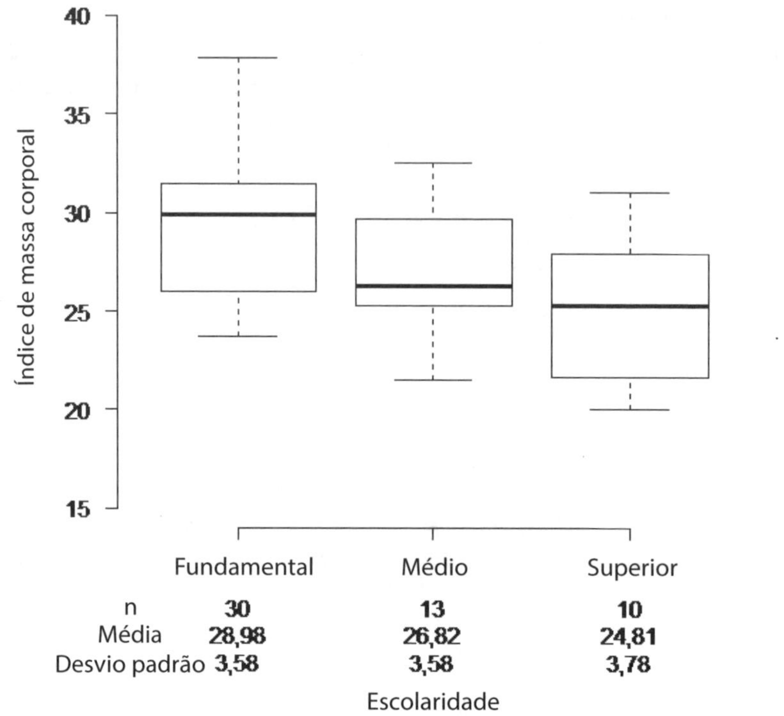

Figura 15.3 *Box plots* para o índice de massa corporal de acordo com a escolaridade.

para outro. Se temos k grupos e a variância populacional de cada grupo é σ_i^2, para $i = 1, \ldots, k$, então pressupomos que $\sigma_1^2 = \sigma_2^2 = \ldots = \sigma_k^2$. Por isso, muitos autores costumam usar testes de hipóteses de comparações entre variâncias, como os testes de Bartlett e de Levene, antes de uma ANOVA. Esses testes têm por hipótese nula que $\sigma_1^2 = \sigma_2^2 = \ldots = \sigma_k^2$, de forma que se rejeitamos H_0, temos evidências de que as variâncias populacionais não são iguais entre todos os grupos e podemos então ter problemas com os resultados da ANOVA. Em complemento, a observação do *box plot* também pode trazer informações importantes para verificarmos esse pressuposto. Se os *box plots* para cada grupo exibem dispersões bastante diferentes, é possível que as variâncias populacionais sejam distintas (lembrar que o pressuposto aqui descrito é que as variâncias populacionais sejam iguais, e não as amostrais descritas no *box plot*). Quando não assumimos igualdade entre as variâncias populacionais, uma alternativa é o uso da chamada ANOVA de Welch, que considera em seus cálculos correções para variâncias diferentes. A ANOVA de Welch tem esse nome em consideração ao estatístico britânico Bernard Lewis Welch (1911-1989), que em 1951 publicou um artigo com ideias importantes para a comparação entre médias de grupos com variabilidades distintas.

Outros pressupostos importantes da ANOVA são:

a. Os grupos que estamos comparando são independentes entre si. Isso significa que os grupos são compostos por indivíduos distintos e que o fato de um dado indivíduo ter sido escolhido para compor a amostra não interfere na escolha de outro indivíduo (ou seja, não são dados pareados). Se desejamos comparar grupos compostos pelos mesmos indivíduos, seguidos ao longo do tempo, temos outros procedimentos adequados, como a ANOVA para medidas repetidas.
b. Complementando o item anterior, reforçamos que devemos ter apenas uma observação para cada indivíduo em nosso conjunto de dados. Quando temos mais de uma observação para cada indivíduo, precisamos utilizar ferramentas mais adequadas ao desenho do estudo.
c. A distribuição dos dados em cada grupo deve ser aproximadamente simétrica, de forma que a média seja de fato representativa do conjunto de dados. Por isso, é comum que os pesquisadores tenham o hábito de testar a normalidade dos dados em cada um dos grupos, antes de utilizar uma ANOVA. Quando os dados apresentam uma distribuição bastante assimétrica à direita, uma transformação em logaritmos pode ajudar a tornar este pressuposto válido. Observar que o *box plot* é uma ferramenta bastante útil para verificarmos a simetria da distribuição de nossos dados em cada grupo.

15.2 SOMA DE QUADRADOS, QUADRADOS MÉDIOS E TABELA DE ANOVA

Se considerarmos todas as 53 observações apresentadas na Tabela 15.1, sem a preocupação de especificar os grupos de escolaridade, temos que a média "geral" de nossa amostra é:

$$\bar{x} = \frac{30,85 + 30,69 + 33,17 + 23,73 + \ldots + 25,87 + 24,83}{53} = 27,66 \frac{kg}{m^2}.$$

Por sua vez, a variância amostral é encontrada por meio da expressão:

$$s^2 = \frac{\sum_{i=1}^{k} \sum_{j=1}^{ni} (x_{ij} - \bar{x})^2}{n-1},$$

em que x_{ij} denota a j-ésima observação da variável de interesse no grupo i (por exemplo, $x_{2\,3}$ é igual 32,50 kg/m², ou seja, a terceira observação do segundo grupo). E, ainda, n_i denota o tamanho amostral para o grupo i, sendo $i = 1, \ldots, k$. Notar que essa expressão não traz uma forma de obter-se a variância distinta daquela apresentada no Capítulo 3. A presença de dois símbolos seguidos de soma no numerador da expressão significa que estamos somando os desvios ao quadrado dados por $(x_{ij} - \overline{x})^2$, considerando todas as observações de cada um dos grupos.

A variância amostral é dada então por:

$$s^2 = \frac{\sum_{i=1}^{k}\sum_{j=1}^{ni}(x_{ij} - 27,66)^2}{53 - 1} = \frac{796,49}{52} = 15,32\left(\frac{kg}{m^2}\right)^2.$$

Ao "quebrar" a variância amostral em duas partes (as variabilidades dentro e entre os grupos), não vamos necessariamente "quebrar" s^2, mas sim seu numerador $\sum_{i=1}^{k}\sum_{j=1}^{ni}(x_{ij} - \bar{x})^2$, que chamamos de soma de quadrados total (SQT) e também "mede" a variabilidade total dos dados. Assim,

$$SQT = \sum_{i=1}^{k}\sum_{j=1}^{ni}(x_{ij} - \bar{x})^2.$$

Para entendermos essa "quebra" de SQT, vamos inicialmente considerar apenas a diferença $x_{ij} - \overline{x}$ que aparece na expressão. Já entendemos que essa diferença é o desvio da observação x_{ij} em relação à média $\overline{x}$. Vamos, então, somar e subtrair $\overline{x}_i$ dessa diferença. Assim, escrevemos:

$$x_{ij} - \overline{x} = x_{ij} - \overline{x}_i + \overline{x}_i - \overline{x}.$$

É claro que somar e subtrair a mesma quantidade de uma expressão qualquer não modifica seu valor, mas essa é a estratégia que nos auxiliará a entender como é que "quebramos" SQT. Em seguida, vamos introduzir dois pares de parênteses no lado direito dessa última expressão, de forma que novamente não modificamos seu valor:

$$x_{ij} - \overline{x} = (x_{ij} - \overline{x}_i) + (\overline{x}_i - \overline{x}).$$

Se elevarmos ao quadrado os lados esquerdo e direito da expressão, teremos:

$$(x_{ij} - \overline{x})^2 = (x_{ij} - \overline{x}_i)^2 + 2(x_{ij} - \overline{x}_i)(\overline{x}_i - \overline{x}) + (\overline{x}_i - \overline{x})^2$$

Para entender esse raciocínio, lembre-se de que $(a + b)^2 = a^2 + 2ab + b^2$, quando a e b são números reais. Nesse caso, é como se a fosse dado por $(x_{ij} - \overline{x})$ e b fosse dado por $(\overline{x}_i - \overline{x})$.

No passo seguinte, vamos introduzir os símbolos de soma, para que essa expressão nos forneça a *SQT*. Assim,

$$\sum_{i=1}^{k}\sum_{j=1}^{ni}(x_{ij}-\bar{x})^2=\sum_{i=1}^{k}\sum_{j=1}^{ni}(x_{ij}-\bar{x}_i)^2+2\sum_{i=1}^{k}\sum_{j=1}^{ni}(x_{ij}-\bar{x}_i)(\bar{x}_i-\bar{x})+$$

$$\sum_{i=1}^{k}\sum_{j=1}^{ni}(\bar{x}_i-\bar{x})^2.$$

Essa expressão torna-se mais simples quando percebemos que

$$\sum_{i=1}^{k}\sum_{j=1}^{ni}(x_{ij}-\bar{x}_i)(\bar{x}_i-\bar{x})=0.$$

Não vamos apresentar aqui uma demonstração para isso, mas o leitor com alguma facilidade em operações algébricas pode obtê-la em poucas linhas. E também, temos que

$$\sum_{i=1}^{k}\sum_{j=1}^{ni}(\bar{x}_i-\bar{x})^2=\sum_{i=1}^{k}n_i(\bar{x}_i-\bar{x})^2,$$

dado que estamos então somando n_i vezes a expressão $(\overline{x}_i - \overline{x})^2$ para cada grupo *i*. Assim, a expressão que fundamenta a ANOVA para comparações entre três ou mais médias populacionais é

$$\sum_{i=1}^{k}\sum_{j=1}^{ni}(x_{ij}-\bar{x})^2=\sum_{i=1}^{k}\sum_{j=1}^{ni}(x_{ij}-\bar{x}_i)^2+\sum_{i=1}^{k}n_i(\bar{x}_i-\bar{x})^2.$$

Observe que o termo $\sum_{i=1}^{k}\sum_{j=1}^{ni}(x_{ij}-\bar{x}_i)^2$ diz respeito aos desvios de cada observação amostral x_{ij} em relação à média $\overline{x}_i$ de seu próprio grupo, e não em relação à média "geral" $\overline{x}$. Assim, entendemos que esse termo expressa a variabilidade dentro de cada um dos grupos e é chamado de *SQD* ou soma de quadrados "dentro".

O termo $\sum_{i=1}^{k}n_i(\bar{x}_i-\bar{x})^2$ diz respeito aos desvios das médias $\overline{x}_i$ de cada grupo em relação à média "geral" $\overline{x}$. Portanto, esse termo expressa a variabilidade entre os grupos, e é chamado de *SQE* ou soma de quadrados "entre".

Assim,

$$SQD = \sum_{i=1}^{k}\sum_{j=1}^{ni}(x_{ij} - \bar{x}_i)^2,$$

$$SQE = \sum_{i=1}^{k} n_i(\bar{x}_i - \bar{x})^2$$

e

$$SQT = SQD + SQE.$$

Considerando os dados de nosso exemplo, temos $SQT = 796{,}49$ (o numerador da expressão da variância) e

$$SQE = 30 \times (28{,}98 - 27{,}66)^2 + 13 \times (26{,}82 - 27{,}66)^2 + 10 \times (24{,}81 - 27{,}66)^2,$$

ou seja, $SQE = 142{,}67$.

Podemos encontrar SQD da diferença

$$SQD = SQT - SQE = 796{,}49 - 142{,}67 = 653{,}82.$$

Embora SQD e SQE quantifiquem a variabilidade dos dados dentro dos grupos e entre os grupos, respectivamente, essas quantidades não são diretamente comparáveis, no sentido de se estabelecer qual é a maior delas, dado que se baseiam em somas de diferentes números de termos. Se temos k grupos, a SQE é obtida da soma de k termos, sendo $k - 1$ desses termos independentes. Por sua vez, a SQD é obtida da soma de n termos, sendo $n - k$ desses termos independentes. Essas quantificações de termos independentes em cada soma são chamadas graus de liberdade.

Os quadrados médios entre e dentro dos grupos (QME e QMD) são dados pelas somas de quadrados divididas pelos respectivos graus de liberdade. Assim,

$$QME = \frac{SQE}{k-1} \quad \text{e} \quad QMD = \frac{SQD}{n-\text{k}}$$

A Tabela 15.2 é chamada tabela de ANOVA e resume as quantidades aqui apresentadas. Em sua última coluna, o valor F nos mostra o tamanho de QME em relação a QMD.

Tabela 15.2 Tabela de ANOVA.

Fonte de variação	Graus de liberdade	Soma de quadrados	Quadrados médios	Valor *F*
Entre os grupos	$k-1$	$SQE=\sum_{i=1}^{k} n_i(\bar{x}_i-\bar{x})^2$	$QME=\dfrac{SQE}{k-1}$	$F=\dfrac{QME}{QMD}$
Dentro dos grupos	$n-k$	$SQD=\sum_{i=1}^{k}\sum_{j=1}^{n_i}(x_{ij}-\bar{x}_i)^2$	$QMD=\dfrac{SQD}{n-k}$	
Total	$n-1$	$SQT=\sum_{i=1}^{k}\sum_{j=1}^{n_i}(x_{ij}-\bar{x})^2$		

Os quadrados médios, por sua vez, são quantidades comparáveis. A Tabela 15.3 é a tabela de ANOVA para os dados de nosso exemplo.

Tabela 15.3 Tabela de ANOVA para os dados do exemplo.

Fonte de variação	Graus de liberdade	Soma de quadrados	Quadrados médios	Valor F
Entre os grupos	2	142,67	71,33	5,45
Dentro dos grupos	50	653,82	13,08	
Total	52	796,49		

Perceba que o *QME* é maior que o *QMD* (71,33 e 13,08, respectivamente), sendo o *QME* igual a 5,45 vezes o *QMD*. Isso nos mostra que há uma maior variação amostral do IMC entre os grupos que dentro dos grupos. Para uma comparação formal entre o *QME* e o *QMD*, utilizamos o chamado Teste F, descrito a seguir.

15.3 TESTE F

O estatístico e geneticista britânico Ronald Aylmer Fisher (1890-1962) e o matemático e estatístico norte-americano George Waddel Snedecor (1881-1974) desenvolveram uma distribuição de probabilidade que ficou conhecida como distribuição F de Snedecor. Se Y_1 é uma variável aleatória que segue uma distribuição qui-quadrado com d_1 graus de liberdade e Y_2 é outra variável aleatória que segue uma distribuição qui-quadrado com d_2 graus de liberdade, temos que

$$\frac{Y_1/d_1}{Y_2/d_2}$$

segue uma distribuição F de Snedecor com d_1 e d_2 graus de liberdade. A Figura 15.4 exemplifica a curva densidade de probabilidade de uma distribuição F de Snedecor segundo algumas escolhas para os graus de liberdade (gl). Observa-se que as curvas são assimétricas e definidas para valores maiores ou iguais a zero.

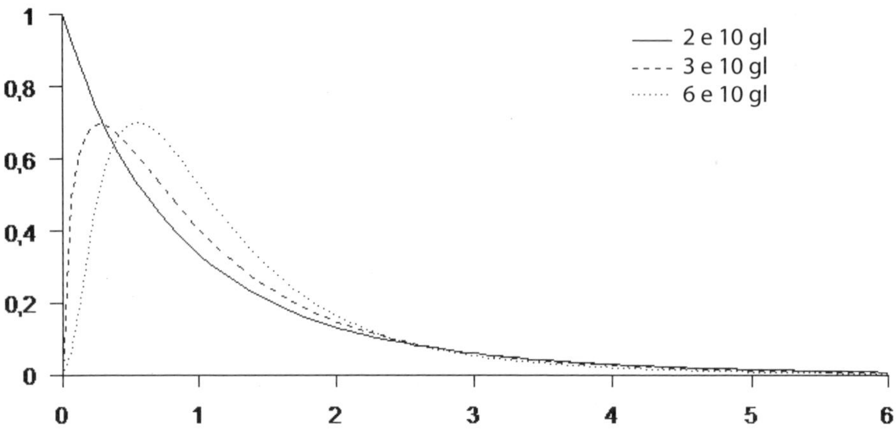

Figura 15.4 Curvas densidade de probabilidade para a distribuição F de Snedecor.

Essa distribuição de probabilidade é bastante útil para testarmos a hipótese nula de igualdade entre k médias populacionais

$$H_0: \mu_1 = \mu_2 = \ldots = \mu_k$$

a partir da tabela de ANOVA. A hipótese alternativa assume que pelo menos uma das médias populacionais é diferente das demais.

Se a hipótese nula for verdadeira, assumimos que o valor F encontrado na tabela de ANOVA é resultado de uma distribuição F de Snedecor com $k - 1$ e $n - k$ graus de liberdade. Assim, para um nível de significância α, rejeitamos H_0 se o valor F encontrado for maior que um valor F^* tal que a área sob uma curva F de Snedecor com $k - 1$ e $n - k$ graus de liberdade a partir de F^* é igual a α.

No exemplo anterior, temos $k = 3$ e $n = 53$. Assim, da tabela da distribuição F de Snedecor para $\alpha = 0{,}05$ (Anexo E), F^* é igual a 3,183. Dado que o valor F encontrado é 5,45, rejeitamos H_0 para um nível de significância de 0,05. Temos então evidências de que, ao compararmos as médias do IMC entre as populações de mulheres com ensino médio, fundamental e superior, pelo menos uma dessas médias é diferente das demais.

15.4 PODEMOS SUBSTITUIR A ANOVA POR MÚLTIPLOS TESTES *t* DE STUDENT?

Sendo k o número de grupos, temos que o número de comparações que podemos fazer entre pares de grupos é dado por:

$$c = \binom{k}{2}.$$

Em nosso exemplo, temos $c = 3$ possíveis comparações entre os grupos, dado que $k = 3$ e $\binom{k}{2} = 3$. Denotando por grupo 1 o grupo de mulheres que cumpriram o ensino fundamental, por 2 o grupo de mulheres que cumpriram o ensino médio e por 3 o grupo das mulheres que cumpriram o ensino superior, temos as possíveis comparações: 1 x 2, 1 x 3 e 2 x 3.

O que aconteceria se, no lugar da ANOVA, utilizássemos de forma independente um teste t de Student para cada uma das comparações? Se temos três grupos, escrevemos então a hipótese nula na forma:

$$H_0: \mu_1 = \mu_2 = \mu_3.$$

Se utilizamos três testes t de Student com hipóteses nulas específicas H_0: $\mu_1 = \mu_2$, H_0: $\mu_1 = \mu_3$ e H_0: $\mu_2 = \mu_3$, rejeitamos então a "hipótese geral" H_0: $\mu_1 = \mu_2 = \mu_3$ quando ao menos um desses testes t rejeitar sua respectiva hipótese nula específica. Qual a probabilidade de isso acontecer, se consideramos verdadeira a hipótese H_0: $\mu_1 = \mu_2 = \mu_3$? Se fixamos um nível de significância de 0,05, desejamos obviamente que essa probabilidade seja 0,05.

Se consideramos um nível de significância de 0,05 para cada um dos testes t de Student, temos que a probabilidade de cada um desses testes não rejeitar sua hipótese nula dado que H_0: $\mu_1 = \mu_2 = \mu_3$ é verdadeira é $1 - 0{,}05 = 0{,}95$. Consequentemente, se os resultados desses testes são independentes entre si, a probabilidade de nenhum dos testes aplicados ao mesmo tempo rejeitar sua respectiva hipótese nula é $0{,}95 \times 0{,}95 \times 0{,}95$, ou seja, aproximadamente 0,857.

Assim, a probabilidade de ao menos um desses testes t rejeitar sua respectiva hipótese nula dado que H_0: $\mu_1 = \mu_2 = \mu_3$ é verdadeira é de aproximadamente 0,143. Observe que esse valor é bastante superior a 0,05, que é o nível de significância esperado. Esse resultado nos mostra que, quando comparamos médias populacionais entre três ou mais grupos, não podemos substituir a ANOVA por uma sequência de testes t de Student que comparam os grupos dois a dois, dado que assim inflacionamos o nível de significância fixado para o teste que tem por hipótese nula H_0: $\mu_1 = \mu_2 = \mu_3$.

15.5 TESTES DE COMPARAÇÕES MÚLTIPLAS

No exemplo anterior, rejeitamos a hipótese nula para um nível de significância de 0,05, obtendo assim evidências de que pelo menos uma das médias populacionais é diferente das demais. No entanto, a ANOVA não é capaz de identificar quais médias populacionais são possivelmente diferentes, e entendemos que não podemos utilizar testes t de Student independentes para cada comparação.

Os testes de comparações múltiplas são utilizados para compararmos os grupos dois a dois. Dado que eles são usados após a ANOVA, quando rejeitamos a hipótese nula através do teste F, eles costumam ser chamados de testes *post-hoc* de hipóteses. Dentre os vários testes de comparações múltiplas que encontramos na literatura, temos o teste de Tukey, de Bonferroni e de Newman-Keuls. Esses testes procuram "corrigir" o nível de significância específico em cada comparação, de forma que não inflacionemos o nível de significância para a hipótese nula "geral" H_0: $\mu_1 = \mu_2 = \ldots = \mu_k$.

Descreveremos a seguir o teste de Bonferroni, que é bastante utilizado em estudos da área da saúde.

15.5.1 Teste de Bonferroni

O teste de Bonferroni tem esse nome em referência ao trabalho do matemático italiano Carlo Emilio Bonferroni (1892-1960). Lembramos que considerando um total de k grupos, o número de comparações que podemos fazer entre pares de grupos é dado por $c = \binom{k}{2}$.

Para cada uma das possíveis comparações, encontramos a quantidade

$$D_{ij} = t_B\sqrt{QMD\left(\frac{1}{n_i} + \frac{1}{n_j}\right)},$$

em que i e j referem-se aos grupos em questão (assumimos sempre $i \neq j$) e t_B é obtido na tabela da distribuição t de Student com $n - k$ graus de liberdade, de modo que a área sob a curva t de Student de $-t_B$ a t_B é $1 - \alpha/c$, para um nível de significância α. Assim,

$$t_B = t_{(n-k;1-\alpha/c)}.$$

Para obter facilmente t_B para $\alpha = 0{,}05$, podemos utilizar a tabela mostrada no Anexo F.

Ao compararmos as médias populacionais dos grupos i e j, rejeitamos a hipótese nula

$$H_0: \mu_i = \mu_j$$

quando a diferença absoluta $|\bar{x}_i - \bar{x}_j|$ entre as respectivas médias amostrais for superior a D_{ij}.

Em nosso exemplo, vamos considerar que *i* ou *j* assumem 1 para o ensino fundamental completo, 2 para o ensino médio e 3 para o ensino superior. Em adição, temos $k = 3$ e $n - k = 53 - 3 = 50$ graus de liberdade para *QMD*. Usando a tabela do Anexo F, encontramos

$$t_B = 2{,}477$$

para um nível de significância de 0,05 e $n - k = 50$. Assim, ao compararmos os grupos de mulheres com ensino fundamental e médio (grupos 1 e 2), temos $n_1 = 30$, $n_2 = 10$ e D_{12} dado por

$$D_{12} = 2{,}477\sqrt{13{,}08\left(\frac{1}{30} + \frac{1}{13}\right)} = 2{,}97.$$

A diferença absoluta entre as médias amostrais do IMC dos grupos com ensino fundamental e médio é $|\bar{x}_1 - \bar{x}_2| = |28{,}98 - 26{,}82| = 2{,}16$. Dado que $|\bar{x}_1 - \bar{x}_2|$ não é maior que $D_{12} = 2{,}97$, não temos evidências de diferenças entre as médias populacionais do IMC de mulheres que cursaram até o ensino fundamental e até o ensino médio (não rejeitamos H_0 considerando $\alpha = 0{,}05$).

A Tabela 15.4 mostra as três comparações possíveis entre pares de grupos, as diferenças absolutas entre as respectivas médias amostrais, os respectivos valores de D_{ij} e intervalos de confiança simultâneos para as diferenças entre as respectivas médias populacionais (que descreveremos a seguir). Observe que apenas na comparação entre as escolaridades fundamental x superior encontramos uma diferença absoluta entre médias amostrais maior que o respectivo valor de D_{ij} (respectivamente 4,17 e 3,27). Assim, para um nível de significância "geral" de 0,05, temos evidências de que as médias populacionais μ_1 e μ_3 do IMC são diferentes (populações com ensino fundamental e superior), mas não temos evidências de diferença entre μ_1 e μ_2 e entre μ_2 e μ_3.

Vale lembrar que, considerando as ideias já expostas sobre a interpretação de resultados de testes de hipóteses, não estamos concluindo que não há diferença entre μ_1 e μ_2 e entre μ_2 e μ_3. Estamos concluindo que o procedimento de comparações de médias não encontrou diferenças entre μ_1 e μ_2 e entre μ_2 e μ_3, mas isso não quer dizer que elas sejam de fato iguais.

Os intervalos de confiança (IC) de 95% para as diferenças $\mu_i - \mu_j$ entre as médias populacionais dos grupos *i* e *j*, exibidos na tabela anterior, são construídos a partir do método de Bonferroni. São dados pela expressão

$$\left(\bar{x}_i - \bar{x}_j - t_B\sqrt{QMD\left(\frac{1}{n_i} + \frac{1}{n_j}\right)};\, \bar{x}_i - \bar{x}_j + t_B\sqrt{QMD\left(\frac{1}{n_i} + \frac{1}{n_j}\right)}\right).$$

Tabela 15.4 Resultados do teste de Bonferroni.

Comparação	Diferença absoluta entre médias amostrais	D_{ij}	IC 95%	Evidência de diferença?
Fundamental x médio	|28,98 – 26,82| = 2,16	2,97	(–0,81 ; 5,13)	Não
Fundamental x superior	|28,98 – 24,81| = 4,17	3,27	(0,90 ; 7,44)	Sim
Médio x superior	|26,82 – 24,81| = 2,01	3,77	(–1,76 ; 5,78)	Não

Esses intervalos de confiança são chamados simultâneos. No exemplo, isso significa que temos uma confiança de 95% de que, simultaneamente, a diferença $\mu_1 - \mu_2$ esteja contida no intervalo (–0,81 ; 5,13), $\mu_1 - \mu_3$ esteja contida no intervalo (0,90 ; 7,44) e $\mu_2 - \mu_3$ esteja contida no intervalo (–1,76 ; 5,78). Perceba que há um único coeficiente de confiança para todos os intervalos, possibilitando uma interpretação "conjunta" dos resultados. Perceba também que o IC para $\mu_1 - \mu_3$ não contém o valor 0, ao contrário dos demais, evidenciando que a hipótese que $\mu_1 = \mu_3$ deve ser rejeitada para essas comparações múltiplas.

15.6 MAIS UM EXEMPLO

O exemplo a seguir é inspirado em um estudo publicado por Nascimento et al. (2003), que pretendeu identificar os principais fatores para o desenvolvimento do *diabetes mellitus* em uma população de interesse. Com base em exames laboratoriais, os pesquisadores classificaram os indivíduos de uma amostra em portadores de tolerância à glicose diminuída, portadores de glicemia de jejum alterada ou portadores de diabetes. Um quarto grupo foi composto por indivíduos não portadores dessas alterações. A Tabela 15.5 mostra estatísticas descritivas para a circunferência da cintura (medida em centímetros) em cada grupo, considerando apenas as mulheres.

Tabela 15.5 Estatísticas descritivas para a circunferência da cintura.

Grupo	*n*	Média (cm)	Desvio padrão (cm)
1. Portadores de tolerância à glicose diminuída	86	85,9	10,2
2. Portadores de glicemia de jejum alterada	54	81,1	12,2
3. Portadores de diabetes	48	87,2	7,6
4. Sem alterações	64	80,0	10,9

Vamos assumir que os pressupostos necessários para uma análise de variância (igualdade entre as variâncias populacionais de cada grupo, distribuições aproximadamente simétricas, as médias representam bem os grupos em que se inserem, ausência de valores atípicos) são todos satisfeitos.

A média "geral" $\overline{x}$ da circunferência da cintura das 252 mulheres, sem considerarmos os grupos, é dada por:

$$\bar{x} = \frac{86 \times 85,9 + 54 \times 81,1 + 48 \times 87,2 + 64 \times 80,0}{86 + 54 + 48 + 64} = \frac{21072,4}{252} = 83,62 \text{ cm}.$$

A soma de quadrados entre os grupos é

$$\begin{aligned} SQE &= \sum_{i=1}^{4} n_i(\bar{x}_i - \bar{x})^2 \\ &= 86 \times (85,9 - 83,62)^2 + 54 \times (81,1 - 83,62)^2 + 48 \times (87,3 - 83,62)^2 \\ &+ 64 \times (80,0 - 83,62)^2 = 2243,85 \end{aligned}$$

A soma de quadrados dentro dos grupos, cuja expressão é

$$SQD = \sum_{i=1}^{k} \sum_{j=1}^{n_i} (x_{ij} - \bar{x}_i)^2$$

pode ser assim reescrita:

$$SQD = \sum_{i=1}^{k} (n_i - 1)s_i^2,$$

sendo s_i^2 a variância amostral no grupo *i*. Assim,

$$\begin{aligned} SQD &= \sum_{i=1}^{k} (n_i - 1)s_i^2 \\ &= (86 - 1) \times 10,2^2 + (54 - 1) \times 12,2^2 + (48 - 1) \times 7,6^2 + (64 - 1)^2 \\ &+ 10,9^2 = 26.931,67. \end{aligned}$$

A soma de quadrados total é obtida da soma *SQE* +*SQD*. A tabela de ANOVA é então dada pela Tabela 15.6. Lembre-se de que a Tabela 15.2 mostra as expressões para os graus de liberdade e os outros elementos da tabela.

Tabela 15.6 Tabela de ANOVA para os dados de circunferência da cintura.

Fonte de variação	Graus de liberdade	Soma de quadrados	Quadrados médios	Valor F
Entre os grupos	3	2243,85	747,95	6,89
Dentro dos grupos	248	26931,67	108,60	
Total	251	29175,52		

Na tabela do Anexo F, encontramos um valor próximo a 2,66 para t_B, considerando um nível de significância de 0,05. A tabela do Anexo não contém a linha para $n - k = 248$ graus de liberdade, mas podemos aproximar t_B em 2,66, observando as linhas da tabela para valores próximos a 248. Sendo o valor F maior que t_B, rejeitamos H_0: $\mu_1 = \mu_2 = \mu_3 = \mu_4$, sendo μ_1, μ_2, μ_3 e μ_4 as médias populacionais da circunferência da cintura em mulheres portadoras de tolerância à glicose diminuída, portadoras de glicemia de jejum alterada, portadoras de diabetes e sem alterações, respectivamente.

Considerando $k = 4$ grupos distintos, temos $\binom{k}{2} = 6$ possíveis comparações entre pares de grupos. A Tabela 15.7 mostra os resultados do teste de Bonferroni para essas comparações, bem como os intervalos de confiança de 95% simultâneos para as diferenças entre as médias populacionais.

Tabela 15.7 Resultados do teste de Bonferroni para os dados de circunferência da cintura.

Comparação	Diferença absoluta entre médias amostrais	D_{ij}	IC 95%	Evidência de diferença?
1 x 2	4,8	4,81	(–0,01 ; 9,61)	Não
1 x 3	1,3	4,99	(–6,11 ; 3,51)	Não
1 x 4	5,9	4,58	(1,09 ; 10,71)	Sim
2 x 3	6,1	5,50	(–10,91 ; –1,29)	Sim
2 x 4	1,1	5,12	(–3,71 ; 5,91)	Não
3 x 4	7,2	5,29	(2,39 ; 12,01)	Sim

15.7 PARA SABER MAIS

A ANOVA é adequada quando a variável a ser comparada entre grupos é quantitativa contínua. A análise pode também adequar-se a uma variável discreta, desde que ela possua uma amplitude amostral relativamente grande e os pressupostos aqui apresentados sejam cumpridos. Caso contrário, é mais adequado o uso de modelos de regressão baseados em distribuições discretas, como a distribuição de Poisson, binomial negativa ou beta-binomial.

A versão da ANOVA aqui apresentada é muitas vezes chamada ANOVA em uma via (do inglês *one-way ANOVA*). Na ANOVA em duas vias (*two-way ANOVA*) podemos simultaneamente comparar as médias populacionais de uma variável contínua entre as possíveis classificações de duas variáveis qualitativas de interesse. Por exemplo, podemos comparar as médias populacionais da circunferência de cintura entre as classes da variável sexo (masculino e feminino) e entre as classes da condição de saúde (portadores de tolerância à glicose diminuída, portadores de glicemia de jejum alterada, portadores de diabetes e sem alterações), em uma única tabela de ANOVA. A ANOVA em duas vias, portanto, é útil para estudar os efeitos de interação entre variáveis qualitativas (por exemplo, o padrão de associação entre a condição de saúde e a circunferência da cintura pode ser diferente entre homens e mulheres).

A MANOVA (do inglês *multivariate analysis of variance*) é a versão multivariada da ANOVA. Suponha que estamos interessados em estudar a associação entre a densidade mineral óssea (DMO) da região lombar da coluna vertebral, dividida em L1, L2, L3 e L4, e a classificação do nível de atividade física (muito ativo, ativo, irregularmente ativo e sedentário). Desejamos então comparar as médias populacionais da DMO entre os quatro níveis de atividade física. A DMO é uma variável contínua multivariada, mensurada em quatro vértebras diferentes (L1, L2, L3 e L4) de cada indivíduo. Poderíamos utilizar independentemente quatro análises de variância convencionais, considerando uma vértebra por vez, mas a MANOVA permite que estudemos simultaneamente as quatro medidas de DMO em uma única análise, levando em conta as covariâncias entre as medidas das diferentes vértebras.

A ANCOVA (do inglês *analysis of covariance*) é um tipo de ANOVA em que as médias populacionais de uma variável contínua de interesse são comparadas de acordo com os níveis de uma variável qualitativa, controlando o possível efeito de confundimento de uma terceira variável (em geral denominada covariável). Por exemplo, ao compararmos as médias populacionais da circunferência de cintura entre as classes da condição de saúde (portadores de tolerância à glicose diminuída, portadores de glicemia de jejum alterada, portadores de diabetes e sem alterações), é possível que a circunferência da cintura tenha a tendência de se modificar de acordo com a idade dos indivíduos. Se, além disso, as classes da condição de saúde também se associam à idade, é possível que que a ANOVA sugira falsas relações entre circunferência de cintura e condição de saúde (efeito confundidor). A ANCOVA, portanto, pode ser útil para um melhor entendimento dessas relações.

A ANOVA para medidas repetidas (do inglês *repeated measures analysis of variance*) é outra extensão da ANOVA, bastante utilizada em situações em que as medidas de uma variável contínua são tomadas para um mesmo conjunto de indivíduos ao longo do tempo. Se queremos comparar as médias de uma variável contínua em diferentes tempos, mas considerando os mesmos indivíduos, não satisfazemos o pressuposto de grupos independentes. Os grupos são agora pareados e a ANOVA precisa então ser adaptada para comportar essa estrutura de dados.

15.8 EXERCÍCIOS

1. O que é uma análise de variância?

2. Se desejamos comparar médias populacionais de uma variável quantitativa de interesse entre três ou mais grupos, por que não podemos empregar testes *t* de Student comparando-os dois a dois?

3. Quais são os pressupostos para uma análise de variância?

4. O que é uma ANOVA de Welch?

5. Qual é o propósito de um teste de Bonferroni?

6. A tabela a seguir exibe estatísticas descritivas para o perímetro abdominal de mulheres adultas, em centímetros. Organize esses dados em uma tabela de ANOVA.

Perímetro abdominal de mulheres adultas.

Grupo	*n*	Média (cm)	Desvio padrão (cm)
Fumantes	30	86,2	13,1
Ex-fumantes	43	94,8	13,8
Não fumantes	50	92,8	13,2

16 CAPÍTULO

Noções de métodos não paramétricos

Definimos um teste paramétrico como aquele que especifica a distribuição dos dados e suas hipóteses envolvem os parâmetros dessa distribuição. Por exemplo, o teste t de Student para comparação entre médias populacionais tem por pressuposto que a variável contínua de interesse segue uma distribuição normal com média μ_1 em uma das populações e média μ_2 na outra população. As hipóteses nula e alternativa desse teste são respectivamente H_0: $\mu_1 = \mu_2$ e H_A: $\mu_1 \neq \mu_2$, ou seja, são hipóteses definidas sobre os parâmetros de curvas normais.

Os testes não paramétricos, por sua vez, não estabelecem pressupostos sobre a distribuição dos dados. Suas hipóteses nula e alternativa, consequentemente, não envolvem parâmetros de distribuições de probabilidade conhecidas.

Entretanto, é importante destacar que, quando dizemos que o teste paramétrico especifica a distribuição dos dados, não estamos necessariamente dizendo que essa distribuição é a curva normal. Existem ferramentas estatísticas paramétricas destinadas à análise de dados que seguem diferentes distribuições contínuas e discretas de probabilidade. Por exemplo, o modelo de Poisson é uma ferramenta paramétrica de estatística voltada à análise de dados discretos, que têm um comportamento distinto de uma curva normal.

A expressão "não paramétrico" refere-se ao método estatístico, e não ao tipo ou à forma dos dados amostrais. Portanto, existem testes não paramétricos, mas as expressões "dados não paramétricos" e "variáveis não paramétricas" são inadequadas. Não são os dados ou as variáveis que são paramétricos ou não paramétricos, e sim o método utilizado para sua análise.

16.1 POSTOS

Os testes não paramétricos usuais na pesquisa em saúde baseiam-se em uma transformação dos dados em postos. Um posto (do inglês *rank*) é a posição que uma observação amostral ocupa em uma sequência ordenada, como previamente apresentado na Seção 4.4, quando introduzimos o coeficiente de correlação de Spearman.

Por exemplo, digamos que em uma amostra de tamanho $n = 10$ encontramos as seguintes observações para a altura dos indivíduos (em centímetros):

164 184 165 180 181 159 168 167 169 170

O posto para o menor valor é 1, o posto para o segundo menor valor é 2, e assim por diante. Assim, os postos para os dados acima são respectivamente:

2 10 3 8 9 1 5 4 6 7

Quando há duas ou mais observações iguais em nossos dados, dizemos que ocorreram empates. Por exemplo, imagine que nossos dados são estes:

164 184 <u>165</u> 180 181 159 168 <u>165</u> 169 170

Temos, então, dois indivíduos com 165 cm de altura. Nesse caso, esses indivíduos estão "empatados" em terceiro e quarto lugar. As posições das observações em uma sequência ordenada seriam, respectivamente:

2º 10º 3º e 4º 8º 9º 1º 5º 3º e 4º 6º 7º

Para resolvermos o problema dos empates, consideramos os postos como uma média entre as posições. Assim, os postos para esses dados são:

2 10 3,5 8 9 1 5 3,5 6 7

Se tivéssemos três ou mais indivíduos "empatados", resolveríamos o problema dos empates da mesma maneira. Por exemplo, sejam os dados:

164	184	<u>165</u>	180	181	159	<u>165</u>	<u>165</u>	169	170

As posições das observações em uma sequência ordenada seriam, respectivamente:

2º	10º	3º,4º e 5º	8º	9º	1º	3º,4º e 5º	3º,4º e 5º	6º	7º

Portanto, os postos para esses dados são:

2	10	4	8	9	1	4	4	6	7

É conhecido na matemática que a soma de todos os números inteiros de 1 a n é dada por:

$$\sum_{i=1}^{n} i = \frac{n(n+1)}{2}.$$

Portanto, a soma de todos os postos para uma amostra de tamanho n pode ser encontrada por meio dessa expressão.

16.2 TESTE DA SOMA DE POSTOS DE WILCOXON

O teste da soma de postos de Wilcoxon, muitas vezes chamado de Teste de Mann-Whitney, é frequentemente utilizado para comparar duas amostras independentes. Esse teste de hipóteses originou-se dos desenvolvimentos de Frank Wilcoxon (1892-1965), químico e estatístico norte-americano, Henry Berthold Mann (1905-2000), matemático e estatístico austríaco que viveu nos Estados Unidos, e Donald Ransom Whitney (1915-2007), matemático e estatístico norte-americano.

Suponha que estamos interessados em comparar duas populações de acordo com uma variável de natureza quantitativa. Como exemplo, podemos estar interessados em comparar o índice de massa corporal entre praticantes e não praticantes de exercícios físicos. Com base em amostras retiradas aleatoriamente das duas populações, as hipóteses nula (H_0) e alternativa (H_A) do teste da soma de postos de Wilcoxon são:

- H_0: Nas populações que originaram os dados das duas amostras, nossa variável de interesse segue uma mesma distribuição de probabilidade.
- H_A: Nas populações que originaram os dados das duas amostras, nossa variável de interesse segue distribuições de probabilidades que se diferem por um parâmetro λ.

A Figura 16.1 busca proporcionar um maior entendimento dessas hipóteses.

Na parte superior da figura é representada a hipótese nula, em que as distribuições de probabilidade que geraram nossas amostras posicionam-se na mesma locação sobre o eixo. A parte inferior da figura representa a hipótese alternativa, em que as distribuições de nossa variável apresentam alguma diferença de acordo com a população. Nessa representação, quantificamos por λ a diferença em locação entre as duas distribuições. De uma forma simplista, entendemos que λ é um parâmetro que mede a "distância" entre essas curvas. A hipótese nula, então, estabelece que $\lambda = 0$, enquanto a hipótese alternativa estabelece $\lambda \neq 0$.

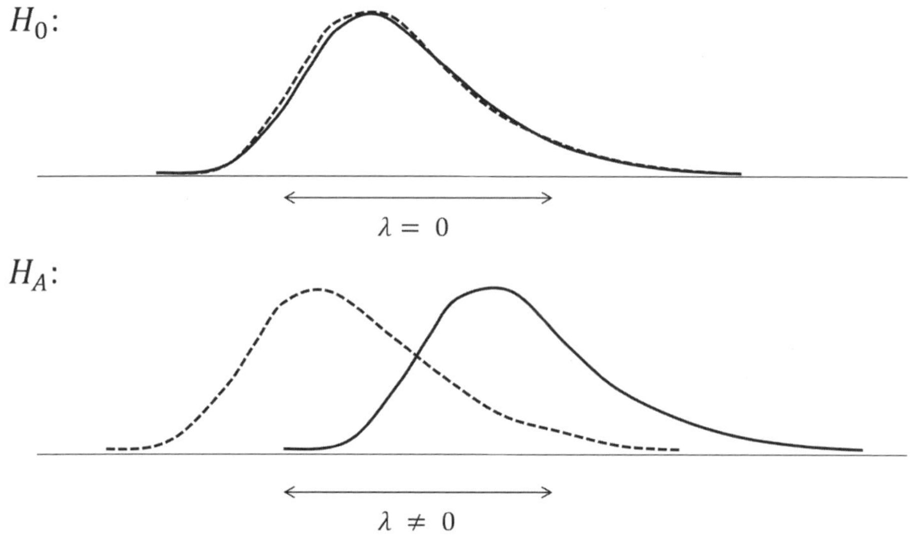

Figura 16.1 Representação de curvas densidade de probabilidade arbitrárias, conforme as hipótese nula e alternativa de um teste da soma de postos de Wilcoxon.

Tratando-se de um teste não paramétrico, o teste da soma de postos de Wilcoxon não estabelece nenhum pressuposto sobre a forma da distribuição de nossa variável e o parâmetro λ não caracteriza nenhuma distribuição de probabilidade conhecida. Diferentemente do que acontece quando usamos o teste t de Student, o parâmetro λ não é uma diferença entre médias populacionais.

Alguns autores interpretam o parâmetro λ como uma diferença entre medianas populacionais. Entretanto, quando o tamanho da amostra é grande e as formas das distribuições são distintas, o teste de Mann-Whitney pode rejeitar a hipótese nula ainda que as medianas das distribuições sejam bastante próximas. Assim, para utilizar o teste de Mann-Whitney como teste de comparação de medianas, é conveniente construir *box plots* para as observações amostrais e então verificar se a forma e a variabilidade das distribuições são razoavelmente próximas nos dois grupos. Mais informações podem ser encontradas em Hart (2001) ou Skovlund e Fenstad (2001).

Vamos então introduzir um exemplo da aplicação do teste da soma de postos de Wilcoxon. Sabe-se que o LDL colesterol é uma lipoproteína de baixa densidade e seu excesso na circulação sanguínea pode trazer problemas de saúde. Um estudo comparou um grupo de indivíduos de sexo masculino que participaram de um programa de atividades físicas e um grupo de indivíduos sedentários. Os indivíduos que fizeram atividades físicas apresentaram os seguintes níveis séricos de LDL colesterol, em mg/dl:

126, 81, 86, 121, 95, 106 e 123.

Os indivíduos sedentários apresentaram os seguintes níveis séricos de LDL colesterol, em mg/dl:

122, 90, 203, 122, 182, 190, 163 e 198.

A Figura 16.2 exibe um gráfico de valores individuais para esses valores. A figura sugere que os indivíduos sedentários tendem a apresentar valores mais elevados de LDL colesterol, antecipando um possível resultado para o teste de hipóteses.

O passo seguinte consiste em encontrar os postos para as observações amostrais, como se essas ordenadas pertencessem a um único grupo. A seguir, encontramos as somas de postos W_1 e W_2. A soma W_1 considera apenas os postos para os indivíduos que fizeram atividades físicas, e a soma W_2 considera os postos para os indivíduos sedentários, conforme a Tabela 16.1.

Temos assim $W_1 = 37$ e $W_2 = 83$. A estatística W do teste de hipóteses é dada pelo menor valor entre W_1 e W_2. Sendo W_1 menor que W_2, temos $W = 37$.

Seja m o valor médio que esperaríamos encontrar para W quando a hipótese nula é verdadeira. Esse valor é dado por

$$m = \frac{n_1(n_1 + n_2 + 1)}{2},$$

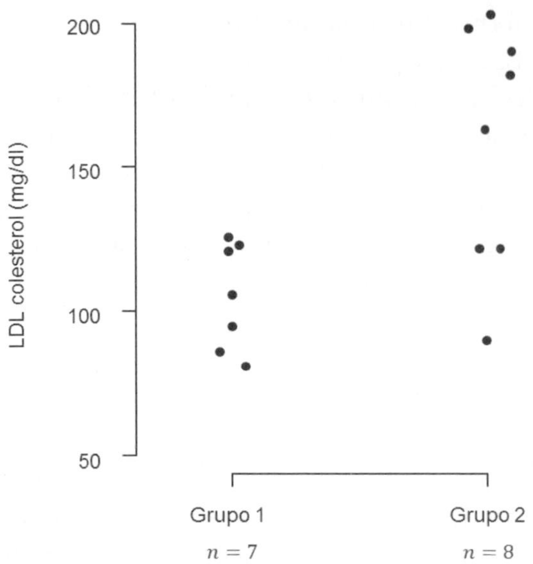

Figura 16.2 Gráfico de valores individuais para o LDL colesterol, em que o grupo 1 é composto por indivíduos que participaram de um programa de atividades físicas e o grupo 2 é composto por indivíduos sedentários.

Tabela 16.1 Postos para os valores de LDL colesterol.

LDL colesterol (mg/dl)	Postos	
	Fizeram atividades físicas	**Sedentários**
81	1	
86	2	
90		3
95	4	
106	5	
121	6	
122		7,5
122		7,5
123	9	
126	10	
163		11
182		12
190		13
198		14
203		15
Soma	$W_1 = 37$	$W_2 = 83$

sendo n_1 o tamanho da amostra com menor soma de postos e n_2 o tamanho da amostra com maior soma de postos. Temos, portanto, $n_1 = 7$, $n_2 = 8$ e

$$m = \frac{7 \times (7 + 8 + 1)}{2} = 56.$$

A seguir, encontramos v, uma medida da variação amostral de W supondo a hipótese nula verdadeira. Essa medida é dada por

$$v = \sqrt{\frac{n_1 n_2 (n_1 + n_2 + 1)}{12}}.$$

O número 12 que aparece no denominador dessa expressão origina-se de propriedades matemáticas de somas de postos, e não de nossos dados amostrais. Em nosso exemplo, temos:

$$v = \sqrt{\frac{7 \times 8 (7 + 8 + 1)}{12}} = 8,64.$$

Sob o pressuposto de que a hipótese nula é verdadeira, a distribuição dos resultados de

$$z_0 = \frac{W - m}{v}$$

baseados em amostras aleatórias de $n = n_1 + n_2$ indivíduos segue uma distribuição normal padrão. Se considerarmos um nível de significância igual a α, rejeitamos H_0 quando z_0 é menor que $-z^*$ ou maior que z^*, sendo z^* um valor tal que o intervalo de $-z^*$ a z^* delimita uma região correspondente a $(1 - \alpha) \times 100\%$ da área sob a região central da curva normal padrão.

Para um nível de significância de $\alpha = 0,05$, temos $z^* = 1,96$, conforme a tabela da distribuição normal (ver Anexo B). Assim, rejeitamos H_0 quando z_0 é menor que $-1,96$ ou maior que $1,96$, conforme ilustrado na Figura 16.3.

Nesse exemplo, temos

$$z_0 = \frac{37 - 56}{8,64} = -2,2.$$

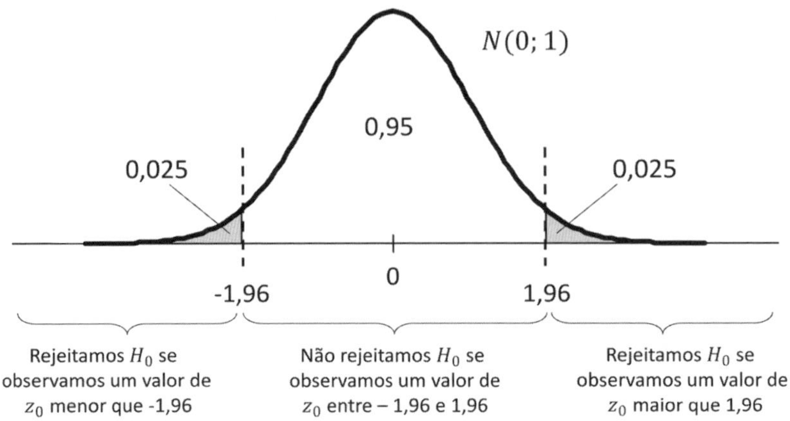

Figura 16.3 Curva normal padrão e uma regra de decisão para o teste da soma de postos de Wilcoxon com base um nível de significância de 0,05.

O valor encontrado para z_0 é menor que –1,96. Portanto, rejeitamos a hipótese nula a um nível de significância de 0,05, ou seja, temos evidências de que indivíduos que fazem atividades físicas tendem a apresentar níveis séricos de LDL colesterol diferentes daqueles que são sedentários.

16.3 TESTE DE WILCOXON PARA AMOSTRAS PAREADAS

O teste da soma de postos de Wilcoxon, apresentado na seção anterior, não é adequado às situações em que temos dados pareados. Para esses casos, é útil o teste de postos sinalizados de Wilcoxon (ou teste de Wilcoxon para amostras pareadas). Vamos supor que objetivamos comparar uma variável quantitativa entre duas populações, com base em amostras constituídas por um mesmo grupo de sujeitos observados em dois momentos distintos.

As hipóteses nula (H_0) e alternativa (H_A) do teste de Wilcoxon para amostras pareadas são similares àquelas do teste da soma de postos de Wilcoxon:

- H_0: Nas populações que originaram os dados das duas amostras, nossa variável de interesse segue uma mesma distribuição de probabilidade. Portanto, seus valores não se modificam entre os momentos distintos.
- H_A: Nas populações que originaram os dados das duas amostras, nossa variável de interesse segue distribuições de probabilidade que se diferem por um parâmetro de locação. Portanto, seus valores modificam-se entre os momentos distintos.

A Tabela 16.2 mostra os níveis de pressão arterial sistólica em uma amostra de tamanho n = 12, as diferenças entre esses valores antes e após a administração de um tratamento e os postos das diferenças em valores absolutos (ou seja, não considerando se essas diferenças são positivas ou negativas). Na tabela, identificamos como "posto +" os postos cujas respectivas diferenças são maiores que zero, e como "posto –" os postos considerando as diferenças menores que zero.

Tabela 16.2 Níveis de pressão arterial sistólica (em mmHg) em uma amostra de 12 indivíduos, antes e depois da administração de um tratamento.

Sujeito	1	2	3	4	5	6	7	8	9	10	11	12
Antes	161	137	141	138	144	135	127	142	127	129	124	134
Depois	151	134	133	129	135	128	131	134	112	127	104	136
Diferença	–10	–3	–8	–9	–9	–7	4	–8	–15	–2	–20	2
Posto	10	3	6,5	8,5	8,5	5	4	6,5	11	1,5	12	1,5
Posto +							4					1,5
Posto –	10	3	6,5	8,5	8,5	5		6,5	11	1,5	12	

Seja $W+$ a soma dos postos que considera apenas as diferenças positivas. Assim, $W_+ = 4 + 1,5 = 5,5$. Por sua vez, W_- é a soma dos postos que considera apenas as diferenças negativas. Essa quantidade é, então, $W_- = 72,5$. Denotamos por W a menor dessas somas. Em nosso exemplo, temos $W = 5,5$.

O valor médio que esperaríamos encontrar para W quando a hipótese nula é verdadeira é denotado por m, que obtemos usando a expressão

$$m = \frac{W_+ + W_-}{2}.$$

Em nosso exemplo, temos

$$m = \frac{5,5 + 72,5}{2} = 39.$$

Dado que $W_+ + W_-$ é a soma de todos os postos, podemos alternativamente obter m da expressão

$$m = \frac{n(n+1)}{4} = \frac{12 \times 13}{4} = 39.$$

Denotamos por v uma medida da variação amostral da soma dos postos, dada por

$$v = \sqrt{\frac{n(n+1)(2n+1)}{24}}.$$

No exemplo, temos

$$v = \sqrt{\frac{12 \times 13 \times 25}{24}} = \sqrt{\frac{3900}{24}} \cong 12,75.$$

Sob o pressuposto de que a hipótese nula é verdadeira, os resultados de

$$z_0 = \frac{W - m}{v}$$

seguem uma distribuição normal padrão (com média zero e variância 1). Assim, rejeitamos H_0 quando z_0 é menor que –1,96 ou maior que 1,96, conforme ilustrado na Figura 16.3, para um nível de significância de 0,05.

Em nosso exemplo, temos

$$z_0 = \frac{5,5 - 39}{12,75} = -2,6.$$

Dado que z_0 é menor que –1,96, rejeitamos a hipótese nula para α = 0,05. Assim, temos evidências de que os níveis de pressão arterial sistólica tendem a modificar-se após a administração do tratamento.

Quando a diferença entre os valores de um par de observações é zero, Conover (1999) e Hollander, Wolfe e Chicken (2013) apresentam correções para o teste da soma de postos de Wilcoxon.

16.4 TESTE DE KRUSKAL-WALLIS

Quando queremos comparar k grupos distintos de indivíduos, sendo k um número maior que dois, o teste de Kruskal-Wallis torna-se adequado. Esse teste de hipóteses foi proposto pelo matemático e estatístico William Henry Kruskal (1919-2005) e pelo economista e estatístico Wilson Allen Wallis (1912-1998), ambos norte-americanos.

As hipóteses nula (H_0) e alternativa (H_A) do teste de Kruskal-Wallis são:

- H_0: Em todas as populações que originaram os dados das k amostras, nossa variável de interesse segue uma mesma distribuição de probabilidade.
- H_A: Dentre as populações que originaram os dados das k amostras, em pelo menos duas nossa variável de interesse segue distribuições de probabilidade que se diferem por um parâmetro de locação.

Como exemplo, vamos considerar o estudo publicado por Calux et al. (2001), que objetivou avaliar o desempenho do marcador de células endoteliais anti-CD34 em neoplasia cervical uterina, em lesões intraepiteliais e no colo normal. Esse estudo utilizou uma amostra de n = 58 mulheres divididas em k = 4 grupos distintos:

- **Grupo 1**: mulheres com diagnóstico anatomopatológico de neoplasia escamosa invasiva (n_1 = 18).
- **Grupo 2**: neoplasia intraepitelial de alto grau (n_2= 15).
- **Grupo 3**: neoplasia intraepitelial de baixo grau (n_3=15).
- **Grupo 4**: mulheres sem qualquer processo neoplásico (n_4 = 10).

Assim, n = 18 + 15 + 15 + 10 = 58 mulheres. A estatística do teste de Kruskal-Wallis é dada por

$$kw_0 = \left[\frac{12}{n(n+1)} \sum_{j=1}^{k} \frac{R_j^2}{n_j} \right] - 3(n+1).$$

Nessa expressão, n é o número total de indivíduos, n_j é o número de indivíduos do grupo j e R_j é a soma dos postos do grupo j, sendo j um número que varia de 1 a k. Se a hipótese nula é verdadeira, kw_0 é resultado de uma curva qui-quadrado com k – 1 graus de liberdade.

Para um nível de significância α, rejeitamos a hipótese nula H_0 se o valor encontrado para kw_0 for maior que um valor q^* tal que a área sob uma curva qui-quadrado com k – 1 graus de liberdade a partir de q^* é igual a α. Em nosso exemplo, considerando α = 0,5 e k = 4 grupos, na tabela do Anexo D encontramos um valor q^* = 7,8147 tal que a área sob a curva qui-quadrado com k – 1 = 4 – 1 = 3 graus de liberdade a partir de 7,8147 é igual a 0,05.

A Tabela 16.3 exibe os dados do estudo de Calux et al. (2001) e os respectivos postos de cada uma das observações amostrais. Observe que esses postos são encontrados como se todas as observações amostrais pertencessem a um único grupo. A tabela exibe também as somas dos postos, sendo R_1 = 753,5, R_2 = 547,5, R_3 = 309 e R_4 = 101.

Tabela 16.3 Número de vasos corados com anti-CD34 e os respectivos postos (entre parênteses), em quatro grupos distintos de mulheres.

Grupo 1 ($n_1 = 18$)		Grupo 2 ($n_2 = 15$)		Grupo 3 ($n_3 = 15$)		Grupo 4 ($n_4 = 10$)	
Observação	**Posto**	**Observação**	**Posto**	**Observação**	**Posto**	**Observação**	**Posto**
161	(51)	128	(31,5)	121	(24,5)	109	(18)
160	(50)	131	(37)	98	(12)	65	(1)
128	(31,5)	125	(27)	81	(4)	97	(11)
168	(52,5)	141	(43)	128	(31,5)	96	(9,5)
131	(37)	157	(49)	91	(6)	110	(19)
107	(16,5)	132	(39)	117	(22)	67	(2)
219	(58)	143	(45)	136	(41)	106	(15)
147	(46)	112	(20,5)	95	(7,5)	102	(13)
175	(54)	131	(37)	105	(14)	80	(3)
119	(23)	128	(31,5)	128	(31,5)	96	(9,5)
190	(55)	139	(42)	90	(5)		
203	(56)	135	(40)	151	(47)		
107	(16,5)	127	(28)	129	(35)		
153	(48)	121	(24,5)	95	(7,5)		
128	(31,5)	168	(52,5)	112	(20,5)		
209	(57)						
142	(44)						
124	(26)						
$R_1 = 753,5$		$R_2 = 547,5$		$R_3 = 309$		$R_4 = 101$	

Fonte: Calux et al., 2001.

A Figura 16.4 exibe um gráfico de valores individuais para o número de vasos corados com anti-CD34, de acordo com os grupos. Esse gráfico sugere que o número de vasos corados tende a ser maior no grupo A, diminuindo progressivamente até o grupo D.

Dos dados da Tabela 16.3, temos que

$$kw_0 = \left[\frac{12}{58 \times 59}\left(\frac{753,5^2}{18} + \frac{547,5^2}{15} + \frac{309^2}{15} + \frac{101^2}{10}\right)\right] - 3 \times 59 = 29,628.$$

Dado que o valor encontrado para kw_0 é maior que $q^* = 7{,}8147$, rejeitamos a hipótese nula para um nível de significância de 0,05.

Quando utilizamos o teste de Kruskal-Wallis e rejeitamos a hipótese nula, temos evidências de que pelo menos uma das k populações tendem a apresentar valores da variável em questão diferentes das demais, considerando um nível de significância estabelecido. Entretanto, o teste de Kruskal-Wallis não é capaz de nos indicar quais grupos populacionais tendem a ser diferentes em relação à variável em questão. Por isso, o teste de Dunn é frequentemente utilizado para esse propósito.

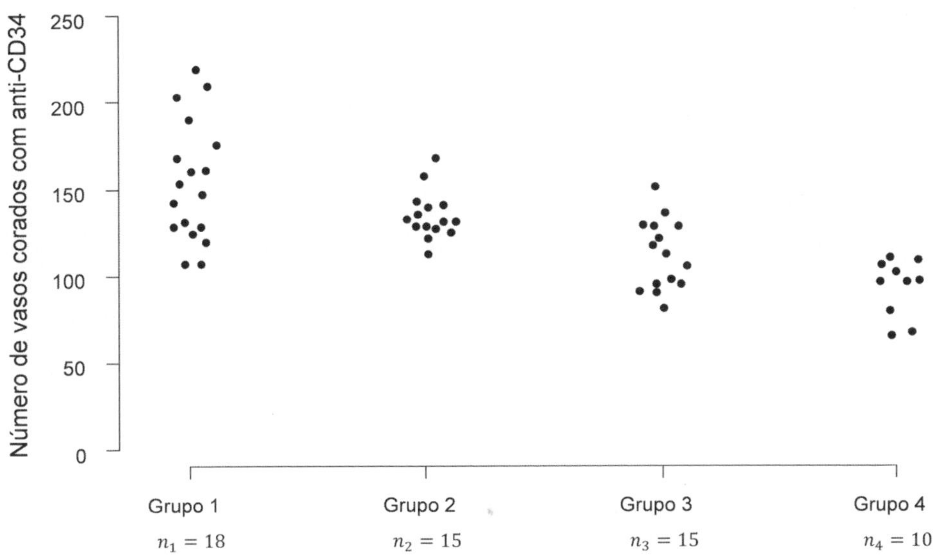

Figura 16.4 Gráfico de valores individuais para o número de vasos corados com anti-CD34.

Fonte: Calux et al., 2001.

16.4.1 Teste de Dunn

O teste de Dunn (1964) é utilizado após o teste de Kruskal-Wallis, quando rejeitamos a hipótese nula. Por esse motivo, é às vezes chamado de pós-teste de Dunn ou teste *post-hoc* de Dunn.

Considerando um total de k grupos, o número de comparações que podemos fazer entre pares de grupos é $c = \binom{k}{2}$. No exemplo anterior, o estudo de Calux et al. (2001) considerou $k = 4$ grupos. São, então, possíveis

$$c = \binom{4}{2} = \frac{4!}{2!\,2!} = \frac{4 \times 3}{2} = 6$$

comparações entre pares de grupo, ou seja, as comparações entre os grupos 1 e 2, 1 e 3, 1 e 4, 2 e 3, 2 e 4, e 3 e 4.

Assim, se i e j são números inteiros, $i \neq j$, $i = 1,2, \ldots, k$ e $j = 1,2, \ldots, k$, seja um teste que considera as seguintes hipóteses nula e alternativa:

- H_0: Nas populações que originaram os dados dos grupos i e j, nossa variável de interesse segue uma mesma distribuição de probabilidade.
- H_A: Nas populações que originaram os dados dos grupos i e j, nossa variável de interesse segue distribuições de probabilidade que se diferem por um parâmetro de locação.

Rejeitamos essa hipótese nula se

$$|\bar{R}_i - \bar{R}_j| \geq z^* \sqrt{\frac{n(n+1)}{12}} \sqrt{\frac{1}{n_i} + \frac{1}{n_j}}.$$

Nessa expressão, $\bar{R}_i$ é a média da soma dos postos do grupo i, dada por

$$\bar{R}_i = \frac{R_i}{n_i},$$

para $i = 1,2, \ldots, k$. Em adição, para um nível de significância α, z^* é um valor tal que

$$P(Z < z^*) = 1 - \frac{\alpha}{k(k-1)},$$

em que Z é uma variável aleatória que segue uma distribuição normal padrão.

Os valores de $\bar{R}_i$ para os dados da Tabela 16.3 são mostrados na Tabela 16.4.

Tabela 16.4 Postos, tamanho da amostra e média dos postos, considerando os dados do estudo de Calux et al. (2001).

	Grupo 1	Grupo 2	Grupo 3	Grupo 4
Soma dos postos	$R_1 = 753{,}5$	$R_2 = 547{,}5$	$R_3 = 309$	$R_4 = 101$
Tamanho da amostra	$n_1 = 18$	$n_2 = 15$	$n_3 = 15$	$n_4 = 10$
Média dos postos	$\bar{R}_1 = 41{,}9$	$\bar{R}_2 = 36{,}5$	$\bar{R}_3 = 20{,}6$	$\bar{R}_4 = 10{,}1$

Para um nível de significância de $\alpha = 0{,}05$ e $k = 4$, temos

$$1 - \frac{\alpha}{k(k-1)} = 1 - \frac{0{,}05}{4 \times 3} \cong 0{,}9958.$$

Da Tabela B1 do Anexo B, temos que

$$P(Z < 2{,}64) \cong 0{,}9958$$

ou seja, $z^* \cong 2{,}64$, conforme ilustrado na Figura 16.5.

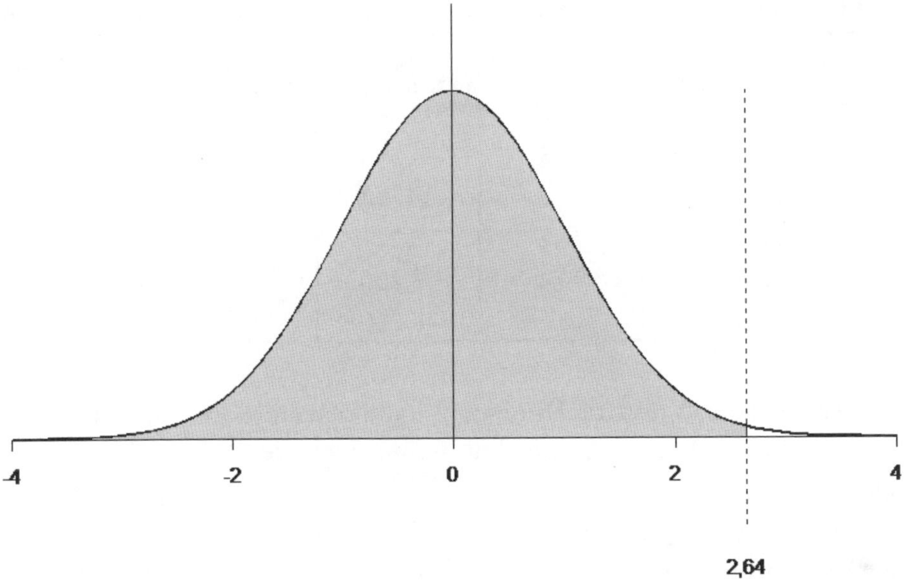

Figura 16.5 Distribuição normal padrão. A área sombreada corresponde a 0,9958.

Ao compararmos os grupos 1 e 2, rejeitamos a respectiva hipótese nula se

$$|\bar{R}_1 - \bar{R}_2| \geq z^* \sqrt{\frac{n(n+1)}{12}} \sqrt{\frac{1}{n_1} + \frac{1}{n_2}}.$$

O lado direito dessa expressão é chamado diferença mínima significativa (DMS), dada por:

$$z^* \sqrt{\frac{n(n+1)}{12}} \sqrt{\frac{1}{n_1} + \frac{1}{n_2}} = 2,64 \sqrt{\frac{58 \times 59}{12}} \sqrt{\frac{1}{18} + \frac{1}{15}} \cong 15,586.$$

Da Tabela 16.4, temos $|\bar{R}_1 - \bar{R}_2| = |41,9 - 36,5| = 5,4$.

Dado que o valor de $|\bar{R}_1 - \bar{R}_2|$ não é superior à respectiva DMS, não rejeitamos a hipótese nula de que, nas populações que originaram os dados dos grupos

1 e 2, o número de vasos corados com anti-CD34 segue uma mesma distribuição de probabilidade.

Os resultados para as demais comparações são mostrados na Tabela 16.5. Temos evidência de diferenças entre dois grupos quando $|\bar{R}_i - \bar{R}_j|$ é maior que a respectiva DMS.

Tabela 16.5 Resultados para o teste de comparações múltiplas de Dunn, considerando um nível de significância de 0,05.

Comparação	$\|\bar{R}_i - \bar{R}_j\|$	DMS	Evidência de diferença?
Grupos 1 e 2	5,4	15,586	Não
Grupos 1 e 3	21,3	15,586	Sim
Grupos 1 e 4	31,8	17,583	Sim
Grupos 2 e 3	15,9	16,279	Não
Grupos 2 e 4	26,4	18,200	Sim
Grupos 3 e 4	10,5	18,200	Não

Observamos que o teste de Dunn conseguiu detectar diferenças entre os grupos 1 e 3, 1 e 4 e 2 e 4, para um nível de significância de 0,05.

Pelo mesmo motivo que não podemos substituir a análise de variância (ANOVA) por múltiplos testes *t* de Student (ver Seção 15.4), não podemos substituir o teste de Kruskal-Wallis por testes da soma de postos de Wilcoxon para cada uma das possíveis comparações. Se assim o fizéssemos, inflacionaríamos o nível de significância fixado para o teste de comparações entre *k* grupos. O teste de Dunn "corrige" o nível de significância em cada comparação, de forma que todas as comparações apresentadas na Tabela 16.5 simultaneamente apresentam um nível de significância de 0,05.

16.5 PARA SABER MAIS

Alguns pesquisadores acreditam que os testes não paramétricos são especialmente úteis quando o tamanho amostral é pequeno. No entanto, esses testes podem basear-se em resultados que dependem do tamanho da amostra para ser atingidos. Por exemplo, quando apresentamos o teste da soma de postos de Wilcoxon, entendemos que sob o pressuposto de que a hipótese nula é verdadeira, a distribuição dos resultados de $z_0 = (W - m)/v$ segue uma distribuição normal padrão. Essa aproximação desses resultados a uma curva normal padrão depende de resultados chamados de assintóticos, ou seja, dependentes do tamanho da amostra. Em amostras pequenas, esses resultados podem não ser atingidos. Nesse caso, uma solução é o uso de versões exatas (ou seja, não assintóticas) desses testes não paramétricos, disponíveis em alguns programas estatísticos.

16.6 EXERCÍCIOS

1. O que são os testes não paramétricos?

2. Os testes não paramétricos comparam medianas?

3. Em que situação utilizamos o teste de Dunn?

4. Uma nutricionista conduziu uma pesquisa com o objetivo de avaliar o consumo alimentar de gestantes adolescentes de um município. Foram selecionadas 5 adolescentes que receberam orientações sobre alimentação no pré-natal, e outras 5 que não receberam nenhuma orientação. Os dados que se encontram a seguir referem-se ao consumo de cálcio (mg) observado.

Consumo de cálcio de 5 gestantes adolescentes que receberam orientação alimentar e 5 que não receberam.

Receberam orientações	1105	613	689	772	1251
Não receberam orientações	395	784	789	457	1045

Use o teste de Mann-Whitney para avaliar se há evidências de que transmitir orientações sobre alimentação no pré-natal traz alguma modificação no consumo de cálcio de adolescentes gestantes.

5. Um estudo teve por objetivo avaliar se indivíduos com epilepsia controlada (mais de 150 dias sem crise) e não controlada possuem ou não os mesmos indicadores de qualidade de vida. Para isso, um pesquisador usou um instrumento apropriado, que mede a qualidade de vida (QV) em um escore de 0 a 100, tal que, quanto maior o valor, melhor a QV do indivíduo. A tabela a seguir mostra os dados de QV obtidos de uma amostra, na qual o Grupo 1 refere-se aos indivíduos com epilepsia controlada e o Grupo 2 aos indivíduos com epilepsia não controlada.

Qualidade de vida de indivíduos com epilepsia controlada (grupo 1) e não controlada (grupo 2).

Grupo 1	100	97	93	100	90	85	92	98
Grupo 2	69	70	88	90	91	75	77	

Use o teste de Mann-Whitney para avaliar se há evidências de que o controle da epilepsia provoca algum efeito sobre a qualidade de vida.

6. Participaram de um estudo 14 sujeitos de sexo masculino, sendo 8 coralistas de coros evangélicos amadores e 6 que nunca realizaram a prática do canto coral. Ao avaliar as vozes dos sujeitos, contou-se o número total de semitons atingidos, que estão listados a seguir.

Número de semitons atingidos por coralistas e não coralistas de sexo masculino.

Coralistas	27	33	39	31	32	27	38	37
Não coralistas	29	29	31	25	24	24		

Use o teste de Mann-Whitney para avaliar se coralistas e não coralistas distinguem-se ou não em relação ao número de semitons atingidos (considere α = 5%). Não deixe de escrever uma interpretação para o resultado do teste.

7. Os dados a seguir são relativos ao tempo de atividade física (em minutos por semana) de 10 adolescentes de sexo masculino e 7 adolescentes de sexo feminino. Essas amostras foram tomadas da população de escolares de uma cidade do interior paulista.

Tempo de atividade física (minutos por semana) de 10 adolescentes de sexo masculino e 7 de sexo feminino.

Masculino	203	320	369	417	499	553	733	969	1243	1341
Feminino	158	175	341	480	592	615	1216			

Use o teste de Mann-Whitney e responda se há evidências de que as distribuições dos tempos de atividade física, nessa população, são diferentes entre os adolescentes de sexo masculino e feminino. Considere um nível de significância de 5%.

8. Uma pesquisadora da área de fonoaudiologia conduziu uma avaliação otorrinolaringológica e análises perceptivo-auditiva e acústica computadorizada das vozes de 18 mulheres adultas jovens, sem queixas vocais. Uma das variáveis de interesse é a frequência fundamental (f_0), que corresponde ao número de ciclos que as pregas vocais fazem em um segundo. A seguir, são listados valores da f_0 obtidos para mulheres fumantes e não fumantes.

Frequência fundamental para mulheres fumantes e não fumantes.

Fumantes	160	177	184	186	190	190	199	204	206	228
Não fumantes	189	190	208	215	226	228	236	276		

a. Use um teste não paramétrico adequado e, a partir de seus resultados, responda se há (ou não) evidências de que os valores de f_0 são diferentes entre as populações de mulheres adultas jovens fumantes e não fumantes. Considere um nível de significância de 5%.
b. No contexto desse problema, escreva o que seria cometer erros tipo I e II.

17 CAPÍTULO

Fundamentos de regressão linear

A análise de regressão explicita em uma equação matemática a forma da relação entre uma variável chamada "dependente" e uma ou mais variáveis chamadas "independentes". A variável dependente é aquela que supostamente recebe o efeito das variáveis independentes. Assim, nessa relação, assume-se que os valores da variável dependente podem modificar-se de acordo com a mudança dos valores de uma variável independente.

Imagine que um estudo foi conduzido com o objetivo de avaliar os efeitos das concentrações de poluentes sobre o peso de recém-nascidos de um município. O peso dos recém-nascidos é então a variável dependente, pois supostamente recebe o efeito dos poluentes. Por sua vez, os valores das concentrações de poluentes com o dióxido de enxofre, material particulado, monóxido de carbono, ozônio e dióxido de nitrogênio, representam as variáveis independentes, dado que supostamente exercem algum efeito sobre a variável dependente.

É importante destacar que na análise de regressão definimos as variáveis que supostamente exercem algum efeito e aquela que supostamente recebe esse efeito, mas a análise por si só não é capaz de dizer se esse efeito é real, ou seja, se de fato as variações de uma variável são causadas pela variação da outra. Se, em nosso exemplo, a análise de regressão indica que os pesos dos recém-nascidos tendem a decrescer à medida que os valores de concentrações de dióxido de enxofre aumentam, isso não é suficiente para concluirmos que esse poluente é responsável pelo baixo peso ao nascer. A análise de regressão apenas traz uma sugestão para a existência de um fenômeno, mas é necessário verificar outras considerações biológicas para estabelecer a existência de relações de causa e efeito.

17.1 O MODELO DE REGRESSÃO LINEAR SIMPLES

Vamos considerar que a variável independente Y de interesse é quantitativa contínua. O modelo de regressão simples envolve uma única variável independente X, enquanto o modelo múltiplo envolve simultaneamente várias variáveis independentes. Neste capítulo, vamos considerar apenas os modelos de regressão simples. Sua forma geral é dada pela expressão:

$$E(Y|X = x) = f(x).$$

Essa expressão diz que o valor esperado de Y dado um valor x de uma variável independente X é dado por uma função matemática $f(x)$.

Seja, por exemplo, uma pesquisa que considera os níveis de hemoglobina de crianças de um ano, obtidos através de coleta de sangue capilar, como variável dependente (Y), e o peso ao nascer como variável independente (X). A expressão $E(Y|X = \text{x}) = f(x)$ estabelece que o nível de hemoglobina esperado para uma criança com peso ao nascer igual a x é explicado pela função matemática $f(x)$.

O modelo de regressão linear simples considera que a função matemática $f(x)$ é a equação de uma reta com intercepto β_0 e inclinação β_1, ou seja,

$$E(Y|X = \text{x}) = f(x) = \beta_0 + \beta_1 x.$$

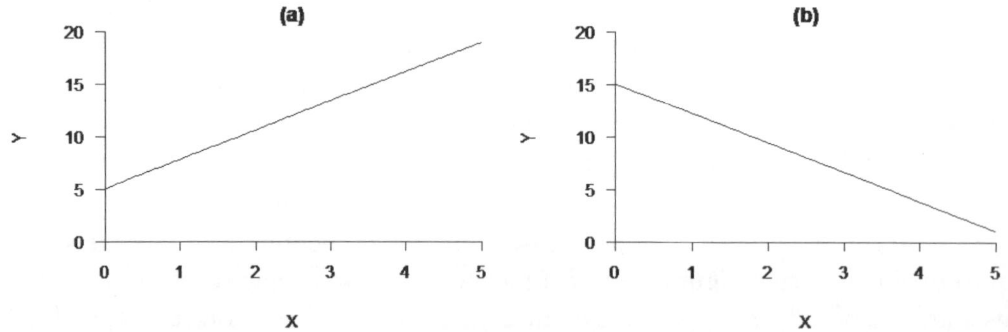

Figura 17.1 Gráfico da função $f(x) = \beta_0 + \beta_1$ x. No painel (a), temos $\beta_0 = 5$ e $\beta_1 = 2{,}8$. No painel (b), temos $\beta_0 = 15$ e $\beta_1 = -2{,}8$.

A Figura 17.1 exibe gráficos da função $f(x) = \beta_0 + \beta_1 x$. No painel (a), observamos que a reta intercepta o eixo das ordenadas no ponto $\beta_0 = 5$, e no painel (b) observamos que a reta intercepta esse eixo no ponto $\beta_0 = 15$. A reta mostrada no painel (a) é crescente, dado que β_1 é maior que zero, enquanto a reta mostrada no painel (b) é decrescente, dado que nesse caso β_1 é menor que zero.

Assim, entendemos que quando β_1 é maior que zero, os valores esperados da variável *Y* crescem à medida que os valores observados para *X* crescem. Quando β_1 é menor que zero, os valores esperados da variável *Y* decrescem à medida que os valores observados para *X* crescem.

A inclinação β_1 mede a mudança do valor esperado da variável *Y* quando *x* cresce em uma unidade. Note que, se o valor esperado para *Y* dado um valor *x* da variável independente *X* é $f(x) = \beta_0 + \beta_1 x$, o valor esperado para *Y* dado um valor $x + 1$ é

$$f(x + 1) = \beta_0 + \beta_1(x + 1).$$

Se subtrairmos $f(x)$ de $f(x + 1)$, temos

$$f(x + 1) - f(x) = \beta_0 + \beta_1 x - \beta_0 - \beta_1(x + 1) = \beta_1.$$

No gráfico do painel (a) da Figura 17.1, observamos que, se $x = 2$, temos $f(2) = 5 + 2{,}8 \times 2 = 10{,}6$. Acrescentando uma unidade para *x*, temos $f(3) = 5 + 2{,}8 \times 3 = 13{,}4$. A diferença entre $f(3)$ e $f(2)$ é $f(3) - f(2) = 13{,}4 - 10{,}6 = 2{,}8$, que é o valor de β_1. Assim, à medida que *x* cresce em uma unidade, o valor esperado da variável *Y* cresce em β_1 unidades.

Note que, se β_1 é igual a zero, a expressão $E(Y|X = x)$ se resume a $f(x) = \beta_0$, ou seja, para qualquer valor de *x*, o valor esperado para *Y* não se altera (é sempre igual a β_0, para qualquer valor de *x*). Nesse caso, o gráfico da função $f(x)$ é uma reta horizontal, sem inclinação. Isso evidencia que as variáveis *X* e *Y* não se associam, dado que os valores de *Y* não se alteram de acordo com as variações de *X*.

17.2 MÉTODO DOS MÍNIMOS QUADRADOS

Vamos considerar que β_0 e β_1 são parâmetros, ou seja, quantidades que caracterizam a função $f(x)$ em uma população de interesse. Com base em uma amostra de *n* indivíduos, precisamos então encontrar estimativas de β_0 e β_1 que caracterizam a reta que melhor expressa os valores esperados de *Y* para uma observação *x* da variável *X*. Uma estratégia usual de estimação é o método dos mínimos quadrados. Acredita-se que esse método tenha sido publicado pela primeira vez em 1805, pelo matemático francês Adrien-Marie Legendre (1752-1833), no apêndice de um livro sobre a determinação da órbita de cometas.

Como um exemplo, a Tabela 17.1 apresenta os valores do índice de massa corporal (IMC) e os valores séricos de HDL colesterol obtidos em uma amostra de n = 24 mulheres com idades entre 45 e 65 anos. Ao supormos que o IMC tem algum efeito sobre os valores séricos de HDL colesterol, estabelecemos que o IMC é a variável independente em questão (X) e o HDL colesterol é a variável dependente (Y).

Tabela 17.1 Valores do índice de massa corporal (IMC) e os valores séricos de HDL colesterol obtidos em uma amostra de n = 24 mulheres.

	X	Y		X	Y
Indivíduo	IMC (kg/m²)	HDL colesterol (mg/dl)	Indivíduo	IMC (kg/m²)	HDL colesterol (mg/dl)
1	33,2	42	13	27,5	51
2	24,8	43	14	31,4	51
3	33,7	44	15	20,5	52
4	28,1	46	16	31,0	54
5	29,3	47	17	22,6	54
6	27,7	48	18	25,5	55
7	30,3	48	19	27,9	55
8	27,6	49	20	23,4	56
9	29,5	50	21	25,6	56
10	25,9	50	22	21,1	58
11	25,1	50	23	29,8	59
12	28,5	50	24	24,1	65

O gráfico da Figura 17.2 mostra a dispersão entre essas variáveis. Para facilitar nossa leitura, a variável dependente (HDL colesterol) deve ser representada no eixo das ordenadas e a variável independente é representada no eixo das abscissas (IMC). Nesse gráfico, há uma sugestão de que as pessoas com IMC relativamente grande tendem a possuir valores séricos de HDL colesterol menores.

O gráfico da Figura 17.3 representa retas construídas a partir de diferentes valores de β_0 e β_1, que poderiam demonstrar como os valores esperados de HDL colesterol são explicados por uma observação do IMC. Quais seriam então as "melhores" escolhas de β_0 e β_1?

O gráfico da Figura 17.4 descreve uma reta construída a partir de uma determinada escolha para β_0 e β_1, sendo que as linhas pontilhadas representam as

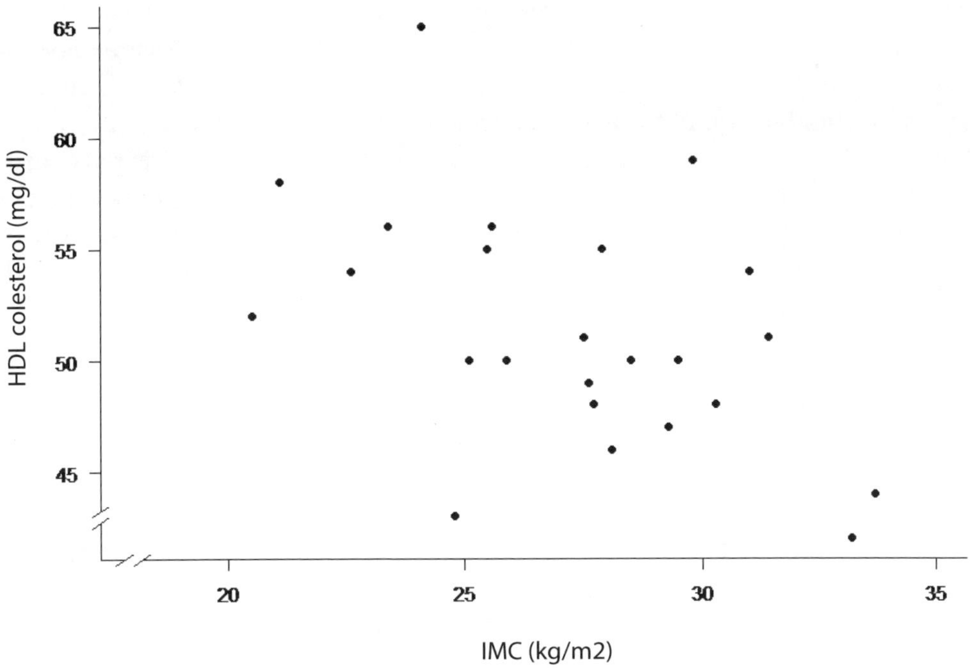

Figura 17.2 Gráfico de dispersão entre os valores observados do IMC e do HDL colesterol.

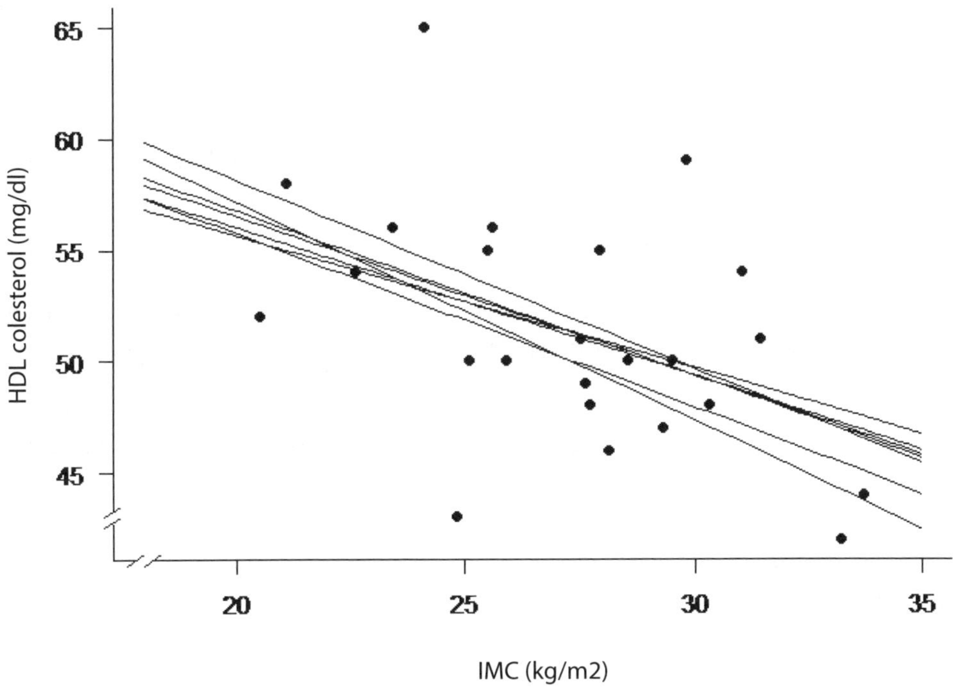

Figura 17.3 Diferentes retas que poderiam explicar como os valores esperados de HDL colesterol são explicados por uma observação do IMC.

"distâncias" verticais entre os valores observados para o HDL colesterol e essa reta. Vamos considerar que os valores que representam essas "distâncias" são positivos, quando os respectivos valores para o HDL colesterol estão "acima" da reta, e são negativos quando os respectivos valores para o HDL colesterol estão "abaixo" da reta. Observar que usamos a palavra "distância" apenas para buscar um melhor entendimento do procedimento utilizado para escolher os valores de β_0 e β_1, enquanto, formalmente, a palavra "distância" não é adequada, dado que em matemática não há distâncias negativas. O nome apropriado para essas "distâncias" é resíduos, que veremos com mais detalhes na próxima seção.

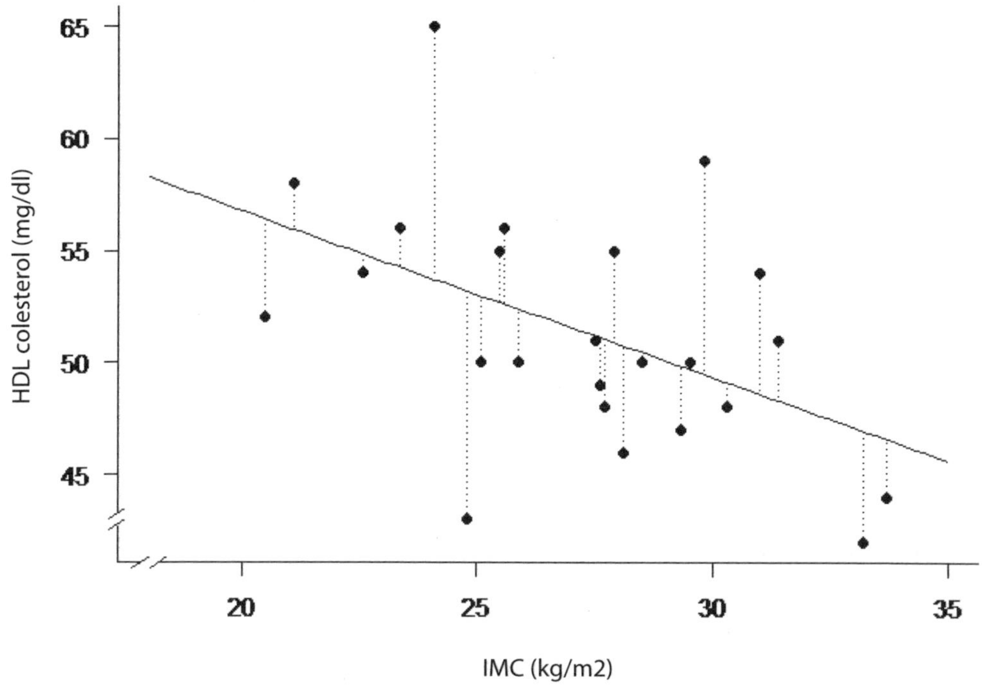

Figura 17.4 Uma possível reta para descrever como os valores esperados de HDL colesterol são explicados por uma observação do IMC, sendo as linhas pontilhadas as "distâncias" verticais entre os valores observados para o HDL colesterol e a reta.

O método dos mínimos quadrados se baseia em procurar estimativas para β_0 e β_1 tal que a soma de todos os resíduos elevados ao quadrado é o menor valor possível.

Sejam $\bar{y}$ a média amostral da variável Y, $\bar{x}$ a média amostral da variável X e s_X^2 a variância amostral da variável X. As estimativas amostrais de β_0 e β_1, baseadas em uma amostra aleatória de tamanho n, são denotadas respectivamente por b_0 e b_1 e encontradas pelas expressões

$$b_0 = \bar{y} - \bar{x}b_1$$

e

$$b_1 = \frac{\sum_{i=1}^{n} x_i y_i - n\bar{x}\bar{y}}{s_X^2(n-1)},$$

em que s_X^2 (a variância amostral de X) é dada por:

$$s_X^2 = \frac{\sum_{i=1}^{n} (x_i - \bar{x})^2}{n-1}.$$

A média amostral do IMC é dada por:

$$\bar{x} = \sum_{i=1}^{n} \frac{x_i}{n} = \frac{33,2 + 24,8 + \ldots + 24,1}{24} = \frac{654,1}{24} = 27,254\ kg/m^2,$$

e a média amostral dos níveis séricos de colesterol é dada por:

$$\bar{y} = \sum_{i=1}^{n} \frac{y_i}{n} = \frac{42 + 43 + \ldots + 65}{24} = \frac{1233}{24} = 51,375\ \text{mg/dl}.$$

A variância amostral s_X^2 do IMC é dada por:

$$s_X^2 = \frac{\sum_{i=1}^{n} (x_i - \bar{x})^2}{n-1} = \frac{\sum_{i=1}^{n} (x_i - 27,25)^2}{23} \cong 12,37\left(\frac{\text{kg}}{\text{m}^2}\right)^2.$$

A quantidade $\sum_{i=1}^{n} x_i y_i$, necessária para a obtenção de b_1, é dada por:

$$\sum_{i=1}^{n} x_i y_i = 33,2 \times 42 + 24,8 \times 42 + \ldots + 24,1 \times 65 = 33.393,5.$$

Assim, a estimativa de mínimos quadrados da inclinação β_1 da reta é dada por:

$$b_1 = \frac{\sum_{i=1}^{n} x_i y_i - n\bar{x}\bar{y}}{s_X^2(n-1)} = \frac{33.393,5 - 24 \times 27,254 \times 51,375}{12,37 \times 23} = \frac{-210,68}{284,51} \cong -0,741.$$

Por sua vez, a estimativa de β_0 é dada por:

$$b_0 = \bar{y} - \bar{x}b_1 \cong 51{,}375 - 27{,}254 \times (-0{,}741) = 71{,}57.$$

A reta de mínimos quadrados é então dada por:

$$f_{MQ}(x) = b_0 + b_1\, x \cong 71{,}57 - 0{,}741x,$$

lembrando que x é um valor observado do IMC. Observamos que o valor de b_1 é menor que zero, ou seja, a inclinação da reta é negativa. Isso significa que são esperados valores menores para o HDL colesterol quando o IMC assume valores relativamente grandes.

Essa equação serve para estimarmos os valores esperados para o HDL colesterol, segundo um valor conhecido de IMC. Por exemplo, esperamos que um indivíduo que tenha um IMC de 20 kg/m^2 tenha um valor sérico de HDL colesterol igual a

$$f_{MQ}(20) = 71{,}57 - 0{,}741 \times 20 = 56{,}75 \text{ mg/dl}.$$

Contudo, não podemos usar essa equação para prever um valor da variável dependente que está fora da amplitude dos valores da variável independente utilizada no estudo. Por exemplo, não é viável usarmos essa equação para prever um valor de HDL colesterol de um indivíduo com IMC igual a 40 kg/m^2, dado que os valores de IMC dos indivíduos da amostra variam de 20,5 a 33,7 kg/m^2.

17.3 VALORES PREDITOS E RESÍDUOS

Chamaremos de valores preditos os valores para a variável dependente Y que são obtidos da reta de mínimos quadrados obtida do ajuste do modelo aos dados, considerando um particular valor x da variável independente X. Assim, o valor predito para um valor que corresponde à observação amostral x_i é dado por:

$$\hat{y}_i = b_0 + b_1 x_i.$$

Por exemplo, o primeiro indivíduo de nossa amostra possui um IMC igual a 33,2 kg/m^2 (ver Tabela 17.1). Utilizando a equação obtida para a reta de mínimos quadrados, o valor predito para o HDL colesterol desse indivíduo é:

$$\hat{y}_1 = 71{,}57 - 0{,}741 \times 33{,}2 = 46{,}9688 \text{ mg/dl}.$$

Na Tabela 17.1, observamos que o valor de HDL colesterol observado para esse indivíduo é 42 mg/dl. A diferença entre o valor que foi verdadeiramente observado para o indivíduo *i* e o respectivo valor que a reta de mínimos quadrados fornece para *Y* é o resíduo, denotado por ε_i. Portanto, temos:

$$\varepsilon_i = y_i - \widehat{y}_i.$$

A Tabela 17.2 mostra os valores preditos e os resíduos para cada observação amostral, obtidos do ajuste do modelo linear simples.

Tabela 17.2 Valores preditos e os resíduos para cada observação amostral.

	X	Y		
Indivíduo	**IMC (kg/m²)**	**HDL colesterol (mg/dl)**	**Valores preditos** $(\widehat{y_1})$	**Resíduos** $(y_i - \widehat{y_1})$
1	33,2	42	46,9688	–4,9688
2	24,8	43	53,1932	–10,1932
3	33,7	44	46,5983	–2,5983
4	28,1	46	50,7479	–4,7479
5	29,3	47	49,8587	–2,8587
6	27,7	48	51,0443	–3,0443
7	30,3	48	49,1177	–1,1177
8	27,6	49	51,1184	–2,1184
9	29,5	50	49,7105	0,2895
10	25,9	50	52,3781	–2,3781
11	25,1	50	52,9709	–2,9709
12	28,5	50	50,4515	–0,4515
13	27,5	51	51,1925	–0,1925
14	31,4	51	48,3026	2,6974
15	20,5	52	56,3795	–4,3795
16	31,0	54	48,5990	5,4010
17	22,6	54	54,8234	–0,8234
18	25,5	55	52,6745	2,3255
19	27,9	55	50,8961	4,1039
20	23,4	56	54,2306	1,7694
21	25,6	56	52,6004	3,3996

(continua)

Tabela 17.2 Valores preditos e os resíduos para cada observação amostral *(continuação)*.

	X	Y		
Indivíduo	**IMC (kg/m²)**	**HDL colesterol (mg/dl)**	**Valores preditos** $(\widehat{y_1})$	**Resíduos** $(y_i - \widehat{y_1})$
22	21,1	58	55,9349	2,0651
23	29,8	59	49,4882	9,5118
24	24,1	65	52,7119	11,2881

Uma característica do método dos mínimos quadrados é que a soma dos resíduos obtidos do ajuste é sempre zero, ou seja,

$$\sum_{i=1}^{n} \varepsilon_i = \sum_{i=1}^{n} (y_i - \widehat{y}_i) = 0.$$

Se somarmos os resíduos mostrados na Tabela 17.2, encontraremos um valor bastante próximo de zero. Esse resultado não será exatamente igual a zero por causa dos arredondamentos em quatro casas decimais utilizados para exibir os valores dos resíduos na tabela.

Quando ajustamos um modelo de regressão, temos a expectativa de que os valores preditos pelo modelo sejam bem próximos aos valores observados, de modo que os resíduos sejam razoavelmente pequenos. Desse modo, muitos autores utilizam a soma de quadrados de resíduos (SQR) dada por

$$SQR = \sum_{i=1}^{n} \varepsilon_i^2 = \sum_{i=1}^{n} (y_i - \widehat{y}_i)^2$$

como uma medida de qualidade de ajuste do modelo aos dados. Quanto menor a SQR, melhor o modelo é ajustado aos dados amostrais. No exemplo, encontramos uma SQR aproximadamente igual a 511,27.

17.4 TESTE DE HIPÓTESES PARA A INCLINAÇÃO DA RETA

Quando ajustamos o modelo de regressão linear simples, notamos que se β_1 é igual a zero os valores de não se alteram de acordo com as variações de X, indicando que não há associação entre as variáveis X e Y. Assim, um teste de hipóteses bastante utilizado tem por hipóteses nula e alternativa

$$H_0: \beta_1 = 0$$

e

$$H_A: \beta_1 \neq 0,$$

respectivamente.

Uma estimativa para o desvio padrão dos resíduos do modelo, que será utilizada na construção de um teste de hipóteses, é obtida da expressão:

$$s_\varepsilon = \sqrt{\frac{SQR}{n-2}}.$$

Vale notar que o denominador dessa expressão é $n - 2$, dado que a soma que aparece no numerador possui $n - 2$ termos independentes (graus de liberdade). Isso acontece porque os valores de b_0 e de b_1 que aparecem na expressão para SQR (lembre-se que $\hat{y}_i = b_0 + b_1 x_i$) já contém, de algum modo, a informação de toda a amostra, fazendo que dois termos da soma sejam "condicionados" aos demais.

Considerando o modelo de regressão linear simples, se a hipótese nula H_0: $\beta_1 = 0$ for verdadeira, um valor obtido da expressão

$$t_0 = \frac{b_1 s_X \sqrt{n-1}}{s_\varepsilon}$$

é resultado de uma distribuição t de Student com $n - 2$ graus de liberdade. Assim, rejeitamos H_0 se encontrarmos em uma amostra de tamanho n um valor de t_0 maior que t^* ou menor que $-t^*$, de modo que a área sob a curva t de Student com $n - 2$ compreendida entre $-t^*$ e t^* corresponde ao complemento do nível de significância estabelecido $(1 - \alpha)$.

Considerando o exemplo anterior (dados da Tabela 17.2), temos uma estimativa para o desvio padrão dos resíduos do modelo dada por:

$$s_\varepsilon = \sqrt{\frac{SQR}{n-2}} = \sqrt{\frac{511,27}{22}} \cong 4,82.$$

Assim, considerando $b_1 = -0{,}741$ e $s_X = \sqrt{12,37} = 3{,}52$, temos:

$$t_0 \cong \frac{-0,741 \times 3,52 \times \sqrt{23}}{4,82} = -2,6.$$

Da tabela da distribuição t de Student (Anexo C), obtemos um valor de 2,074 para t^*, considerando $n - 2 = 24 - 2 = 22$ graus de liberdade e um nível de significância de $\alpha = 0{,}05$. Dado que o valor encontrado para t_0 é menor que $-t^*$, rejeitamos a hipótese nula H_0: $\beta_1 = 0$ para $\alpha = 0{,}05$. Assim, temos evidências de que, na população em questão, o IMC tem alguma associação com o HDL colesterol, de modo que, quanto maiores os valores do IMC, menores tendem a ser os valores séricos de HDL colesterol.

A teoria estatística em que se baseia esse teste de hipóteses parte do pressuposto que os resíduos obtidos do ajuste do modelo são resultados de uma curva normal com média igual a zero e uma variância constante para todas as observações amostrais. Assim, é conveniente que ao ajustarmos um modelo de regressão linear verifiquemos se os resíduos atendem a esses pressupostos. A Figura 17.5 exibe um gráfico de probabilidade normal para os resíduos do modelo (ver Capítulo 7, Seção 7.9).

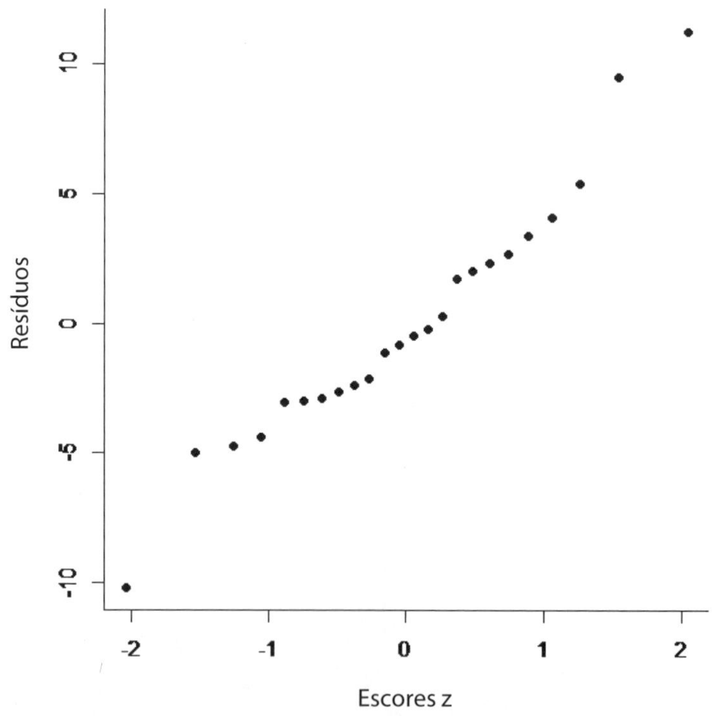

Figura 17.5 Gráfico de probabilidade normal para os resíduos do modelo ajustado.

A Figura 17.5 sugere que os resíduos são razoavelmente resultantes de uma curva normal, considerando que os pontos estão aproximadamente dispostos sobre uma reta imaginária. Dessa forma, consideramos adequado o resultado para o teste de hipóteses para a inclinação da reta aplicado aos dados da Tabela 17.1.

17.5 COEFICIENTE DE DETERMINAÇÃO

Seja s_Y^2 a variância amostral da variável dependente Y, dada por:

$$s_Y^2 = \frac{\sum_{i=1}^{n} (y_i - \bar{y})^2}{n-1}.$$

O numerador dessa expressão é chamado de soma de quadrados total de Y, denotado por SQT. O valor de SQT mede a variabilidade dos valores observados da variável dependente em torno de sua média $\bar{y}$. Assim,

$$SQT = \sum_{i=1}^{n} (y_i - \bar{y})^2.$$

O coeficiente de determinação, denotado por R^2, é dado por

$$R^2 = 1 - \frac{SQR}{SQT},$$

em que SQR é a soma de quadrados de resíduos. O valor obtido para R^2 será sempre maior ou igual a zero ou menor ou igual a 1. Um modelo de regressão que perfeitamente se ajusta aos dados teria todos os resíduos iguais a zero. Nesse caso, SQR seria igual a zero e consequentemente R^2 seria igual a 1. Dessa maneira, entendemos que quanto mais próximo R^2 está de 1, melhor é o ajuste do modelo considerado.

Considerando o modelo de regressão linear simples ajustado aos dados da Tabela 17.1, temos $SQR = 511{,}27$ e

$$SQT = \sum_{i=1}^{n} (y_i - 51{,}375)^2 = 667{,}625.$$

O coeficiente de determinação, portanto, é dado por:

$$R^2 = 1 - \frac{511,27}{667,625} = 0,2342.$$

O valor de R^2 é obtido como a proporção da variabilidade da variável dependente que pode ser explicada pelo modelo considerado. Assim, entendemos que o modelo linear que considera o IMC como variável independente é capaz de explicar 23,42% da variabilidade dos valores séricos de HDL colesterol. Em complemento, 100% – 23,42% = 76,58% da variabilidade dos valores de HDL colesterol são explicados por outros fatores que não consideramos nessa análise de dados.

17.6 RELAÇÃO ENTRE COEFICIENTE DE DETERMINAÇÃO E COEFICIENTE DE CORRELAÇÃO

Muitos estudantes costumam fazer confusão entre os conceitos de coeficiente de determinação e coeficiente de correlação de Pearson. São conceitos com interpretações diferentes, mas há uma forte relação entre eles. Vamos recordar que, dadas duas variáveis aleatórias quantitativas contínuas X e Y, temos:

- **Coeficiente de correlação de Pearson**: denotado por r, é uma medida da associação entre X e Y. Sempre traz um valor real entre –1 e 1. Quando r se aproxima de zero, não há evidências de associação entre X e Y. Quando $r > 0$, há uma associação positiva entre X e Y, e quando $r < 0$, há uma associação negativa entre X e Y. Quanto mais próximo o valor de r estiver de –1 ou de 1, mais "forte" é a associação. Em seu cálculo, não especifica X e Y como variáveis dependentes ou independentes.
- **Coeficiente de determinação**: denotado por R^2, é obtido do ajuste de um modelo de regressão linear, sendo Y a variável dependente e X a variável independente. Informa em que proporção a variável dependente é explicada pelo modelo ajustado. Sempre traz um valor real entre 0 e 1.

Embora essas interpretações sejam distintas, podemos notar que, no caso de um modelo de regressão linear simples (considerando uma única variável independente X), o valor do coeficiente de determinação R^2 coincide com o valor do coeficiente de correlação de Pearson elevado ao quadrado.

Considerando os dados da Tabela 17.1, observamos que o coeficiente de correlação de Pearson (r) entre as variáveis X e Y é igual a –0,4839. Se elevarmos esse número ao quadrado, obtemos 0,2342, que é igual ao valor obtido para R^2 a partir do ajuste de um modelo de regressão linear simples.

Ao escrevermos um trabalho científico, se desejamos informar o "tamanho" ou "força" da associação entre duas variáveis X e Y, o coeficiente de correlação de Pearson é mais adequado, uma vez que seu valor nos informa o sentido da associação (negativa, quando $r < 0$, e positiva, quando $r > 0$). O coeficiente de determinação, por sua vez, é sempre positivo, e por isso não informa o sentido da associação.

17.7 POR QUE "REGRESSÃO"?

O uso da palavra "regressão" para uma técnica estatística que descreve a forma da relação entre uma ou mais variáveis independentes e uma variável dependente pode parecer estranho, mas é justificado quando entendemos o contexto em que essa análise foi desenvolvida. Francis Galton (1822-1911) foi um cientista inglês que trouxe notáveis contribuições para a genética e a estatística. Primo de Charles Darwin (1809-1882), Galton desenvolveu métodos estatísticos aplicados ao estudo da evolução. Em 1885, Galton publicou um estudo que investigava as relações de características antropométricas entre sucessivas gerações de pessoas. Nesse estudo, foram tomadas as estaturas de muitos pares de pais e filhos. Imagine que nós separamos os pais em dois grupos: aqueles mais altos e aqueles mais baixos. Galton observou que os pais mais altos tendem a ter filhos que são altos em relação à população como um todo, mas, em média, esses filhos são mais baixos que os pais. Por outro lado, os pais mais baixos tendem a ter filhos que são baixos em relação à população, mas em média, são mais altos que os pais. Galton concluiu, então, que a estatura média de filhos de pais mais altos ou mais baixos tendia a se deslocar ou "regredir" até a estatura média da população. Daí surgiu a expressão "regressão à média". Embora as ideias estatísticas utilizadas por Galton sejam utilizadas atualmente em contextos diferentes, a expressão "regressão" prevaleceu.

17.8 PARA SABER MAIS

Neste capítulo, estudamos o modelo de regressão linear simples, que considera que a equação de uma reta com intercepto β_0 e inclinação β_1 é capaz de explicar como o valor esperado para a variável dependente Y se relaciona a um dado um valor x da variável independente X. Assim, a expressão do modelo é

$$E(Y|X = x) = f(x) = \beta_0 + \beta_1 x.$$

Em muitos estudos na área da saúde, desejamos entender como uma variável dependente Y se relaciona simultaneamente aos valores observados de mais de uma variável independente. Por exemplo, seja a situação em que a variável dependente Y representa os valores séricos de HDL colesterol e X_1, X_2 e X_3 são variáveis independentes, sendo a variável X_1 relativa ao IMC, X_2 relativa à idade (em anos) e X_3 relativa à medida de circunferência da cintura. Um modelo linear de regressão que inclui essas três variáveis independentes simultaneamente considera

$$E(Y|X_1 = x_1, X_2 = x_2, X_3 = x_3) = f(x_1, x_2, x_3) = \beta_0 + \beta_1 x_1 + \beta_2 x_2 + \beta_3 x_3.$$

Nessa expressão, x_1, x_2 e x_3 são, simultaneamente, observações das variáveis X_1, X_2 e X_3. Observe que agora precisamos estimar valores para os parâmetros β_0, β_1, β_2 e β_3. O valor encontrado para β_1 continua sendo interpretado como uma medida da associação entre o IMC e os valores séricos de HDL colesterol, mas agora essa medida é "ajustada" pelo possível efeito da idade e da circunferência de cintura.

Enquanto o modelo que só considera uma variável independente é chamado modelo de regressão linear simples, um modelo que inclui duas ou mais variáveis independentes é denominado modelo de regressão linear múltipla. Embora muitos livros de epidemiologia chamem esse modelo de "modelo multivariado", os autores dos livros-texto em estatística preferem a expressão "modelo múltiplo", dado que em estatística a expressão "análise multivariada" é empregada em outro contexto.

Nem sempre as relações entre uma variável dependente e uma variável independente são explicadas pela equação de uma reta. Às vezes, ao construir o gráfico de dispersão entre essas variáveis, os autores observam que a relação entre as variáveis de interesse pode ser explicada por uma parábola ou até mesmo por um polinômio de grau maior que dois. No caso de uma relação em forma de parábola, podemos considerar que o valor esperado de Y se relaciona a um valor x de acordo com uma equação do segundo grau:

$$E(Y|X_1 = x) = f(x) = \beta_0 + \beta_1 x + \beta_2 x^2.$$

No caso de expressões polinomiais para $f(x)$, ainda usamos a denominação "modelo de regressão linear", ainda que não estejamos ajustando necessariamente uma linha reta.

Em outras situações mais complexas, um polinômio pode não ser capaz de explicar a relação entre as variáveis dependente e independente, o que requer o uso de outras expressões para $f(x)$. Nesse caso, utilizamos os chamados "modelos de regressão não linear".

Estudantes interessados em aprender mais sobre os modelos de regressão múltipla podem encontrar mais informações no livro de Pagano e Gauvreau (2003). Leitores com maiores conhecimentos de matemática e de fundamentos de inferência estatística podem consultar os livros-texto de Charnet et al. (2008) ou de Montgomery, Peck e Vining (2012). Os modelos de regressão não linear são geralmente complexos do ponto de vista matemático, e por isso não são muito explorados em livros-texto destinados a estudantes da área da saúde. O livro de Seber e Wild (1989) explora com bastante profundidade os modelos não lineares, mas sua leitura exige bons conhecimentos matemáticos e estatísticos.

17.9 EXERCÍCIOS

1. Explique o propósito de uma regressão linear simples.

2. Explique a ideia em que o método dos mínimos quadrados se baseia para encontrar estimativas dos parâmetros β_0 e β_1.

3. Explique como interpretamos o valor estimado para β_1 em um modelo de regressão linear simples.

4. Explique o que são os resíduos de um modelo de regressão linear.

5. Por qual motivo recomenda-se construir um gráfico de dispersão entre as variáveis dependente e independente antes de ajustar um modelo de regressão linear simples?

6. A tabela a seguir exibe os valores do índice de massa corporal (IMC, em kg/m^2) e de pressão arterial sistólica (PAS, em mmHg) de n = 28 adolescentes.

IMC e PAS de 28 adolescentes.

	IMC (kg/m^2)	PAS (mmHg)		IMC (kg/m^2)	PAS (mmHg)
1	34,10	122	15	31,49	111
2	23,70	107	16	26,61	108
3	37,24	126	17	29,96	118
4	32,00	121	18	23,30	112
5	23,58	102	19	23,88	111
6	30,09	118	20	30,17	116
7	34,80	125	21	33,48	119
8	31,85	124	22	31,60	128

(continua)

IMC e PAS de 28 adolescentes *(continuação)*.

	IMC (kg/m²)	PAS (mmHg)		IMC (kg/m²)	PAS (mmHg)
9	27,57	110	23	22,23	103
10	23,12	112	24	30,17	117
11	26,47	112	25	23,76	107
12	27,75	119	26	24,97	101
13	23,66	100	27	25,32	102
14	32,59	117	28	32,37	127

Considere que a variável independente X é o IMC e a variável dependente Y é a PAS. Assim,

$$\sum_{i=1}^{28} x_i = 797,8941 \text{ kg/m}^2, \quad \sum_{i=1}^{28} y_i = 3194,087 \text{ mmHg}, \quad s_X = 4,2980 \text{ kg/m}^2,$$

$$s_Y = 8,3803 \text{ mmHg}, \quad \text{e} \quad \sum_{i=1}^{28} x_i y_i = 91834,4.$$

a. Esboce um gráfico de dispersão entre X e Y e interprete-o quanto à presença ou não de valores atípicos e a relação entre as variáveis.
b. Encontre as estimativas de mínimos quadrados de β_0 e β_1.
c. Escreva a reta de mínimos quadrados dada por $f_{MQ}(x) = b_0 + b_1 x$ e estime a partir dela a PAS de uma pessoa com IMC igual a 29 kg/m².
d. Podemos usar a reta $f_{MQ}(x)$ para estimar a PAS de uma pessoa com IMC igual a 42 kg/m²?
e. Se SQR = 564,4823, construa um teste para as hipóteses nula e alternativa H_0: $\beta_1 = 0$ e H_A: $\beta_1 \neq 0$.
f. Observando que $SQT = (n - 1)\, s_Y^2$, encontre o coeficiente de determinação. Como interpretamos o valor encontrado para R^2?
g. Qual é a relação entre um coeficiente de correlação entre X e Y e o valor do coeficiente de determinação encontrado no item anterior?

Referências bibliográficas

ALTMAN, D. G. Statistics and ethics in medical research. VI – Presentation of results. **British Medical Journal**, v. 281, n. 6254, p. 1542-1544, 1980.

ALTMAN, D. G.; BLAND, J. M. Absence of evidence is not evidence of absence. **British Medical Journal**, v. 311, n. 7003, p. 485, 1995.

ALTMAN, D. G.; BLAND, J. M. Variables and parameters. **British Medical Journal**, v. 318, p. 1667, 1999.

ALTMAN, D. G.; BLAND, J. M. Confidence intervals illuminate absence of evidence. **British Medical Journal**, v. 328, n. 7446, p. 1016-1017, 2004.

ALTMAN, D. G.; BLAND, J. M. Standard deviations and standard errors. **British Medical Journal**, v. 331, n. 7521, p. 903, 2005.

AMRHEIN, V.; GREENLAND, S.; MCSHANE, B. Scientists rise up against statistical significance. Nature, v. 567, n. 7748, p. 305-307, 2019. ANTUNES, A. C. et al. Evaluation of the diagnostic value of the tourniquet test in predicting severe dengue cases in a population from Belo Horizonte, State of Minas Gerais, Brazil. **Revista da Sociedade Brasileira de Medicina Tropical**, v. 46, n. 5, p. 542-546, 2013.

ARONSON, J. K. Francis Galton and the invention of terms for quantiles. **Journal of Clinical Epidemiology**, v. 54, n. 12, p. 1191-1194, 2001.

ATKINSON, G.; NEVILL, A. Comment on the use of concordance correlation to assess the agreement between two variables. **Biometrics**, v. 53, n. 2, p. 775-

777, 1997.

BESSA-SANTOS, M. A.; MATTOS, I. E. Condições de vida e saúde da população idosa do Município de Guaramiranga-CE. **Epidemiologia e Serviços de Saúde**, v. 20, n. 2, p. 193-201, 2011.

BLAND, J. M.; ALTMAN, D. G. Statistical methods for assessing agreement between two methods of clinical measurement. **Lancet**, v. 1, n. 8476, p. 307-310, 1986.

BLAND, J. M.; ALTMAN, D. G. Statistics notes. Logarithms. **British Medical Journal**, v. 312, n. 7032, p. 700, 1996.

BOLFARINE, H.; BUSSAB, W. O. **Elementos de amostragem**. São Paulo: Blucher, 2005.

BRAITMAN, L. E. Confidence intervals assess both clinical significance and statistical significance. **Annals of Internal Medicine**, v. 114, n. 6, p. 515-517, 1991.

CALUX, N. M. D. C. T. et al. Angiogenesis in Squamous Cervical Neoplasia: Comparative Study of two Endothelial Cells. **Revista Brasileira de Ginecologia e Obstetrícia**, v. 23, n. 5, p. 313-319, 2001.

CARVALHO, F. M. et al. Chumbo no sangue de crianças e passivo ambiental de uma fundição de chumbo no Brasil. **Revista Panamericana de Salud Pública**, v. 13, n. 1, p. 19-23, 2003.

CHARNET, R. et al. **Análise de modelos de regressão linear com aplicações**. 2. ed. Campinas: Editora da Unicamp, 2008.

CHEN, R. et al. Depression in older people in rural China. **Archives of Internal Medicine**, v. 165, n. 17, p. 2019-2025, 2005.

CONOVER, W. J. **Practical Nonparametric Statistics**. 3. ed. New York: John Wiley, 1999.

DIJKERS, M. P. Misuse of the Pearson chi-square test of association. **Archives of Physical Medicine and Rehabilitation**, v. 86, n. 3, p. 602, 2005.

DUNN, O. J. Multiple comparisons using rank sums. **Technometrics**, v. 6, n. 3, p. 241-252, 1964.

FLEISS, J. L.; LEVIN, B.; PAIK, M. C. **Statistical Methods for Rates and Proportions**. 3. ed. Hoboken: Wiley-Interscience, 2003.

FREEMAN, G. H.; HALTON, J. H. Note on an exact treatment of contingency goodness-of-fit and other problems of significance. **Biometrika**, v. 38, p. 141-149, 1951.

GOODMAN, S. A dirty dozen: twelve p-value misconceptions. **Seminars in Hematology**, v. 45, n. 3, p. 135-140, 2008.

GREENLAND, S. et al. Statistical tests, P values, confidence intervals, and power: a guide to misinterpretations. **European Journal of Epidemiology**, v. 31, n.

4, p. 337-350, 2016.

GRIMES, D. A.; SCHULZ, K. F. An overview of clinical research: the lay of the land. **Lancet**, v. 359, n. 9300, p. 57-61, 2002.

HART, A. Mann-Whitney test is not just a test of medians: differences in spread can be important. **British Medical Journal**, v. 323, n. 7309, p. 391-393, 2001.

HOGG, R. V. Statistical education: Improvements are badly needed. **The American Statistician**, v. 45, n. 4, p. 342-343, 1991.

HOLLANDER, M.; WOLFE, D. A.; CHICKEN, E. **Nonparametric Statistical Methods**. 3. ed. Hoboken: Wiley, 2013.

HOULE, T. T.; STUMP, D. A. Statistical significance versus clinical significance. **Seminars in Cardiothoracic and Vascular Anesthesia**, v. 12, n. 1, p. 5-6, 2008.

KRZYWINSKI, M.; ALTMAN, N. Visualizing samples with box plots. **Nature Methods**, v. 11, n. 2, p. 119-120, 2014.

LESAFFRE, E. Use and misuse of the p-value. **Bulletin of the NYU Hospital for Joint Diseases**, v. 66, n. 2, p. 146-149, 2008.

LIN, L. I.-K. A concordance correlation coefficient to evaluate reproducibility. **Biometrics**, n. 45, p. 255-268, 1989.

LOURENÇON, A. D. F. et al. Evaluation of the return rate of volunteer blood donors. **Revista Brasileira de Hematologia e Hemoterapia**, v. 33, n. 3, p. 190-194, 2011.

LUIZ, R. R.; MAGNANINI, M. M. F. A lógica da determinação do tamanho da amostra em investigações epidemiológicas. **Cadernos de Saúde Coletiva**, v. 8, n. 2, p. 9-28, 2000.

MACKOWIAK, P. A.; WASSERMAN, S. S.; LEVINE, M. M. A critical appraisal of 98.6 degrees F, the upper limit of the normal body temperature, and other legacies of Carl Reinhold August Wunderlich. **Journal of the American Medical Association**, v. 268, n. 12, p. 1578-1580, 1992.

McGILL, R.; TUKEY, J. W.; LARSEN, W. A. Variations of box plots. **The American Statistician**, v. 32, n. 1, p. 12-16, 1978.

MEHTA, C. R.; PATEL, N. R. A network algorithm for performing Fisher's exact test in r× c contingency tables. **Journal of the American Statistical Association**, v. 78, n. 382, p. 427-434, 1983.

MONTGOMERY, D. C.; PECK, E. A.; VINING, G. G. **Introduction to Linear Regression Analysis**. 5· ed. New York: Wiley, 2012.

MONTGOMERY, D. C.; PECK, E. A.; VINING, G. G. **Introduction to Linear Regression Analysis**. 6 ed. New York: Wiley, 2021.

NASCIMENTO, R. et al. Diabetes mellitus tipo 2: fatores preditivos na população nipo-brasileira. **Arquivos Brasileiros de Endocrinologia e Metabolismo**,

v. 47, n. 5, p. 584-592, 2003.

NUZZO, R. Scientific method: statistical errors. **Nature**, v. 506, n. 7487, p. 150-152, 2014.

PAGANO, M.; GAUVREAU, K. **Princípios de Bioestatística**. São Paulo: Thomson Pioneira, 2003.

PONTE, J. P.; FONSECA, H. Orientações curriculares para o ensino da estatística: Análise comparativa de três países. **Quadrante**, v. 10, n. 1, p. 93-115, 2001.

RIBEIRO, J. U. Realidade, que realidade? **O Estado de S. Paulo**, São Paulo, 14 dez. 2008.

SAGAN, C. **Contato**. São Paulo: Cia. das Letras, 1997.

SALSBURG, D. S. **Uma senhora toma chá... como a estatística revolucionou a ciência no século XX**. Rio de Janeiro: Jorge Zahar Editora, 2009.

SEBER, G. A. F.; WILD, C. J. **Nonlinear Regression**. New York: Wiley, 1989.

SILVA, N. N. **Amostragem Probabilística: Um Curso Introdutório**. São Paulo: Edusp, 1998

SKOVLUND, E.; FENSTAD, G. U. Should we always choose a nonparametric test when comparing two apparently nonnormal distributions?. **Journal of Clinical Epidemiology**, v. 54, n. 1, p. 86-92, 2001.

STREIT, M.; GEHLENBORG, N. Bar charts and box plots. **Nature Methods**, v. 11, n. 2, p. 117, 2014.

TUON, F. F. B. et al. Avaliação da sensibilidade e especificidade dos exames cito-patológico e colposcópico em relação ao exame histológico na identificação de lesões intra-epiteliais cervicais. **Revista da Associação Médica Brasileira**, v. 48, n. 2, p. 140-144, 2002.

TURK, D. C. Statistical significance and clinical significance are not synonyms! **The Clinical Journal of Pain**, v. 16, n. 3, p. 185-187, 2000.

WILLIAMSON, D. F.; PARKER, R. A.; KENDRICK, J. S. The box plot: a simple visual method to interpret data. **Annals of Internal Medicine**, v. 110, n. 11, p. 916-921, 1989.

ZOU, K. H.; TUNCALI, K.; SILVERMAN, S. G. Correlation and simple linear regression. **Radiology**, v. 227, n. 3, p. 617-622, 2003.

Apêndices

A. O NÚMERO π

Se tomarmos várias circunferências de tamanhos diferentes e dividirmos o perímetro de cada uma pelo seu diâmetro, teremos sempre o mesmo resultado. A palavra perímetro vem do grego e significa "medida ao redor de". No nosso caso, trata-se da medida ao redor de toda a circunferência. No romance *Contato*, do astrônomo norte-americano Carl Sagan (1934-1996), a protagonista Ellie Arroway estava na 7ª série quando pegou a tampa de um vidro de maionese, passou um barbante em sua volta, esticou-o, e com uma régua mediu o perímetro daquela forma circular. Da mesma forma, mediu o diâmetro da tampa. Ao dividir o perímetro pelo diâmetro, encontrou 3,21.

Com uma maior exatidão, essa divisão entre o perímetro e o diâmetro de uma circunferência é um número próximo a 3,141593, não importando o tamanho dessa circunferência (no romance de Sagan, Ellie pensou que a tampa que ela usou estava um pouco amassada ou não tinha perfeitamente uma forma circular).

O número pi é dito irracional, ou seja, não pode ser obtido da divisão entre dois números inteiros, embora seja próximo de 223/71. O seu número de casas decimais é infinitamente grande, formando uma sequência de algarismos sem algum padrão aparente de repetição. Um velho truque nos auxilia a memorizar o valor de pi com oito casas decimais. Se você tomar o número de letras de cada palavra da frase "sou o medo e pavor constante do menino vadio" e colocar uma vírgula após a palavra "sou", você obterá 3,14159265. Acredita-se que o matemático galês William Jones (1675-1749) tenha sido o responsável por denotar esse número pela letra grega π (pi).

B. O NÚMERO DE EULER

O número de Euler (a pronúncia é algo próximo a "oiler") é utilizado em diversas aplicações em muitas áreas do conhecimento. Para entendermos esse número, vamos considerar a função:

$$f(x) = \left(1 + \frac{1}{x}\right)^x.$$

Se $x = 1$, temos $f(1) = \left(1 + \frac{1}{1}\right)^1 = 2.$

Se $x = 2$, temos $f(2) = \left(1 + \frac{1}{2}\right)^2 = \left(\frac{3}{2}\right)^2 = 2{,}25.$

Se $x = 3$, temos $f(3) = \left(1 + \frac{1}{3}\right)^3 = \left(\frac{4}{3}\right)^3 = 2{,}37037.$

Se $x = 4$, temos $f(4) = \left(1 + \frac{1}{4}\right)^4 = \left(\frac{5}{4}\right)^4 = 2{,}441406.$

Se $x = 5$, temos $f(5) = \left(1 + \frac{1}{5}\right)^5 = \left(\frac{6}{5}\right)^5 = 2{,}48832.$

Notamos que, conforme o valor de x aumenta, o resultado de $f(x)$ também aumenta. Entretanto, podemos também perceber que conforme x aumenta, a diferença entre $f(x)$ e $f(x - 1)$ diminui. Por exemplo, a diferença entre $f(5)$ e $f(4)$ é menor que a diferença entre $f(2)$ e $f(1)$. Isso nos sugere que, para valores grandes de x, a diferença entre $f(x)$ e $f(x - 1)$ será tão pequena que o resultado de $f(x)$ tenderá a ser igual a uma constante. Vamos então verificar qual serão os valores de $f(x)$ quando x é igual a 10 ou igual a 11.

Se $x = 10$, temos $f(10) = \left(1 + \frac{1}{10}\right)^{10} = \left(\frac{11}{10}\right)^{10} = 2{,}593742.$

Se $x = 11$, temos $f(11) = \left(1 + \frac{1}{11}\right)^{11} = \left(\frac{12}{11}\right)^{11} = 2{,}604199.$

Percebemos que os valores de $f(11)$ e $f(10)$ são bastante próximos. Se considerarmos valores bem maiores para x, que valores encontramos para $f(x)$?

Se $x = 100$, temos $f(100) = \left(1 + \frac{1}{100}\right)^{100} = \left(\frac{101}{100}\right)^{100} = 2,704814.$

Se $x = 500$, temos $f(500) = \left(1 + \frac{1}{500}\right)^{500} = \left(\frac{501}{500}\right)^{500} = 2,715569.$

Se $x = 1.000$, temos $f(1.000) = \left(1 + \frac{1}{1.000}\right)^{1.000} = \left(\frac{1.001}{1.000}\right)^{1.000} = 2,716924.$

Se $x = 1.000.000$, temos $f(1.000.000) = \left(1 + \frac{1}{1.000.000}\right)^{1.000.000} = 2,71828.$

Concluímos que conforme x cresce, o resultado de $f(x)$ vai se aproximando a um número próximo a 2,71828, sendo a quantidade de casas decimais infinitamente grande. Esse número é chamado *número de Euler*, em homenagem ao matemático suíço Leonhard Euler, que viveu entre 1707 e 1783. Denotado por e, o número de Euler com os 40 primeiros dígitos decimais é dado por:

$$e = 2,7182818284590452353602874713526624977572.$$

C. FUNÇÃO EXPONENCIAL

A função exponencial é definida por:

$$f(x) = e^x$$

ou seja, o número de Euler, dado por e, elevado a um número real x. Alternativamente, podemos denotar a função exponencial por:

$$f(x) = \exp(x).$$

Por exemplo, para $x = 3$,

$$f(x) = e^3 = \exp(3) = e \times e \times e \cong 20,08554.$$

Podemos observar algumas propriedades da função exponencial:

a. Se x é igual a zero, $f(0) = e^0 = 1$, dado que todo número real elevado a zero é igual a 1.
b. $f(x) = e^x$ é sempre maior que zero, para qualquer valor de x.
c. Se x é maior que zero, $f(x) = e^x$ é maior que 1.
d. Se x é menor que zero, $f(x) = e^x$ é maior que 0 e menor que 1.

D. LOGARITMOS

A palavra logaritmo tem origem na língua grega, em que *logos* é muitas vezes traduzida como "razão", e *arithmos* significa "número". Para entender esse conceito, considere o produto:

$$2 \times 2 \times 2 \times 2 = 16.$$

Se multiplicamos o número 2 por ele próprio 4 vezes, o resultado é 16. Dizemos que o número 2 é a "base" e o número 4 é a "potência", tal que a base 2 elevada à potência 4 é igual a 16. Assim, podemos escrever:

$$2^4 = 16.$$

Um logaritmo busca responder uma pergunta do tipo: qual é a potência tal que, uma base igual a 2 resulta em 16? Ou, de modo mais simples: quantas vezes precisamos multiplicar a base 2 por ela própria, para obtermos o resultado 16? A resposta a essa pergunta é 4.

Usando uma notação matemática, escrevemos:

$$\log_2(16) = 4.$$

Nos experimentos biológicos, é bastante comum o uso de uma base igual a 10. Como exemplo, temos que

$$10 \times 10 \times 10 \times 10 \times 10 = 10^5 = 100.000.$$

Isso quer dizer que, se multiplicamos o número (a base) 10 por ele mesmo 5 vezes (a potência), obtemos o resultado 100 mil. Assim,

$$\log_{10}(100.000) = 5.$$

Dessa maneira, considerando uma potência y, podemos dizer que, se

$$10^y = x,$$

então o logaritmo de x em uma base 10 é:

$$\log_{10}(x) = y.$$

De forma geral, se b é uma base maior que zero e diferente de 1, podemos assim definir o logaritmo de x em uma base b:

$\log_b(x)$ = "quantas vezes precisamos multiplicar o número b por ele mesmo para obter x".

Assim, considerando uma potência y e uma base b, podemos dizer que, se:

$$b^y = x,$$

então

$$\log_b(x) = y.$$

Notar que, para qualquer base b, o logaritmo $\log_b(0)$ é indefinido, porque não existe nenhum número real y tal que $b^y = 0$.

Se $x = 1$, temos $\log_b(1) = 0$ para qualquer base b. Isso acontece porque se convenciona que $b^0 = 1$, para qualquer valor de b diferente de 0.

E, ainda, observamos que $\log_b(b) = 1$, dado que $b^1 = b$.

Para mais informações sobre logaritmos e seu uso em estudos em saúde, ver Bland e Altman (1996).

E. LOGARITMOS NATURAIS

O logaritmo natural (denotado por ln) é aquele cuja base b é o número de Euler, denotado por e. Assim, considerando uma potência y e uma base e, podemos dizer que, se

$$e^y = \exp(y) = x,$$

então o logaritmo natural é denotado por:

$$\log_e(x) = \ln(x) = y.$$

F. POR QUE O NÚMERO DE EULER É TÃO UTILIZADO NA ESTATÍSTICA?

Na inferência estatística, muitos cálculos matemáticos utilizados para a estimação de parâmetros utilizam a função derivada, que é entendida como a inclinação de uma reta tangente ao gráfico da função $f(x)$. Esse conceito é fundamental quando utilizamos, por exemplo, o método da máxima verossimilhança, que não é abordado neste livro por extrapolar seus objetivos. Nesse método, usualmente encontramos a função derivada de outras funções baseadas em curvas densidade de probabilidade (se a variável de interesse é contínua) ou em funções de probabilidade (se a variável de interesse é discreta). Esses cálculos tornam-se mais simples quando essas funções são escritas a partir de funções exponenciais com base e, dado que a derivada da função $f(x) = e^x$ é dada também por e^x. Tomamos a liberdade de não apresentar aqui as demonstrações dessa propriedade uma vez que ela exige conhecimentos de cálculo que não são aqui abordados, mas insistimos que o uso do número de Euler e, consequentemente, o logaritmo natural, tornam mais fáceis alguns cálculos que seriam bastante complicados de outra forma.

G. UMA EXPRESSÃO ALTERNATIVA PARA O DESVIO PADRÃO

Vamos demonstrar que o desvio padrão, dado por:

$$s = \sqrt{\frac{\sum_{i=1}^{n}(x_i - \bar{x})^2}{n-1}},$$

pode ser alternativamente encontrado pela expressão:

$$s = \sqrt{\frac{\sum_{i=1}^{n} x_i^2 - n\bar{x}^2}{n-1}}.$$

Utilizando a conhecida regra matemática em que $(a - b)^2 = a^2 - 2ab + b^2$, dados dois valores reais a e b, temos:

$$(x_i - \bar{x})^2 = x_i^2 - 2x_i\bar{x} + \bar{x}^2,$$

ao considerarmos $a = x_i$ e $b = \bar{x}$. Inserindo a soma de i a n nos dois lados dessa igualdade, temos:

$$\sum_{i=1}^{n}(x_i-\bar{x})^2=\sum_{i=1}^{n}x_i^2-2\bar{x}\sum_{i=1}^{n}x_i+n\bar{x}^2.$$

Dado que a expressão para a média amostral é:

$$\bar{x}=\frac{\sum_{i=1}^{n}x_i}{n},$$

temos que:

$$\sum_{i=1}^{n}x_i=n\bar{x}.$$

Assim,

$$\sum_{i=1}^{n}(x_i-\bar{x})^2=\sum_{i=1}^{n}x_i^2-2n\bar{x}^2+n\bar{x}^2=\sum_{i=1}^{n}x_i^2-n\bar{x}^2.$$

Substituindo $\sum_{i=1}^{n}(x_i-\bar{x})^2$ por $\sum_{i=1}^{n}x_i^2-n\bar{x}^2$ na expressão

$$s=\sqrt{\frac{\sum_{i=1}^{n}(x_i-\bar{x})^2}{n-1}},$$

temos que uma forma alternativa de encontrarmos o desvio padrão é por meio da expressão

$$s=\sqrt{\frac{\sum_{i=1}^{n}x_i^2-n\bar{x}^2}{n-1}}.$$

H. O FATORIAL DE UM NÚMERO

O fatorial de um número x é denotado por $x!$ e é dado pelo produto

$$x!=x\times(x-1)\times(x-2)\times\ldots\times 1,$$

se x é um número inteiro e maior que 0. Por exemplo:

$$5!=5\times 4\times 3\times 2\times 1=120.$$

Em particular, temos que $0! = 1$.

A ideia de usar o ponto de exclamação para denotar o fatorial de um número é atribuída ao matemático francês Christian Kramp (1760-1826).

Observe que, se x é um número inteiro e maior que 0, temos:

$$n! = n \times (n-1)!.$$

A tabela a seguir mostra os resultados de $n!$ para valores de n de 0 a 12.

n	$n!$
0	1
1	1
2	2
3	6
4	24
5	120
6	720
7	5.040
8	40.320
9	362.880
10	3.628.800
11	39.916.800
12	479.001.600

Perceba que $n!$ assume valores bastante grandes à medida que n cresce.

I. COMBINAÇÃO

A combinação indica de quantas formas distintas é possível escolher y elementos de um grupo de n elementos. Denotada por C_y^n ou por $\binom{n}{y}$, a combinação é obtida da expressão

$$\binom{n}{y} = \frac{n!}{(n-y)!y!},$$

em que $y!$ é o fatorial de y. Vamos considerar que y é necessariamente um número menor ou igual a n.

Suponha que em uma sala de aula temos 10 alunos: Adriely, Ana Paula, Carolina, Cristiano, Fernanda, Gabriela, Jéssica, Lais, Mariana e Mauricio. De quantas formas distintas podemos escolher três pessoas desse grupo? Entendemos que a ordem na qual os alunos estão dispostos em cada escolha não importa. Assim, as escolhas {Carolina, Fernanda, Lais} e {Lais, Carolina, Fernanda} não são consideradas distintamente. Dado que temos n = 10 alunos e queremos escolher y = 3 elementos, o número de escolhas distintas é:

$$\binom{10}{3} = \frac{10!}{(10-3)!3!} = \frac{10!}{7!3!} = \frac{10 \times 9 \times 8 \times 7!}{7! \times 3 \times 2 \times 1}.$$

"Cortando" o valor 7! que aparece no numerador e no denominador dessa expressão, temos:

$$\binom{10}{3} = \frac{10 \times 9 \times 8}{3 \times 2 \times 1} = \frac{720}{6} = 120.$$

Assim, entendemos que há 120 maneiras distintas pelas quais podemos escolher três pessoas diferentes de um conjunto de 10 alunos.

Com facilidade podemos demonstrar que:

$$\binom{n}{y} = \binom{n}{n-y}.$$

Anexos

ANEXO A

Tabela de logaritmos naturais. A tabela retorna valores aproximados de ln(x), em que x é dado pela soma entre o valor da primeira coluna e o valor da primeira linha. Por exemplo, o logaritmo natural de 2,3 é aproximadamente 0,8329.

	0	0,1	0,2	0,3	0,4	0,5	0,6	0,7	0,8	0,9
0		−2,3026	−1,6094	−1,2040	−0,9163	−0,6931	−0,5108	−0,3567	−0,2231	−0,1054
1	0,0000	0,0953	0,1823	0,2624	0,3365	0,4055	0,4700	0,5306	0,5878	0,6419
2	0,6931	0,7419	0,7885	0,8329	0,8755	0,9163	0,9555	0,9933	1,0296	1,0647
3	1,0986	1,1314	1,1632	1,1939	1,2238	1,2528	1,2809	1,3083	1,3350	1,3610
4	1,3863	1,4110	1,4351	1,4586	1,4816	1,5041	1,5261	1,5476	1,5686	1,5892
5	1,6094	1,6292	1,6487	1,6677	1,6864	1,7047	1,7228	1,7405	1,7579	1,7750
6	1,7918	1,8083	1,8245	1,8405	1,8563	1,8718	1,8871	1,9021	1,9169	1,9315
7	1,9459	1,9601	1,9741	1,9879	2,0015	2,0149	2,0281	2,0412	2,0541	2,0669
8	2,0794	2,0919	2,1041	2,1163	2,1282	2,1401	2,1518	2,1633	2,1748	2,1861
9	2,1972	2,2083	2,2192	2,2300	2,2407	2,2513	2,2618	2,2721	2,2824	2,2925
10	2,3026	2,3125	2,3224	2,3321	2,3418	2,3514	2,3609	2,3702	2,3795	2,3888
11	2,3979	2,4069	2,4159	2,4248	2,4336	2,4423	2,4510	2,4596	2,4681	2,4765
12	2,4849	2,4932	2,5014	2,5096	2,5177	2,5257	2,5337	2,5416	2,5494	2,5572
13	2,5649	2,5726	2,5802	2,5878	2,5953	2,6027	2,6101	2,6174	2,6247	2,6319

(continua)

(continuação)

	0	0,1	0,2	0,3	0,4	0,5	0,6	0,7	0,8	0,9
14	2,6391	2,6462	2,6532	2,6603	2,6672	2,6741	2,6810	2,6878	2,6946	2,7014
15	2,7081	2,7147	2,7213	2,7279	2,7344	2,7408	2,7473	2,7537	2,7600	2,7663
16	2,7726	2,7788	2,7850	2,7912	2,7973	2,8034	2,8094	2,8154	2,8214	2,8273
17	2,8332	2,8391	2,8449	2,8507	2,8565	2,8622	2,8679	2,8736	2,8792	2,8848
18	2,8904	2,8959	2,9014	2,9069	2,9124	2,9178	2,9232	2,9285	2,9339	2,9392
19	2,9444	2,9497	2,9549	2,9601	2,9653	2,9704	2,9755	2,9806	2,9857	2,9907
20	2,9957	3,0007	3,0057	3,0106	3,0155	3,0204	3,0253	3,0301	3,0350	3,0397
21	3,0445	3,0493	3,0540	3,0587	3,0634	3,0681	3,0727	3,0773	3,0819	3,0865
22	3,0910	3,0956	3,1001	3,1046	3,1091	3,1135	3,1179	3,1224	3,1268	3,1311
35	3,5553	3,5582	3,5610	3,5639	3,5667	3,5695	3,5723	3,5752	3,5779	3,5807
36	3,5835	3,5863	3,5891	3,5918	3,5946	3,5973	3,6000	3,6028	3,6055	3,6082
37	3,6109	3,6136	3,6163	3,6190	3,6217	3,6243	3,6270	3,6297	3,6323	3,6350
38	3,6376	3,6402	3,6428	3,6454	3,6481	3,6507	3,6533	3,6558	3,6584	3,6610
39	3,6636	3,6661	3,6687	3,6712	3,6738	3,6763	3,6788	3,6814	3,6839	3,6864
40	3,6889	3,6914	3,6939	3,6964	3,6988	3,7013	3,7038	3,7062	3,7087	3,7111
41	3,7136	3,7160	3,7184	3,7209	3,7233	3,7257	3,7281	3,7305	3,7329	3,7353
42	3,7377	3,7400	3,7424	3,7448	3,7471	3,7495	3,7519	3,7542	3,7565	3,7589
43	3,7612	3,7635	3,7658	3,7682	3,7705	3,7728	3,7751	3,7773	3,7796	3,7819
44	3,7842	3,7865	3,7887	3,7910	3,7932	3,7955	3,7977	3,8000	3,8022	3,8044
45	3,8067	3,8089	3,8111	3,8133	3,8155	3,8177	3,8199	3,8221	3,8243	3,8265
46	3,8286	3,8308	3,8330	3,8351	3,8373	3,8395	3,8416	3,8437	3,8459	3,8480
47	3,8501	3,8523	3,8544	3,8565	3,8586	3,8607	3,8628	3,8649	3,8670	3,8691
48	3,8712	3,8733	3,8754	3,8774	3,8795	3,8816	3,8836	3,8857	3,8877	3,8898
49	3,8918	3,8939	3,8959	3,8979	3,9000	3,9020	3,9040	3,9060	3,9080	3,9100
50	3,9120	3,9140	3,9160	3,9180	3,9200	3,9220	3,9240	3,9259	3,9279	3,9299
51	3,9318	3,9338	3,9357	3,9377	3,9396	3,9416	3,9435	3,9455	3,9474	3,9493
52	3,9512	3,9532	3,9551	3,9570	3,9589	3,9608	3,9627	3,9646	3,9665	3,9684
53	3,9703	3,9722	3,9741	3,9759	3,9778	3,9797	3,9815	3,9834	3,9853	3,9871
54	3,9890	3,9908	3,9927	3,9945	3,9964	3,9982	4,0000	4,0019	4,0037	4,0055
55	4,0073	4,0091	4,0110	4,0128	4,0146	4,0164	4,0182	4,0200	4,0218	4,0236
56	4,0254	4,0271	4,0289	4,0307	4,0325	4,0342	4,0360	4,0378	4,0395	4,0413
57	4,0431	4,0448	4,0466	4,0483	4,0500	4,0518	4,0535	4,0553	4,0570	4,0587
58	4,0604	4,0622	4,0639	4,0656	4,0673	4,0690	4,0707	4,0724	4,0741	4,0758
59	4,0775	4,0792	4,0809	4,0826	4,0843	4,0860	4,0877	4,0893	4,0910	4,0927
60	4,0943	4,0960	4,0977	4,0993	4,1010	4,1026	4,1043	4,1059	4,1076	4,1092
61	4,1109	4,1125	4,1141	4,1158	4,1174	4,1190	4,1207	4,1223	4,1239	4,1255
62	4,1271	4,1287	4,1304	4,1320	4,1336	4,1352	4,1368	4,1384	4,1400	4,1415
63	4,1431	4,1447	4,1463	4,1479	4,1495	4,1510	4,1526	4,1542	4,1558	4,1573
64	4,1589	4,1604	4,1620	4,1636	4,1651	4,1667	4,1682	4,1698	4,1713	4,1728
65	4,1744	4,1759	4,1775	4,1790	4,1805	4,1821	4,1836	4,1851	4,1866	4,1881
66	4,1897	4,1912	4,1927	4,1942	4,1957	4,1972	4,1987	4,2002	4,2017	4,2032
67	4,2047	4,2062	4,2077	4,2092	4,2106	4,2121	4,2136	4,2151	4,2166	4,2180
68	4,2195	4,2210	4,2224	4,2239	4,2254	4,2268	4,2283	4,2297	4,2312	4,2327
69	4,2341	4,2356	4,2370	4,2384	4,2399	4,2413	4,2428	4,2442	4,2456	4,2471
70	4,2485	4,2499	4,2513	4,2528	4,2542	4,2556	4,2570	4,2584	4,2599	4,2613
71	4,2627	4,2641	4,2655	4,2669	4,2683	4,2697	4,2711	4,2725	4,2739	4,2753

(continua)

(continuação)

	0	0,1	0,2	0,3	0,4	0,5	0,6	0,7	0,8	0,9
71	4,2627	4,2641	4,2655	4,2669	4,2683	4,2697	4,2711	4,2725	4,2739	4,2753
72	4,2767	4,2781	4,2794	4,2808	4,2822	4,2836	4,2850	4,2863	4,2877	4,2891
73	4,2905	4,2918	4,2932	4,2946	4,2959	4,2973	4,2986	4,3000	4,3014	4,3027
74	4,3041	4,3054	4,3068	4,3081	4,3095	4,3108	4,3121	4,3135	4,3148	4,3162
75	4,3175	4,3188	4,3202	4,3215	4,3228	4,3241	4,3255	4,3268	4,3281	4,3294
76	4,3307	4,3320	4,3334	4,3347	4,3360	4,3373	4,3386	4,3399	4,3412	4,3425
77	4,3438	4,3451	4,3464	4,3477	4,3490	4,3503	4,3516	4,3529	4,3541	4,3554
78	4,3567	4,3580	4,3593	4,3605	4,3618	4,3631	4,3644	4,3656	4,3669	4,3682
79	4,3694	4,3707	4,3720	4,3732	4,3745	4,3758	4,3770	4,3783	4,3795	4,3808
80	4,3820	4,3833	4,3845	4,3858	4,3870	4,3883	4,3895	4,3907	4,3920	4,3932
81	4,3944	4,3957	4,3969	4,3981	4,3994	4,4006	4,4018	4,4031	4,4043	4,4055
82	4,4067	4,4079	4,4092	4,4104	4,4116	4,4128	4,4140	4,4152	4,4164	4,4176
83	4,4188	4,4200	4,4212	4,4224	4,4236	4,4248	4,4260	4,4272	4,4284	4,4296
84	4,4308	4,4320	4,4332	4,4344	4,4356	4,4368	4,4379	4,4391	4,4403	4,4415
85	4,4427	4,4438	4,4450	4,4462	4,4473	4,4485	4,4497	4,4509	4,4520	4,4532
86	4,4543	4,4555	4,4567	4,4578	4,4590	4,4601	4,4613	4,4625	4,4636	4,4648
87	4,4659	4,4671	4,4682	4,4694	4,4705	4,4716	4,4728	4,4739	4,4751	4,4762
88	4,4773	4,4785	4,4796	4,4807	4,4819	4,4830	4,4841	4,4853	4,4864	4,4875
89	4,4886	4,4898	4,4909	4,4920	4,4931	4,4942	4,4954	4,4965	4,4976	4,4987
90	4,4998	4,5009	4,5020	4,5031	4,5042	4,5053	4,5065	4,5076	4,5087	4,5098
91	4,5109	4,5120	4,5131	4,5142	4,5152	4,5163	4,5174	4,5185	4,5196	4,5207
92	4,5218	4,5229	4,5240	4,5250	4,5261	4,5272	4,5283	4,5294	4,5304	4,5315
93	4,5326	4,5337	4,5347	4,5358	4,5369	4,5380	4,5390	4,5401	4,5412	4,5422
94	4,5433	4,5444	4,5454	4,5465	4,5475	4,5486	4,5497	4,5507	4,5518	4,5528
95	4,5539	4,5549	4,5560	4,5570	4,5581	4,5591	4,5602	4,5612	4,5623	4,5633
96	4,5643	4,5654	4,5664	4,5675	4,5685	4,5695	4,5706	4,5716	4,5726	4,5737
97	4,5747	4,5757	4,5768	4,5778	4,5788	4,5799	4,5809	4,5819	4,5829	4,5839
98	4,5850	4,5860	4,5870	4,5880	4,5890	4,5901	4,5911	4,5921	4,5931	4,5941
99	4,5951	4,5961	4,5971	4,5981	4,5992	4,6002	4,6012	4,6022	4,6032	4,6042
100	4,6052	4,6062	4,6072	4,6082	4,6092	4,6102	4,6112	4,6121	4,6131	4,6141
101	4,6151	4,6161	4,6171	4,6181	4,6191	4,6201	4,6210	4,6220	4,6230	4,6240
102	4,6250	4,6260	4,6269	4,6279	4,6289	4,6299	4,6308	4,6318	4,6328	4,6338
103	4,6347	4,6357	4,6367	4,6376	4,6386	4,6396	4,6405	4,6415	4,6425	4,6434
104	4,6444	4,6454	4,6463	4,6473	4,6482	4,6492	4,6501	4,6511	4,6521	4,6530
105	4,6540	4,6549	4,6559	4,6568	4,6578	4,6587	4,6597	4,6606	4,6616	4,6625
106	4,6634	4,6644	4,6653	4,6663	4,6672	4,6681	4,6691	4,6700	4,6710	4,6719
107	4,6728	4,6738	4,6747	4,6756	4,6766	4,6775	4,6784	4,6793	4,6803	4,6812
108	4,6821	4,6831	4,6840	4,6849	4,6858	4,6868	4,6877	4,6886	4,6895	4,6904
109	4,6913	4,6923	4,6932	4,6941	4,6950	4,6959	4,6968	4,6977	4,6987	4,6996
110	4,7005	4,7014	4,7023	4,7032	4,7041	4,7050	4,7059	4,7068	4,7077	4,7086
111	4,7095	4,7104	4,7113	4,7122	4,7131	4,7140	4,7149	4,7158	4,7167	4,7176
112	4,7185	4,7194	4,7203	4,7212	4,7221	4,7230	4,7238	4,7247	4,7256	4,7265
113	4,7274	4,7283	4,7292	4,7300	4,7309	4,7318	4,7327	4,7336	4,7344	4,7353
114	4,7362	4,7371	4,7380	4,7388	4,7397	4,7406	4,7414	4,7423	4,7432	4,7441
115	4,7449	4,7458	4,7467	4,7475	4,7484	4,7493	4,7501	4,7510	4,7519	4,7527
116	4,7536	4,7545	4,7553	4,7562	4,7570	4,7579	4,7587	4,7596	4,7605	4,7613

(continua)

(continuação)

	0	0,1	0,2	0,3	0,4	0,5	0,6	0,7	0,8	0,9
117	4,7622	4,7630	4,7639	4,7647	4,7656	4,7664	4,7673	4,7681	4,7690	4,7698
118	4,7707	4,7715	4,7724	4,7732	4,7741	4,7749	4,7758	4,7766	4,7774	4,7783
119	4,7791	4,7800	4,7808	4,7816	4,7825	4,7833	4,7842	4,7850	4,7858	4,7867
120	4,7875	4,7883	4,7892	4,7900	4,7908	4,7916	4,7925	4,7933	4,7941	4,7950

ANEXO B

Tabelas da distribuição normal padrão. Considerando $Z \sim N(0; 1)$, as tabelas mostram valores de $P(Z < z)$. Obtemos z da soma do valor da primeira linha e coluna da tabela. Assim, por exemplo, $P(Z < 0{,}48) = 0{,}6844$.

Tabela B1 Valores de $P(Z < z)$ quando $z > 0$.

z	0,00	0,01	0,02	0,03	0,04	0,05	0,06	0,07	0,08	0,09
0,0	0,5000	0,5040	0,5080	0,5120	0,5160	0,5199	0,5239	0,5279	0,5319	0,5359
0,1	0,5398	0,5438	0,5478	0,5517	0,5557	0,5596	0,5636	0,5675	0,5714	0,5753
0,2	0,5793	0,5832	0,5871	0,5910	0,5948	0,5987	0,6026	0,6064	0,6103	0,6141
0,3	0,6179	0,6217	0,6255	0,6293	0,6331	0,6368	0,6406	0,6443	0,6480	0,6517
0,4	0,6554	0,6591	0,6628	0,6664	0,6700	0,6736	0,6772	0,6808	0,6844	0,6879
0,5	0,6915	0,6950	0,6985	0,7019	0,7054	0,7088	0,7123	0,7157	0,7190	0,7224
0,6	0,7257	0,7291	0,7324	0,7357	0,7389	0,7422	0,7454	0,7486	0,7517	0,7549
0,7	0,7580	0,7611	0,7642	0,7673	0,7704	0,7734	0,7764	0,7794	0,7823	0,7852
0,8	0,7881	0,7910	0,7939	0,7967	0,7995	0,8023	0,8051	0,8078	0,8106	0,8133
0,9	0,8159	0,8186	0,8212	0,8238	0,8264	0,8289	0,8315	0,8340	0,8365	0,8389
1,0	0,8413	0,8438	0,8461	0,8485	0,8508	0,8531	0,8554	0,8577	0,8599	0,8621
1,1	0,8643	0,8665	0,8686	0,8708	0,8729	0,8749	0,8770	0,8790	0,8810	0,8830
1,2	0,8849	0,8869	0,8888	0,8907	0,8925	0,8944	0,8962	0,8980	0,8997	0,9015
1,3	0,9032	0,9049	0,9066	0,9082	0,9099	0,9115	0,9131	0,9147	0,9162	0,9177
1,4	0,9192	0,9207	0,9222	0,9236	0,9251	0,9265	0,9279	0,9292	0,9306	0,9319
1,5	0,9332	0,9345	0,9357	0,9370	0,9382	0,9394	0,9406	0,9418	0,9429	0,9441
1,6	0,9452	0,9463	0,9474	0,9484	0,9495	0,9505	0,9515	0,9525	0,9535	0,9545
1,7	0,9554	0,9564	0,9573	0,9582	0,9591	0,9599	0,9608	0,9616	0,9625	0,9633
1,8	0,9641	0,9649	0,9656	0,9664	0,9671	0,9678	0,9686	0,9693	0,9699	0,9706
1,9	0,9713	0,9719	0,9726	0,9732	0,9738	0,9744	0,9750	0,9756	0,9761	0,9767

(continua)

Tabela B1 Valores de $P(Z < z)$ quando $z > 0$ *(continuação)*.

z	0,00	0,01	0,02	0,03	0,04	0,05	0,06	0,07	0,08	0,09
2,0	0,9772	0,9778	0,9783	0,9788	0,9793	0,9798	0,9803	0,9808	0,9812	0,9817
2,1	0,9821	0,9826	0,9830	0,9834	0,9838	0,9842	0,9846	0,9850	0,9854	0,9857
2,2	0,9861	0,9864	0,9868	0,9871	0,9875	0,9878	0,9881	0,9884	0,9887	0,9890
2,3	0,9893	0,9896	0,9898	0,9901	0,9904	0,9906	0,9909	0,9911	0,9913	0,9916
2,4	0,9918	0,9920	0,9922	0,9925	0,9927	0,9929	0,9931	0,9932	0,9934	0,9936
2,5	0,9938	0,9940	0,9941	0,9943	0,9945	0,9946	0,9948	0,9949	0,9951	0,9952
2,6	0,9953	0,9955	0,9956	0,9957	0,9959	0,9960	0,9961	0,9962	0,9963	0,9964
2,7	0,9965	0,9966	0,9967	0,9968	0,9969	0,9970	0,9971	0,9972	0,9973	0,9974
2,8	0,9974	0,9975	0,9976	0,9977	0,9977	0,9978	0,9979	0,9979	0,9980	0,9981
2,9	0,9981	0,9982	0,9982	0,9983	0,9984	0,9984	0,9985	0,9985	0,9986	0,9986
3,0	0,9987	0,9987	0,9987	0,9988	0,9988	0,9989	0,9989	0,9989	0,9990	0,9990
3,1	0,9990	0,9991	0,9991	0,9991	0,9992	0,9992	0,9992	0,9992	0,9993	0,9993
3,2	0,9993	0,9993	0,9994	0,9994	0,9994	0,9994	0,9994	0,9995	0,9995	0,9995
3,3	0,9995	0,9995	0,9995	0,9996	0,9996	0,9996	0,9996	0,9996	0,9996	0,9997
3,4	0,9997	0,9997	0,9997	0,9997	0,9997	0,9997	0,9997	0,9997	0,9997	0,9998

Tabela B2 Valores de $P(Z < z)$ quando $z < 0$.

z	0,00	0,01	0,02	0,03	0,04	0,05	0,06	0,07	0,08	0,09
–0,0	0,5000	0,4960	0,4920	0,4880	0,4840	0,4801	0,4761	0,4721	0,4681	0,4641
–0,1	0,4602	0,4562	0,4522	0,4483	0,4443	0,4404	0,4364	0,4325	0,4286	0,4247
–0,2	0,4207	0,4168	0,4129	0,4090	0,4052	0,4013	0,3974	0,3936	0,3897	0,3859
–0,3	0,3821	0,3783	0,3745	0,3707	0,3669	0,3632	0,3594	0,3557	0,3520	0,3483
–0,4	0,3446	0,3409	0,3372	0,3336	0,3300	0,3264	0,3228	0,3192	0,3156	0,3121
–0,5	0,3085	0,3050	0,3015	0,2981	0,2946	0,2912	0,2877	0,2843	0,2810	0,2776
–0,6	0,2743	0,2709	0,2676	0,2643	0,2611	0,2578	0,2546	0,2514	0,2483	0,2451
–0,7	0,2420	0,2389	0,2358	0,2327	0,2296	0,2266	0,2236	0,2206	0,2177	0,2148
–0,8	0,2119	0,2090	0,2061	0,2033	0,2005	0,1977	0,1949	0,1922	0,1894	0,1867
–0,9	0,1841	0,1814	0,1788	0,1762	0,1736	0,1711	0,1685	0,1660	0,1635	0,1611
–1,0	0,1587	0,1562	0,1539	0,1515	0,1492	0,1469	0,1446	0,1423	0,1401	0,1379
–1,1	0,1357	0,1335	0,1314	0,1292	0,1271	0,1251	0,1230	0,1210	0,1190	0,1170

(continua)

Tabela B2 Valores de $P(Z < z)$ quando $z < 0$ *(continuação)*.

z	0,00	0,01	0,02	0,03	0,04	0,05	0,06	0,07	0,08	0,09
−1,2	0,1151	0,1131	0,1112	0,1093	0,1075	0,1056	0,1038	0,1020	0,1003	0,0985
−1,3	0,0968	0,0951	0,0934	0,0918	0,0901	0,0885	0,0869	0,0853	0,0838	0,0823
−1,4	0,0808	0,0793	0,0778	0,0764	0,0749	0,0735	0,0721	0,0708	0,0694	0,0681
−1,5	0,0668	0,0655	0,0643	0,0630	0,0618	0,0606	0,0594	0,0582	0,0571	0,0559
−1,6	0,0548	0,0537	0,0526	0,0516	0,0505	0,0495	0,0485	0,0475	0,0465	0,0455
−1,7	0,0446	0,0436	0,0427	0,0418	0,0409	0,0401	0,0392	0,0384	0,0375	0,0367
−1,8	0,0359	0,0351	0,0344	0,0336	0,0329	0,0322	0,0314	0,0307	0,0301	0,0294
−1,9	0,0287	0,0281	0,0274	0,0268	0,0262	0,0256	0,0250	0,0244	0,0239	0,0233
−2,0	0,0228	0,0222	0,0217	0,0212	0,0207	0,0202	0,0197	0,0192	0,0188	0,0183
−2,1	0,0179	0,0174	0,0170	0,0166	0,0162	0,0158	0,0154	0,0150	0,0146	0,0143
−2,2	0,0139	0,0136	0,0132	0,0129	0,0125	0,0122	0,0119	0,0116	0,0113	0,0110
−2,3	0,0107	0,0104	0,0102	0,0099	0,0096	0,0094	0,0091	0,0089	0,0087	0,0084
−2,4	0,0082	0,0080	0,0078	0,0075	0,0073	0,0071	0,0069	0,0068	0,0066	0,0064
−2,5	0,0062	0,0060	0,0059	0,0057	0,0055	0,0054	0,0052	0,0051	0,0049	0,0048
−2,6	0,0047	0,0045	0,0044	0,0043	0,0041	0,0040	0,0039	0,0038	0,0037	0,0036
−2,7	0,0035	0,0034	0,0033	0,0032	0,0031	0,0030	0,0029	0,0028	0,0027	0,0026
−2,8	0,0026	0,0025	0,0024	0,0023	0,0023	0,0022	0,0021	0,0021	0,0020	0,0019
−2,9	0,0019	0,0018	0,0018	0,0017	0,0016	0,0016	0,0015	0,0015	0,0014	0,0014
−3,0	0,0013	0,0013	0,0013	0,0012	0,0012	0,0011	0,0011	0,0011	0,0010	0,0010
−3,1	0,0010	0,0009	0,0009	0,0009	0,0008	0,0008	0,0008	0,0008	0,0007	0,0007
−3,2	0,0007	0,0007	0,0006	0,0006	0,0006	0,0006	0,0006	0,0005	0,0005	0,0005
−3,3	0,0005	0,0005	0,0005	0,0004	0,0004	0,0004	0,0004	0,0004	0,0004	0,0003
−3,4	0,0003	0,0003	0,0003	0,0003	0,0003	0,0003	0,0003	0,0003	0,0003	0,0002

ANEXO C

Tabela da distribuição t de Student. Considerando uma variável T que segue uma distribuição t de Student com v graus de liberdade (gl), a tabela mostra valores de t tal que a probabilidade $p = P(-t < T < t)$ é especificada nas colunas. Os respectivos graus de liberdade (gl) são especificados nas linhas da tabela.

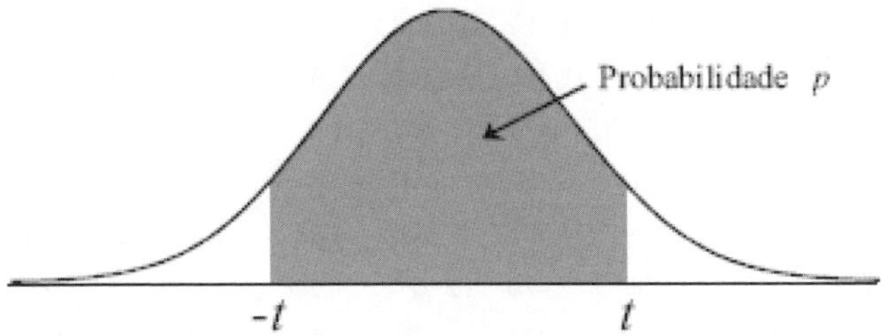

	Probabilidade p										
gl	0,60	0,70	0,75	0,80	0,85	0,90	0,925	0,95	0,97	0,975	0,99
1	1,376	1,963	2,414	3,078	4,165	6,314	8,449	12,706	21,205	25,452	63,656
2	1,061	1,386	1,604	1,886	2,282	2,920	3,443	4,303	5,643	6,205	9,925
3	0,978	1,250	1,423	1,638	1,924	2,353	2,681	3,182	3,896	4,177	5,841
4	0,941	1,190	1,344	1,533	1,778	2,132	2,392	2,776	3,298	3,495	4,604
5	0,920	1,156	1,301	1,476	1,699	2,015	2,242	2,571	3,003	3,163	4,032
6	0,906	1,134	1,273	1,440	1,650	1,943	2,151	2,447	2,829	2,969	3,707
7	0,896	1,119	1,254	1,415	1,617	1,895	2,090	2,365	2,715	2,841	3,499
8	0,889	1,108	1,240	1,397	1,592	1,860	2,046	2,306	2,634	2,752	3,355
9	0,883	1,100	1,230	1,383	1,574	1,833	2,013	2,262	2,574	2,685	3,250
10	0,879	1,093	1,221	1,372	1,559	1,812	1,987	2,228	2,527	2,634	3,169
11	0,876	1,088	1,214	1,363	1,548	1,796	1,966	2,201	2,491	2,593	3,106
12	0,873	1,083	1,209	1,356	1,538	1,782	1,949	2,179	2,461	2,560	3,055
13	0,870	1,079	1,204	1,350	1,530	1,771	1,935	2,160	2,436	2,533	3,012
14	0,868	1,076	1,200	1,345	1,523	1,761	1,923	2,145	2,415	2,510	2,977
15	0,866	1,074	1,197	1,341	1,517	1,753	1,913	2,131	2,397	2,490	2,947
16	0,865	1,071	1,194	1,337	1,512	1,746	1,904	2,120	2,382	2,473	2,921
17	0,863	1,069	1,191	1,333	1,508	1,740	1,897	2,110	2,368	2,458	2,898
18	0,862	1,067	1,189	1,330	1,504	1,734	1,890	2,101	2,356	2,445	2,878
19	0,861	1,066	1,187	1,328	1,500	1,729	1,884	2,093	2,346	2,433	2,861
20	0,860	1,064	1,185	1,325	1,497	1,725	1,878	2,086	2,336	2,423	2,845
21	0,859	1,063	1,183	1,323	1,494	1,721	1,873	2,080	2,328	2,414	2,831
22	0,858	1,061	1,182	1,321	1,492	1,717	1,869	2,074	2,320	2,405	2,819

(continua)

(continuação)

gl	Probabilidade p										
	0,60	0,70	0,75	0,80	0,85	0,90	0,925	0,95	0,97	0,975	0,99
23	0,858	1,060	1,180	1,319	1,489	1,714	1,865	2,069	2,313	2,398	2,807
24	0,857	1,059	1,179	1,318	1,487	1,711	1,861	2,064	2,307	2,391	2,797
25	0,856	1,058	1,178	1,316	1,485	1,708	1,858	2,060	2,301	2,385	2,787
26	0,856	1,058	1,177	1,315	1,483	1,706	1,855	2,056	2,296	2,379	2,779
27	0,855	1,057	1,176	1,314	1,482	1,703	1,852	2,052	2,291	2,373	2,771
28	0,855	1,056	1,175	1,313	1,480	1,701	1,849	2,048	2,286	2,368	2,763
29	0,854	1,055	1,174	1,311	1,479	1,699	1,847	2,045	2,282	2,364	2,756
30	0,854	1,055	1,173	1,310	1,477	1,697	1,845	2,042	2,278	2,360	2,750
31	0,853	1,054	1,172	1,309	1,476	1,696	1,842	2,040	2,275	2,356	2,744
32	0,853	1,054	1,172	1,309	1,475	1,694	1,840	2,037	2,271	2,352	2,738
33	0,853	1,053	1,171	1,308	1,474	1,692	1,839	2,035	2,268	2,348	2,733
34	0,852	1,052	1,170	1,307	1,473	1,691	1,837	2,032	2,265	2,345	2,728
35	0,852	1,052	1,170	1,306	1,472	1,690	1,835	2,030	2,262	2,342	2,724
36	0,852	1,052	1,169	1,306	1,471	1,688	1,834	2,028	2,260	2,339	2,719
37	0,851	1,051	1,169	1,305	1,470	1,687	1,832	2,026	2,257	2,336	2,715
38	0,851	1,051	1,168	1,304	1,469	1,686	1,831	2,024	2,255	2,334	2,712
39	0,851	1,050	1,168	1,304	1,468	1,685	1,829	2,023	2,252	2,331	2,708
40	0,851	1,050	1,167	1,303	1,468	1,684	1,828	2,021	2,250	2,329	2,704
45	0,850	1,049	1,165	1,301	1,465	1,679	1,823	2,014	2,241	2,319	2,690
50	0,849	1,047	1,164	1,299	1,462	1,676	1,818	2,009	2,234	2,311	2,678
55	0,848	1,046	1,163	1,297	1,460	1,673	1,815	2,004	2,228	2,304	2,668
60	0,848	1,045	1,162	1,296	1,458	1,671	1,812	2,000	2,223	2,299	2,660
65	0,847	1,045	1,161	1,295	1,457	1,669	1,809	1,997	2,219	2,295	2,654
70	0,847	1,044	1,160	1,294	1,456	1,667	1,807	1,994	2,215	2,291	2,648
75	0,846	1,044	1,159	1,293	1,454	1,665	1,806	1,992	2,212	2,287	2,643
80	0,846	1,043	1,159	1,292	1,453	1,664	1,804	1,990	2,209	2,284	2,639
85	0,846	1,043	1,158	1,292	1,453	1,663	1,803	1,988	2,207	2,282	2,635
90	0,846	1,042	1,158	1,291	1,452	1,662	1,801	1,987	2,205	2,280	2,632
99	0,845	1,042	1,157	1,290	1,451	1,660	1,799	1,984	2,202	2,276	2,626
100	0,845	1,042	1,157	1,290	1,451	1,660	1,799	1,984	2,201	2,276	2,626
110	0,845	1,041	1,156	1,289	1,450	1,659	1,797	1,982	2,199	2,272	2,621
120	0,845	1,041	1,156	1,289	1,449	1,658	1,796	1,980	2,196	2,270	2,617
130	0,844	1,041	1,156	1,288	1,448	1,657	1,795	1,978	2,194	2,268	2,614
150	0,844	1,040	1,155	1,287	1,447	1,655	1,793	1,976	2,191	2,264	2,609
200	0,843	1,039	1,154	1,286	1,445	1,653	1,790	1,972	2,186	2,258	2,601
250	0,843	1,039	1,153	1,285	1,444	1,651	1,788	1,969	2,183	2,255	2,596
500	0,842	1,038	1,152	1,283	1,442	1,648	1,784	1,965	2,176	2,248	2,586

(continua)

(continuação)

gl	Probabilidade p										
	0,60	0,70	0,75	0,80	0,85	0,90	0,925	0,95	0,97	0,975	0,99
1000	0,842	1,037	1,151	1,282	1,441	1,646	1,782	1,962	2,173	2,245	2,581
5000	0,842	1,037	1,150	1,282	1,440	1,645	1,781	1,960	2,171	2,242	2,577

ANEXO D

Tabela da distribuição qui-quadrado. Se X segue uma distribuição qui-quadrado, os valores mostrados no corpo da tabela representam k tal que $P(X > k) = \alpha$. Os respectivos graus de liberdade (gl) são descritos nas linhas da tabela.

gl	Área sob a curva (α)								
	0,2	0,15	0,1	0,06	0,05	0,04	0,03	0,02	0,01
1	1,6424	2,0723	2,7055	3,5374	3,8415	4,2179	4,7093	5,4119	6,6349
2	3,2189	3,7942	4,6052	5,6268	5,9915	6,4378	7,0131	7,8240	9,2103
3	4,6416	5,3170	6,2514	7,4069	7,8147	8,3112	8,9473	9,8374	11,3449
4	5,9886	6,7449	7,7794	9,0444	9,4877	10,0255	10,7119	11,6678	13,2767
5	7,2893	8,1152	9,2364	10,5962	11,0705	11,6443	12,3746	13,3882	15,0863
6	8,5581	9,4461	10,6446	12,0896	12,5916	13,1978	13,9676	15,0332	16,8119
7	9,8032	10,7479	12,0170	13,5397	14,0671	14,7030	15,5091	16,6224	18,4753
8	11,0301	12,0271	13,3616	14,9563	15,5073	16,1708	17,0105	18,1682	20,0902
9	12,2421	13,2880	14,6837	16,3459	16,9190	17,6083	18,4796	19,6790	21,6660
10	13,4420	14,5339	15,9872	17,7131	18,3070	19,0207	19,9219	21,1608	23,2093

ANEXO E

Tabela da distribuição F de Snedecor, para $\alpha = 0,05$. Os valores apresentados na tabela a seguir referem-se a x, tal que $P(X > x) = 0,05$, sendo X uma variável aleatória que segue uma distribuição F de Snedecor em que os graus de liberdade do numerador são dados nas colunas e os graus de liberdade do denominador nas linhas.

	1	2	3	4	5	6	7	8	9	10
2	18,513	19,000	19,164	19,247	19,296	19,330	19,353	19,371	19,385	19,396
3	10,128	9,552	9,277	9,117	9,013	8,941	8,887	8,845	8,812	8,786
4	7,709	6,944	6,591	6,388	6,256	6,163	6,094	6,041	5,999	5,964
5	6,608	5,786	5,409	5,192	5,050	4,950	4,876	4,818	4,772	4,735
6	5,987	5,143	4,757	4,534	4,387	4,284	4,207	4,147	4,099	4,060
7	5,591	4,737	4,347	4,120	3,972	3,866	3,787	3,726	3,677	3,637
8	5,318	4,459	4,066	3,838	3,687	3,581	3,500	3,438	3,388	3,347
9	5,117	4,256	3,863	3,633	3,482	3,374	3,293	3,230	3,179	3,137
10	4,965	4,103	3,708	3,478	3,326	3,217	3,135	3,072	3,020	2,978
11	4,844	3,982	3,587	3,357	3,204	3,095	3,012	2,948	2,896	2,854
12	4,747	3,885	3,490	3,259	3,106	2,996	2,913	2,849	2,796	2,753
13	4,667	3,806	3,411	3,179	3,025	2,915	2,832	2,767	2,714	2,671
14	4,600	3,739	3,344	3,112	2,958	2,848	2,764	2,699	2,646	2,602
15	4,543	3,682	3,287	3,056	2,901	2,790	2,707	2,641	2,588	2,544
16	4,494	3,634	3,239	3,007	2,852	2,741	2,657	2,591	2,538	2,494
17	4,451	3,592	3,197	2,965	2,810	2,699	2,614	2,548	2,494	2,450
18	4,414	3,555	3,160	2,928	2,773	2,661	2,577	2,510	2,456	2,412
19	4,381	3,522	3,127	2,895	2,740	2,628	2,544	2,477	2,423	2,378
20	4,351	3,493	3,098	2,866	2,711	2,599	2,514	2,447	2,393	2,348
21	4,325	3,467	3,072	2,840	2,685	2,573	2,488	2,420	2,366	2,321
22	4,301	3,443	3,049	2,817	2,661	2,549	2,464	2,397	2,342	2,297
23	4,279	3,422	3,028	2,796	2,640	2,528	2,442	2,375	2,320	2,275
24	4,260	3,403	3,009	2,776	2,621	2,508	2,423	2,355	2,300	2,255
25	4,242	3,385	2,991	2,759	2,603	2,490	2,405	2,337	2,282	2,236
26	4,225	3,369	2,975	2,743	2,587	2,474	2,388	2,321	2,265	2,220
27	4,210	3,354	2,960	2,728	2,572	2,459	2,373	2,305	2,250	2,204
28	4,196	3,340	2,947	2,714	2,558	2,445	2,359	2,291	2,236	2,190
29	4,183	3,328	2,934	2,701	2,545	2,432	2,346	2,278	2,223	2,177
30	4,171	3,316	2,922	2,690	2,534	2,421	2,334	2,266	2,211	2,165

(continua)

(continuação)

	1	2	3	4	5	6	7	8	9	10
31	4,160	3,305	2,911	2,679	2,523	2,409	2,323	2,255	2,199	2,153
32	4,149	3,295	2,901	2,668	2,512	2,399	2,313	2,244	2,189	2,142
33	4,139	3,285	2,892	2,659	2,503	2,389	2,303	2,235	2,179	2,133
34	4,130	3,276	2,883	2,650	2,494	2,380	2,294	2,225	2,170	2,123
35	4,121	3,267	2,874	2,641	2,485	2,372	2,285	2,217	2,161	2,114
36	4,113	3,259	2,866	2,634	2,477	2,364	2,277	2,209	2,153	2,106
37	4,105	3,252	2,859	2,626	2,470	2,356	2,270	2,201	2,145	2,098
38	4,098	3,245	2,852	2,619	2,463	2,349	2,262	2,194	2,138	2,091
39	4,091	3,238	2,845	2,612	2,456	2,342	2,255	2,187	2,131	2,084
40	4,085	3,232	2,839	2,606	2,449	2,336	2,249	2,180	2,124	2,077
41	4,079	3,226	2,833	2,600	2,443	2,330	2,243	2,174	2,118	2,071
42	4,073	3,220	2,827	2,594	2,438	2,324	2,237	2,168	2,112	2,065
43	4,067	3,214	2,822	2,589	2,432	2,318	2,232	2,163	2,106	2,059
44	4,062	3,209	2,816	2,584	2,427	2,313	2,226	2,157	2,101	2,054
45	4,057	3,204	2,812	2,579	2,422	2,308	2,221	2,152	2,096	2,049
46	4,052	3,200	2,807	2,574	2,417	2,304	2,216	2,147	2,091	2,044
47	4,047	3,195	2,802	2,570	2,413	2,299	2,212	2,143	2,086	2,039
48	4,043	3,191	2,798	2,565	2,409	2,295	2,207	2,138	2,082	2,035
49	4,038	3,187	2,794	2,561	2,404	2,290	2,203	2,134	2,077	2,030
50	4,034	3,183	2,790	2,557	2,400	2,286	2,199	2,130	2,073	2,026
51	4,030	3,179	2,786	2,553	2,397	2,283	2,195	2,126	2,069	2,022
52	4,027	3,175	2,783	2,550	2,393	2,279	2,192	2,122	2,066	2,018
53	4,023	3,172	2,779	2,546	2,389	2,275	2,188	2,119	2,062	2,015
54	4,020	3,168	2,776	2,543	2,386	2,272	2,185	2,115	2,059	2,011
55	4,016	3,165	2,773	2,540	2,383	2,269	2,181	2,112	2,055	2,008
56	4,013	3,162	2,769	2,537	2,380	2,266	2,178	2,109	2,052	2,005
57	4,010	3,159	2,766	2,534	2,377	2,263	2,175	2,106	2,049	2,001
58	4,007	3,156	2,764	2,531	2,374	2,260	2,172	2,103	2,046	1,998
59	4,004	3,153	2,761	2,528	2,371	2,257	2,169	2,100	2,043	1,995
60	4,001	3,150	2,758	2,525	2,368	2,254	2,167	2,097	2,040	1,993
65	3,989	3,138	2,746	2,513	2,356	2,242	2,154	2,084	2,027	1,980
70	3,978	3,128	2,736	2,503	2,346	2,231	2,143	2,074	2,017	1,969
75	3,968	3,119	2,727	2,494	2,337	2,222	2,134	2,064	2,007	1,959
80	3,960	3,111	2,719	2,486	2,329	2,214	2,126	2,056	1,999	1,951
85	3,953	3,104	2,712	2,479	2,322	2,207	2,119	2,049	1,992	1,944

(continua)

(continuação)

	1	2	3	4	5	6	7	8	9	10
90	3,947	3,098	2,706	2,473	2,316	2,201	2,113	2,043	1,986	1,938
95	3,941	3,092	2,700	2,467	2,310	2,196	2,108	2,037	1,980	1,932
100	3,936	3,087	2,696	2,463	2,305	2,191	2,103	2,032	1,975	1,927
105	3,932	3,083	2,691	2,458	2,301	2,186	2,098	2,028	1,970	1,922
110	3,927	3,079	2,687	2,454	2,297	2,182	2,094	2,024	1,966	1,918
115	3,924	3,075	2,683	2,451	2,293	2,178	2,090	2,020	1,962	1,914
120	3,920	3,072	2,680	2,447	2,290	2,175	2,087	2,016	1,959	1,910
125	3,917	3,069	2,677	2,444	2,287	2,172	2,084	2,013	1,956	1,907
130	3,914	3,066	2,674	2,441	2,284	2,169	2,081	2,010	1,953	1,904

ANEXO F

Valores de t_B para o teste de Bonferroni, dado que a área de $-t_B$ a t_B sob a curva t de Student com $n - k$ graus de liberdade é igual a $1 - \alpha/c$, em que $c = \binom{k}{2}$, k é o número de grupos e $\alpha = 0,05$.

	Número de grupos (k)								
$n - k$	2	3	4	5	6	7	8	9	10
5	2,571	3,534	4,219	4,773	5,247	5,666	6,045	6,391	6,713
6	2,447	3,287	3,863	4,317	4,698	5,030	5,326	5,594	5,840
7	2,365	3,128	3,636	4,029	4,355	4,636	4,884	5,107	5,310
8	2,306	3,016	3,479	3,833	4,122	4,370	4,587	4,781	4,957
9	2,262	2,933	3,364	3,690	3,954	4,179	4,374	4,549	4,706
10	2,228	2,870	3,277	3,581	3,827	4,035	4,215	4,375	4,518
11	2,201	2,820	3,208	3,497	3,728	3,923	4,091	4,240	4,373
12	2,179	2,779	3,153	3,428	3,649	3,833	3,992	4,133	4,258
13	2,160	2,746	3,107	3,372	3,584	3,760	3,912	4,045	4,164
14	2,145	2,718	3,069	3,326	3,530	3,699	3,845	3,973	4,086
15	2,131	2,694	3,036	3,286	3,484	3,648	3,788	3,911	4,021
16	2,120	2,673	3,008	3,252	3,444	3,604	3,740	3,859	3,965
17	2,110	2,655	2,984	3,222	3,410	3,565	3,698	3,814	3,917
18	2,101	2,639	2,963	3,197	3,380	3,532	3,661	3,774	3,874
19	2,093	2,625	2,944	3,174	3,354	3,503	3,629	3,739	3,837
20	2,086	2,613	2,927	3,153	3,331	3,477	3,601	3,709	3,804

(continua)

(continuação)

$n-k$	Número de grupos (k)								
	2	3	4	5	6	7	8	9	10
25	2,060	2,566	2,865	3,078	3,244	3,380	3,495	3,595	3,684
30	2,042	2,536	2,825	3,030	3,189	3,319	3,428	3,523	3,607
35	2,030	2,515	2,797	2,996	3,150	3,276	3,382	3,473	3,553
40	2,021	2,499	2,776	2,971	3,122	3,244	3,347	3,436	3,514
45	2,014	2,487	2,760	2,952	3,100	3,220	3,321	3,408	3,484
50	2,009	2,477	2,747	2,937	3,083	3,201	3,300	3,386	3,461
55	2,004	2,469	2,737	2,925	3,069	3,186	3,284	3,368	3,442
60	2,000	2,463	2,729	2,915	3,057	3,173	3,270	3,353	3,426
65	1,997	2,458	2,721	2,906	3,048	3,162	3,258	3,341	3,413
70	1,994	2,453	2,715	2,899	3,039	3,153	3,248	3,330	3,402
75	1,992	2,449	2,710	2,892	3,032	3,145	3,240	3,321	3,392
80	1,990	2,445	2,705	2,887	3,026	3,138	3,232	3,313	3,383
85	1,988	2,442	2,701	2,882	3,020	3,132	3,225	3,306	3,376
90	1,987	2,440	2,698	2,878	3,016	3,127	3,220	3,299	3,369
95	1,985	2,437	2,695	2,874	3,011	3,122	3,215	3,294	3,363
100	1,984	2,435	2,692	2,871	3,007	3,118	3,210	3,289	3,358
150	1,976	2,421	2,674	2,849	2,983	3,091	3,181	3,258	3,325
200	1,972	2,414	2,665	2,839	2,971	3,077	3,166	3,242	3,309
250	1,969	2,410	2,659	2,832	2,964	3,069	3,158	3,233	3,299
300	1,968	2,407	2,656	2,828	2,959	3,064	3,152	3,227	3,293

Impressão e Acabamento
Bartiragráfica
(011) 4393-2911